高等学校"十二五"实验实训规划教材

金属材料工程实习实训教程

范培耕　主　编

陈　刚　兰　伟　副主编

U0315805

北　京

冶金工业出版社

2011

内 容 提 要

本书分热处理、电镀、涂料与涂装3篇共11章。其中，热处理部分主要介绍了金属材料及热处理的基本理论知识及实习实训过程中所涉及的主要工艺与设备；电镀部分主要介绍了电沉积的基本理论和常见的主要电镀工艺；涂料与涂装部分主要介绍了涂装前处理及涂料与涂装的主要工艺、配方及相关设备。

本书可作为金属材料及表面工程相关专业的实习实训教学用书，同时也可作为相关专业工程技术人员的参考用书。

图书在版编目（CIP）数据

金属材料工程实习实训教程/范培耕主编 . —北京：冶金工业出版社，2011.8

高等学校"十二五"实验实训规划教材

ISBN 978-7-5024-5644-3

Ⅰ.①金…　Ⅱ.①范…　Ⅲ.①金属材料—高等学校—教材

Ⅳ.①TG14

中国版本图书馆 CIP 数据核字（2011）第 150725 号

出 版 人　曹胜利

地　　址　北京北河沿大街嵩祝院北巷 39 号，邮编 100009

电　　话　(010)64027926　电子信箱　yjcbs@ cnmip. com. cn

责任编辑　陈慰萍　美术编辑　李　新　版式设计　葛新霞

责任校对　王永欣　责任印制　李玉山

ISBN 978-7-5024-5644-3

北京兴华印刷厂印刷；冶金工业出版社发行；各地新华书店经销

2011 年 8 月第 1 版，2011 年 8 月第 1 次印刷

787mm×1092mm　1/16；16.25 印张；393 千字；249 页

33.00 元

冶金工业出版社发行部　电话：(010)64044283　传真：(010)64027893

冶金书店　地址：北京东四西大街46 号(100010)　电话：(010)65289081(兼传真)

（本书如有印装质量问题，本社发行部负责退换）

前　言

本书是根据工科类应用型本科院校金属工程专业教学计划编写的。"金属材料工程实习与实训"是金属工程专业的一个重要的实践环节，全过程包括三个方面的主要内容：热处理工艺与设备、电镀工艺与设备、涂装工艺与设备。

使用本书之前，应用型本科院校的学生应已修完"材料科学基础"、"热处理原理与工艺"、"工程材料"、"电镀工艺学"、"涂装工艺学"等专业课程，并对金属材料的理论和基本工艺等知识具有一定的理性认识。

本书的第1~4章由重庆科技学院冶金与材料工程学院范培耕老师编写，第5~6章由重庆科技学院冶金与材料工程学院陈刚老师编写，第7~11章由重庆科技学院冶金与材料工程学院兰伟老师编写。全书由范培耕担任主编，重庆理工大学叶宏教授担任主审，重庆科技学院冶金与材料工程学院周安若等相关老师对本书的内容也进行了审阅，并提出了许多宝贵的意见；重庆科技学院李燕伶、罗福顺、樊婷婷、杨攀等同志做了大量的资料收集和整理工作；本书在编写过程中得到了重庆科技学院冶金与材料工程学院朱光俊教授等相关领导的支持，在此一并表示感谢。

本书内容适合3~5周实习和2~3周实训教学的需要。为了方便读者加深对实习实训内容的理解，每章都附有一定量的设备布置图和设备结构图。

由于编者水平所限，若有不妥之处，希望读者提出宝贵意见。

编　者
2011 年 5 月

目　录

第1篇　热处理

第2篇　电　镀

第3篇　涂料与涂装

第1篇 热 处 理

1 钢铁材料常识

钢铁是使用最广、用量最大的金属材料，它在工业、国防和农业等各方面得到了广泛的使用。钢铁材料应用比较广泛，其主要原因就在于它资源丰富，冶炼比较容易并具有许多优良的性能，又易于加工制造。此外，通过各种热处理方法可以改善和提高钢铁材料的力学性能，从而进一步扩大了钢铁材料的使用范围。

作为金属材料工程专业的技术人员，在生产中几乎每天都要和各种钢铁材料打交道。因此，在实习和实训过程中有关钢铁材料的常识应该成为必须学习和掌握的知识。这些知识不仅可以帮助我们理解常用钢铁材料的成分、组织、性能及热处理工艺之间的相互关系，而且有利于培养我们正确选择和合理使用材料、提高制订和掌握热处理工艺规范方面的能力。同时，对改进和提高产品质量也有着极为密切的关系。

1.1 钢的分类

钢和生铁都是由铁（Fe）和碳（C）两种主要元素所组成的合金。

除了铁和碳以外，合金中还含有极少量的锰（Mn）、硅（Si）、磷（P）及硫（S）等元素。其中 Mn、Si 是作为炼钢的脱氧剂而带入的，称为"常存元素"；P、S 是由炼钢原料中带入的，称为"杂质元素"。杂质元素的存在会给材料造成脆性，故被严格控制。

由此可见，对钢铁材料的性能产生主要影响的元素是碳。因此，钢和生铁就是以含碳量的不同加以区分的。

（1）碳钢：含碳量低于 2.11% 的铁碳合金称为碳素钢，简称"碳钢"。

（2）合金钢：在碳钢基础上为了改善某些性能而特意加入一种或几种其他合金元素所组成的钢称为合金钢，如加入铬、钨、钼、钒、硼、硅、钛等。

碳钢和合金钢不仅具有良好的力学性能，还可以承受各种形式的压力加工（如锻造、轧制、冲压等）来制造零件与工具，所以用途极为广泛。目前，合金钢主要用在受力大、形状复杂和截面较大的重要零件与工具的生产制造中。

（3）生铁：含碳量高于 2.11% 的铁碳合金称为生铁。生铁中不仅含碳量多，而且杂质元素的含量也比钢多，所以其性能较钢发生了很大的变化，是一种脆性材料。它不能承受各种形式的压力加工，一般只能通过铸造方法来制造零件。因此，习惯上又称它为"铸铁"。

为了便于人们选择、使用、加工和热处理等，需要对这些钢材进行合理的分类和编号。下面就常用的几种分类方法予以介绍。

（1）按化学成分分类。

1）碳钢：根据钢中含碳量的不同可分为低碳钢、中碳钢和高碳钢。

$$\begin{cases} 低碳钢——含碳量不大于 0.25\% \\ 中碳钢——含碳量为 0.25\% \sim 0.65\% \\ 高碳钢——含碳量不小于 0.65\% \end{cases}$$

2）合金钢：根据钢中合金元素含量的不同可分为低合金钢、中合金钢和高合金钢。

$$\begin{cases} 低合金钢——合金元素总含量不大于 5\% \\ 中合金钢——合金元素总含量为 5\% \sim 10\% \\ 高合金钢——合金元素总含量不小于 10\% \end{cases}$$

此外，根据钢中所含主要合金元素的种类，合金钢又可称为锰钢、铬钢、铬钼钢和锰钒钢等。

（2）按用途分类。 根据实际用途的不同，通常把钢分为结构钢、工具钢和特殊钢三类。

1）结构钢：用以制造各种建筑结构和机械零件，如桥梁、船舶、传动齿轮、轴类零件等。这类钢的含碳量一般均不超过 0.7%。结构钢有碳素结构钢和合金结构钢之分。合金结构钢又可分为渗碳钢、调质钢、弹簧钢和滚珠轴承等钢种。

2）工具钢：用以制造各种加工工具，如切削刀具（车刀、钻头、铣刀）、量具和模具等。这类钢含碳量一般均大于 0.7%。工具钢有碳素工具钢和合金工具钢之分。合金工具钢又可分为刃具钢（低合金刃具钢和高速钢）、量具钢和模具钢等钢种。

3）特殊钢：这类钢有特殊的物理、化学或力学性能，如不锈钢、耐热钢、耐磨钢等。此类钢属于高合金钢。

（3）按质量分类。 钢材质量的高低并不一定取决于钢中合金元素的多少，而主要取决于钢中杂质元素含量多少、整个钢的成分和组织是否均匀一致以及内部与表面是否有缺陷等。根据钢材中杂质元素的含量，钢可分为：

1）普通钢。这类钢含杂质元素较多，其中磷与硫均被限制在 0.045% 内，主要用作建筑结构和要求不太高的零件。

2）优质钢。这类钢含杂质元素较少，其中磷与硫被限制在 0.035% 内，大量用作机械零件和工具。

3）高级优质钢。这类钢含杂质元素极少，其中磷与硫均被限制在 0.030% 以内，主要用作重要的零件和工具。

随着磷、硫含量的减少，钢的性能也就越好，但其价格也要相应提高。

磷与硫在钢中的作用表现为：磷在钢中能全部溶于铁素体内，使铁素体在室温下的强度升高，塑性下降，这就产生了冷脆性。硫在钢中以 FeS 形式存在，并分布在晶粒的周围晶界上。当钢材在 800 ~ 1200℃ 温度下进行轧制或锻造时，由于 FeS 的塑性差或熔化而造成晶界的开裂，这就产生了热脆性。

1.2　钢的编号及表示方法

我国钢产品的编号遵循汉语拼音字母、化学元素符号和阿拉伯数字组合的原则。即：

（1）钢号中的化学元素采用国际化学元素符号表示，如 Si、Mn、Cr 等，其中只有稀土元素，由于含量不多但种类不少，不易——分析出来，因此用"RE"表示其总含量；

（2）产品名称、用途、特性和工艺方法等，采用汉语拼音字母表示，如表 1-1 所示。其中钢的质量等级有 A、B、C、D、E 五级。

表 1-1　常用钢产品的名称、用途、特性和工艺方法表示符号（GB/T 221—2008）

名　称	采用汉字	采用符号	名　称	采用汉字	采用符号	名　称	采用汉字	采用符号
碳素结构钢	屈	Q	钢轨钢	轨	U	沸腾钢	沸	F
低合金高强钢	屈	Q	铆螺钢	铆螺	ML	半镇静钢	半	b
易切钢	易	Y	汽车大梁用钢	梁	L	镇静钢	镇	Z
碳素工具钢	碳	T	压力容器用钢	容	R	特殊镇静钢	特镇	TZ
滚动轴承钢	滚	G	桥梁用钢	桥	Q			
焊接用钢	焊	H	锅炉用钢	锅	G			

各类钢的编号及表示方法如下：

（1）碳素结构钢和低合金高强度结构钢。这两类钢的牌号均采用"表示屈服点的拼音首位字母 Q + 屈服点数值（单位为 MPa）+ 质量等级 + 脱氧方法"等符号表示。例如碳素结构钢牌号表示为 Q235AF、Q235BZ 等；低合金高强度结构钢牌号表示为 Q345C、Q345D 等。

质量等级由 A 到 E，磷、硫含量降低，钢的质量提高。碳素结构钢牌号中表示镇静钢的符号"Z"和表示特殊镇静钢的符号"TZ"可以省略。低合金高强度结构钢都是镇静钢或特殊镇静钢，其牌号中没有表示脱氧方法的符号。

（2）优质碳素结构钢。优质碳素结构钢的牌号用两位数字表示。这两位数字表示钢中的平均含碳量的万分之几。例如，45 钢表示钢中平均含碳量为 $w(C) = 0.45\%$，08 钢表示钢中平均含碳量为 $w(C) = 0.08\%$。

含锰量较高的钢，需将锰元素标出，如 $w(C) = 0.50\%$、$w(Mn) = 0.70\% \sim 1.00\%$ 的钢，其牌号为 50Mn。

沸腾钢、半镇静钢及专门用途的优质碳素结构钢，应在牌号后特别标出，如"20G"，即平均含碳量为 $w(C) = 0.20\%$ 的锅炉钢。

（3）碳素工具钢。碳素工具钢的牌号以字母"T"后跟以表示含碳量的千分之几的数字表示，如平均含碳量 $w(C) = 0.8\%$ 的钢，其钢号为 T8。含锰量较高者，在牌号后标出"Mn"，如 T8Mn。高级优质碳素工具钢在牌号后加"A"，如 T10A。

（4）合金结构钢。合金结构钢的牌号由三部分组成，即"数字 + 合金元素符号 + 数字"。前面的两位数字表示平均含碳量的万分之几。合金元素后面的数字表示合金元素的平均含量，一般以百分之几表示。当合金元素含量平均值小于 1.5% 时，牌号中一般只标注元素符号而不表明其含量；若其平均值为 1.5% ~ 2.5%、2.5% ~ 3.5%、3.5% ~ 4.5%、…时，则在元素后面相应地标出 2、3、4、…。如为高级优质钢，则在牌号后面加"A"。如 $w(C) = 0.35\%$、$w(Si) = 1.1\% \sim 1.4\%$、$w(Mn) = 1.1\% \sim 1.4\%$ 的钢，其牌号为 20MnVB。

（5）合金工具钢。合金工具钢的编号原则与合金结构钢大体相同，所不同的只是含碳量的表示方法不同。当平均含碳量 $w(C) \geqslant 1.0\%$ 时，不标出含碳量；当平均含碳量

$w(C) < 1.0\%$ 时，则在牌号前以千分之几表示。如 CrMn 中 $w(C) = 1.3\% \sim 1.5\%$；9Mn2V 中 $w(C) = 0.85\% \sim 0.95\%$。

合金工具钢中合金元素的表示方法与合金结构钢大体相同，只有平均含铬量 $w(Cr) < 1.0\%$ 的合金工具钢，其含铬量以千分之几表示，并在数字前面加"0"，以示区别。如 $w(Cr) = 0.6\%$ 的低铬工具钢的牌号为 Cr06。

在高速钢的牌号中，一般不标出含碳量，只标出合金元素含量平均值的百分之几，如 W18Cr4V、W6Mo5Cr4V2 等。

（6）铬滚动轴承钢。 铬滚动轴承钢牌号由"GCr + 数字"组成，数字表示铬含量平均值的千分之几，如 GCr15 就是铬的平均含量为 $w(Cr) = 1.5\%$ 的滚动轴承钢。

（7）不锈钢与耐热钢。 不锈钢与耐热钢（珠光体型耐热钢除外）的牌号由"数字 + 合金元素符号 + 数字"组成。通常，前面的两位数字表示平均含碳量的万分之几，如 95Cr18 表示平均含碳量为 $w(C) = 0.95\%$；但当 $w(C) \leqslant 0.08\%$ 时，以"06"表示，如 06Cr19Ni10；当 $w(C) \leqslant 0.03\%$ 时，以"022"表示，如 022Cr19Ni10；当 $w(C) \leqslant 0.01\%$ 时，以"008"表示，如 008Cr30Mn2。钢中主要合金元素的平均含量以百分之几表示，但在钢中能起重要作用的微量元素如 Ti、Zr、N 等也要在牌号中标出。

常见合金结构钢、碳素工具钢、合金工具钢的牌号见表 1-2 ~ 表 1-4。

表 1-2　常见合金结构钢及其化学成分

牌号	元素含量/%								
	C	Si	Mn	Cr	Mo	V	Ti	Al	B
20Cr	0.17 ~ 0.24	0.17 ~ 0.37	0.50 ~ 0.80	0.70 ~ 1.00	—	—	—	—	—
18CrMnTi	0.16 ~ 0.24	0.17 ~ 0.37	0.80 ~ 1.10	1.00 ~ 1.30	—	—	0.06 ~ 0.12	—	—
40Cr	0.37 ~ 0.45	0.17 ~ 0.37	0.50 ~ 0.80	0.80 ~ 1.10	—	—	—	—	—
40MnB	0.37 ~ 0.44	0.17 ~ 0.37	1.10 ~ 1.40	—	—	—	—	—	0.001 ~ 0.005
38CrMoAlA	0.35 ~ 0.42	0.17 ~ 0.37	0.30 ~ 0.60	1.35 ~ 1.65	0.15 ~ 0.25	—	—	0.70 ~ 1.10	—
65Mn	0.62 ~ 0.70	0.17 ~ 0.37	0.90 ~ 1.20	—	—	—	—	—	—
60Si2Mn	0.57 ~ 0.65	1.50 ~ 2.00	0.60 ~ 0.90	—	—	—	—	—	—
50CrVA	0.47 ~ 0.54	0.17 ~ 0.37	0.50 ~ 0.80	0.80 ~ 1.10	—	0.10 ~ 0.20	—	—	—

表 1-3　碳素工具钢及其化学成分

牌号	元素含量/%				
	C	Si	Mn	P（不大于）	S（不大于）
T7	0.65 ~ 0.74	0.15 ~ 0.35	0.20 ~ 0.40	0.035	0.03
T8	0.75 ~ 0.84	0.15 ~ 0.35	0.20 ~ 0.40	0.035	0.03
T9	0.85 ~ 0.94	0.15 ~ 0.35	0.15 ~ 0.35	0.035	0.03
T10	0.95 ~ 1.04	0.15 ~ 0.35	0.15 ~ 0.35	0.035	0.03
T11	1.05 ~ 1.14	0.15 ~ 0.35	0.15 ~ 0.35	0.035	0.03
T12	1.15 ~ 1.24	0.15 ~ 0.35	0.15 ~ 0.35	0.035	0.03
T13	1.25 ~ 1.35	0.15 ~ 0.35	0.15 ~ 0.35	0.035	0.03
T7A	0.65 ~ 0.74	0.17 ~ 0.30	0.15 ~ 0.30	0.03	0.02
T8A	0.75 ~ 0.84	0.17 ~ 0.30	0.15 ~ 0.30	0.03	0.02
T9A	0.85 ~ 0.94	0.17 ~ 0.30	0.15 ~ 0.30	0.03	0.02

牌 号	元素含量/%				
	C	Si	Mn	P（不大于）	S（不大于）
T10A	0.95 ~ 1.04	0.17 ~ 0.30	0.15 ~ 0.30	0.03	0.02
T11A	1.05 ~ 1.14	0.17 ~ 0.30	0.15 ~ 0.30	0.03	0.02
T12A	1.15 ~ 1.24	0.17 ~ 0.30	0.15 ~ 0.30	0.03	0.02
T13A	1.25 ~ 1.35	0.17 ~ 0.30	0.15 ~ 0.30	0.03	0.02

表1-4　常见合金工具钢及其化学成分

牌 号	元素含量/%						
	C	Si	Mn	Cr	Mo	V	W
9SiCr	0.85 ~ 0.95	1.20 ~ 1.60	0.30 ~ 0.60	0.95 ~ 1.25	—	—	—
CrWMn	0.90 ~ 1.05	0.15 ~ 0.35	0.80 ~ 1.10	0.90 ~ 1.20	—	—	1.2 ~ 1.60
9Mn2V	0.85 ~ 0.95	≤0.35	1.70 ~ 2.00	—	—	0.10 ~ 0.25	—
Cr12MoV	1.45 ~ 1.70	≤0.4	≤0.35	11.0 ~ 12.5	0.40 ~ 0.60	0.15 ~ 0.30	—
5CrMnMo	0.50 ~ 0.60	0.25 ~ 0.60	1.20 ~ 1.60	0.60 ~ 0.90	0.15 ~ 0.30	—	—
W18Cr4V	0.70 ~ 0.80	≤0.4	≤0.40	3.80 ~ 4.40	—	1.00 ~ 1.40	17.5 ~ 19.0

1.3　碳钢的用途

在碳钢中，优质钢的质量较普通钢要好，且优质钢除了具有较高的力学性能指标外，热处理所占的地位和所起的作用也大为增加，因而优质钢的应用范围得到进一步扩大，它在当前的各个工业部门中用途很广，用量也很大。

（1）优质碳素结构钢。这类钢的力学性能及大致用途见表1-5。

表1-5　优质碳素结构钢的力学性能及大致用途

牌 号	力 学 性 能							用途举例
	抗拉强度 σ_b/MPa	屈服强度 σ_s/MPa	伸长率 δ_5/%	断面收缩率 ψ/%	冲击吸收功 A_{KU}/J	硬度 HB（≤）		
						热轧钢	退火钢	
10	335	205	31	55	—	137	—	这类低碳钢由于强度低，塑性好，易于冲压与焊接，一般用于不大的零件，如螺钉、螺帽、垫圈、小轴、销子、链等，通过表面渗碳与氰化处理可用作表面要求耐磨、耐蚀性的机械零件
15	375	225	27	55	—	143	—	
20	410	245	25	55	—	156	—	
25	450	275	23	50	71	170	—	
30	490	295	21	50	63	179	—	这类中碳钢的综合力学性能和切削加工性均较好，可用作各种机床零件；经热处理调质后，可用作受力较大的各类轴（如曲轴、主轴）、齿轮及农业机械中的犁铧等
35	530	315	20	45	55	197	—	
40	570	335	19	45	47	217	187	
45	600	355	16	40	39	229	197	
50	630	375	14	40	31	241	207	

续表1-5

牌号	力学性能							用途举例
	抗拉强度 σ_b/MPa	屈服强度 σ_s/MPa	伸长率 δ_5/%	断面收缩率 ψ/%	冲击吸收功 A_{KU}/J	硬度 HB（≤）		
						热轧钢	退火钢	
55	645	380	13	35	—	255	217	这类钢主要用于制造轴、凸轴、车轮、板弹簧、螺旋弹簧和钢丝绳等
60	675	400	12	35	—	255	229	
65	695	410	10	30	—	255	229	
70	715	420	9	30	—	269	229	

（2）碳素工具钢。这类钢的力学性能及大致用途见表1-6。

表1-6　碳素工具钢的力学性能及大致用途

牌　号	退火后的钢硬度 HB（≤）	淬火后的钢硬度 HB（≤）	用途举例
T7、T7A	187	62	制造能承受冲击力的工具，如凿子、小型简单的冲模、中心冲、风动工具、锻模、钳子、手锤、虎钳钳口等
T8、T8A	187	62	
T9、T9A	192	62	
T10、T10A	197	62	制造不受冲击力和要求高硬度的工具，如锯条、铰刀、冷冲模、拉丝模、丝锥、板牙、刮刀、锉刀及小型简单的量具
T11、T11A	207	62	
T12、T12A	207	62	
T13、T13A	217	62	

1.4　铸铁及其用途

生产中实际应用的铸铁其含碳量一般在2.5%~4.0%之间。

总体上看，铸铁的力学性能比钢差，这是因为铸铁中的石墨片是一种非金属夹杂物，它与金属相比力学性能极差（几乎可以看作为零），因此，它的存在割裂了基体的连续性并造成应力集中。为此我们可将铸铁看作内部布满了大量孔洞的钢，显然，这是造成铸铁的力学性能比钢差的主要原因。

但是铸铁也具备下列几方面的优良的性能：

（1）优良的铸造性能。铸造是生产复杂形状零件最经济的一种方法。铸铁具有熔点低、液态流动性好和凝固时收缩率小的特点，因此，凡是无法用锻造方法制造的零件，如中空壳体零件、变速箱外壳、进排气歧管、机床床身、支架、底座等都可用铸铁制造。

（2）良好的切削加工性能。铸铁中石墨片的存在使切削易于脆断，同时石墨片本身有润滑作用，可以减轻刀具的磨损，延长刀具的使用寿命。

（3）较好的耐磨性和消震性。耐磨性较好是由于石墨片的存在有利于润滑及储油。消震性是指石墨能迅速地将机械的震动能吸收，从而有利于减轻机器因长时间震动所受的损坏。

此外，石墨片对铸铁的抗压强度影响不大，因此铸铁的抗压强度往往为抗拉强度的三倍以上。这也就是铸铁适宜作受压机件的主要原因。

根据石墨（C）在铸铁中的存在形态不同，铸铁可分为灰口铸铁、可锻铸铁、球墨铸铁、蠕墨铸铁四大类。下面主要介绍常用的前三类铸铁。

1.4.1 灰口铸铁

灰口铸铁中的碳大部分以游离状态（即自由状态）存在，这种游离状态的碳称为石墨，石墨呈片状分布。因其断口呈灰色，故取名"灰口铸铁"。图1-1所示为灰口铸铁的金相显微组织。

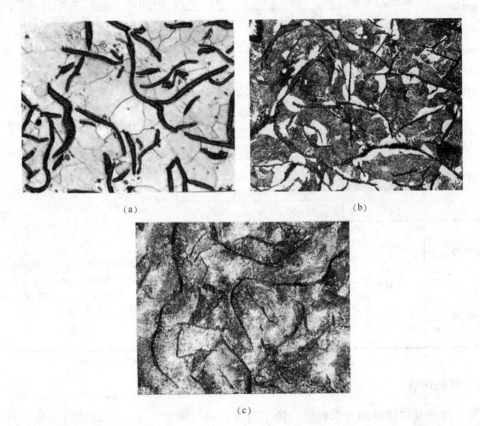

图1-1 灰口铸铁的显微组织

（a）铁素体灰口铸铁（100×）；（b）铁素体＋珠光体灰口铸铁（100×）；（c）珠光体灰口铸铁（100×）

由于灰口铸铁具有上述良好的性能，加上其价格极低，所以除了少数铸钢和高级铸铁外，灰口铸铁的用途还是非常广泛的。常用灰口铸铁的牌号、力学性能及大致用途见表1-7。

对灰口铸铁，通过各种热处理方法只能改变其内部的基体组织，不能改变石墨（C）在铸铁中的存在形态，因而对改善其机械性能的效果不大显著。故除了用普通的退火方法来消除铸件内应力外，其余的热处理方法很少使用。

表 1-7　灰铸铁的牌号、力学性能及用途

牌　号	铸铁类别	铸件壁厚 /mm	铸件最小抗拉强度 σ_b/MPa	适用范围及举例
HT100	铁素体灰铸铁	2.5 ~ 10	130	低载荷和不重要零件，如盖、外罩、手轮、支架、重锤等
		10 ~ 20	100	
		20 ~ 30	90	
		30 ~ 50	80	
HT150	珠光体 + 铁素体灰铸铁	2.5 ~ 10	175	承受中等应力（抗弯应力小于 100MPa）的零件，如支柱、底座、齿轮箱、工作台、刀架、端盖、阀体、管路附件及一般无工作条件要求的零件
		10 ~ 20	145	
		20 ~ 30	130	
		30 ~ 50	120	
HT200	珠光体灰铸铁	2.5 ~ 10	220	承受较大应力（抗弯应力小于 300MPa）的较重要零件，如汽缸体、齿轮、机座、飞轮、床身、缸套、活塞、制动轮、联轴器、齿轮箱、轴承座、液压缸等
		10 ~ 20	195	
		20 ~ 30	170	
		30 ~ 50	160	
HT250		4.0 ~ 10	270	
		10 ~ 20	240	
		20 ~ 30	220	
		30 ~ 50	200	
HT300	孕育铸铁	10 ~ 20	290	承受高弯曲应力（小于 500MPa）及抗拉应力的重要零件，如齿轮、凸轮、车床卡盘、剪床和压力机的机身、床身、高压液压缸、滑阀壳体等
		20 ~ 30	250	
		30 ~ 50	230	
HT350		10 ~ 20	340	
		20 ~ 30	290	
		30 ~ 50	260	

1.4.2　可锻铸铁

　　为了改善灰口铸铁的力学性能，除了可通过热处理方法来改变基体组织外，另一途径就是设法改变石墨片的大小、形状、数量及分布情况。其中可锻铸铁就是将白口铸铁进行高温石墨化退火，使石墨呈团状存在而得到的（见图 1-2）。这种呈团状的石墨对基体组织的割裂作用等就要比片状石墨小得多，故可锻铸铁比灰口铸铁具有较高的强度和较好的塑性与韧性。当载荷不大，特别是对于薄壁、尺寸不大、形状复杂的零件，通常可采用可锻铸铁，如各种管接头、低压阀门、拖拉机、纺织机、汽车上的某些零件及机床附件等。

　　可锻铸铁的牌号是用"可铁"两字的拼音字母和两组数字组成。例如 KTH300-06，其中第一组数字代表抗拉强度为 300MPa；第二组数字代表伸长率为 6%。部分可锻铸铁的具体牌号及性能见表 1-8。

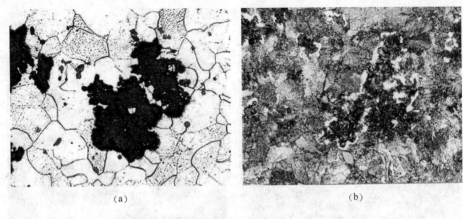

（a） （b）

图 1-2　可锻铸铁的显微组织

（a）黑心可锻铸铁（100×，浸蚀剂为 4% 硝酸酒精溶液）；
（b）珠光体基体可锻铸铁（320×，浸蚀剂为 4% 硝酸酒精溶液）

表 1-8　黑心可锻铸铁和珠光体可锻铸铁的牌号及力学性能

牌号及分级		试样直径 d/mm	σ_b/MPa	$\sigma_{0.2}$/MPa	δ/% ($l_0 = 3d$)	HBW
A	B		不小于			
KTH300-06		12 或 15	300	—	6	≤150
	KTH330-08		330		8	
KTH350-10			350	200	10	
	KTH370-12		370	—	12	
KTZ450-06		12 或 15	450	270	6	150 ~ 200
KTZ550-04			550	340	4	180 ~ 230
KTZ650-02			650	430	2	210 ~ 260
KTZ700-02			700	530	2	240 ~ 290

注：1. 试样直径 12mm 只适用于主要壁厚小于 10mm 的铸件。
　　2. 牌号 KTH300-06 适用于气密性零件。
　　3. 牌号 B 系列为过渡牌号。

1.4.3　球墨铸铁

在球墨铸铁中石墨呈球状存在，其对基体组织的割裂作用等更小，故球墨铸铁除具有高的强度外，还具有一定的塑性与韧性。球墨铸铁的制取方法是在一定成分的铁水中加入适量的球化剂和墨化剂，在两者的共同作用下，结果使石墨呈球状分布于机体组织中，如图 1-3 所示。

球墨铸铁与钢一样可以通过各种热处理方法，如退火、正火、调质、等温淬火、表面处理等，使其力学性能进一步得到改善和提高，以致在某些性能方面还会超过碳钢。因此，目前球墨铸铁不仅可以用来制造一般的机械零件，还可以用来制造受磨损、受较大载荷、受冲击的一些重要零件，如大马力柴油机曲轴、凸轮轴、汽缸套、活塞、齿轮、连杆、轧辊、水泵轴、中压阀门、轴承座、汽车后桥等。

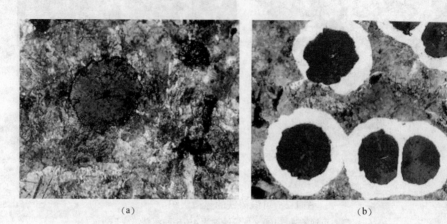

（a）   （b）

图 1-3   球墨铸铁的显微组织

（a）珠光体基体球墨铸铁（100×，浸蚀剂为 4%硝酸酒精溶液）；
（b）铁素体 + 珠光体基体球墨铸铁（320×，浸蚀剂为 4%硝酸酒精溶液）

球墨铸铁的牌号由"球铁"两字的拼音字母和两组数字组成。其具体牌号及性能见表1-9。

表 1-9   球墨铸铁的牌号、基体组织及力学性能

牌　号	主要基体组织	σ_b/MPa	$\sigma_{0.2}/MPa$	$\delta/\%$	HBW
		不小于			
QT400-18	铁素体	400	250	18	130 ~ 180
QT400-15	铁素体	400	250	15	130 ~ 180
QT450-10	铁素体	450	310	10	160 ~ 210
QT500-7	铁素体 + 珠光体	500	320	7	170 ~ 230
QT600-3	珠光体 + 铁素体	600	370	3	190 ~ 270
QT700-2	珠光体	700	420	2	225 ~ 305
QT800-2	珠光体或回火组织	800	480	2	245 ~ 335
QT900-2	贝氏体或回火马氏体	900	600	2	280 ~ 360

注：表中牌号及力学性能均按单铸试块的规定。

为了使铸铁具有某些特殊的性能，如耐磨性、耐热性、耐酸性等，往往在铸铁熔炼时特意再加入一些合金元素（如铜、铬、钼、铝、硅等）进去，这样的铸铁称为合金铸铁。

2 钢的硬度试验

金属材料的性能主要有物理性能、化学性能、力学性能和工艺性能。所有这些性能都是很重要的，是我们选择钢材的主要依据。而热处理的目的也正是为了改善与提高钢的这些性能。但对一般工业用钢来说，重要的还是力学性能。

钢的力学性能是指在外力作用下，金属材料抵抗外力作用而不至被破坏的能力。

钢的力学性能指标主要有硬度、强度、塑性和韧性等。

在此，我们将对工程上常用的材料硬度质量检验方法作一介绍。

硬度是指金属表面抵抗其他更硬物体压入的能力。硬度试验是用来测定材料表面硬或软的一种试验。硬度值的大小在一定程度上可以反映出材料的耐磨性，所以无论是对零件还是对工具来讲，它都是很重要的一个力学性能指标。同时材料硬度与其他力学性能有一定的内在关系，在某些情况下通过它可以间接地了解材料的其他性能。硬度试验的设备简单，操作方便迅速，又是非破坏性的试验，即它可作产品成品性能检验，因此硬度试验是热处理工件质量检查的主要方法，这种方法在车间中普遍使用。

材料硬度的测定，需要具备两个条件：

（1）试验压头——它是一个标准物体，用它压入被测材料的表面；

（2）试验载荷——加在压头上的压力。

若压头相同，载荷也相同时，压痕越大或越深则表示被测材料的硬度越低。

常用的硬度试验方法有布氏硬度、洛氏硬度和维氏硬度试验法三种。

2.1 布氏硬度试验法

布氏硬度试验的方法是用一个标准的钢球在一定的载荷作用下压入被测金属的表面，根据钢球在被测金属表面上留下的压痕面积大小，判定材料的硬度，如图 2-1 所示。压痕面积小表示被测金属硬度高，压痕面积大表示被测金属硬度低。

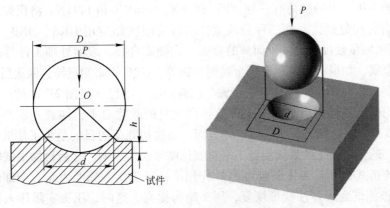

图 2-1 布氏硬度测试示意图

布氏硬度值（HB）同钢球直径、压痕直径和载荷之间的关系为：

$$HB = \frac{2P}{\pi D\left(D - \sqrt{D^2 - d^2}\right)}$$

式中　P——加在钢球上的载荷，N；

　　　D——标准钢球的直径，mm；

　　　d——压痕的直径，mm；

　　　π——圆周率。

试验时只要用刻度放大镜测量出压痕直径 d 的大小，通过查表就知道相应的 HB 值，而不必带入公式计算。布氏硬度 HB 的单位应是 MPa，但在习惯上都不予标出。

钢球和载荷的大小根据被测金属材料的性质和厚薄选择。

布氏硬度试验法的优点是：

（1）压坑大，所得硬度平均值较精确；

（2）可根据硬度近似算出金属的强度，$\sigma_b = 0.36$HB。

布氏硬度试验法的缺点是：

（1）不能测量高硬度金属（大于 450HB 时）的硬度，否则钢球要发生变形。所以为了防止钢球发生变形，测试时钢球硬度须大于试样硬度 1.7 倍。

（2）不能测量太薄的金属。所以试样厚度至少要大于压坑大小的 10 倍。

（3）压痕较大，易损伤工件表面，一般不宜试验成品。

2.2　洛氏硬度试验法

当不能用布氏硬度试验法测量硬度时，常采用洛氏硬度试验法来测定硬度。

洛氏硬度试验法的原理与布氏硬度试验法基本相同，它是用压痕深度（h）来表示硬度值的大小，即洛氏硬度值。洛氏硬度值可在载荷取消后，从试验机的刻盘上直接读出。它没有单位也没有其他任何物理意义。

洛氏硬度试验时采用的压头有两种：

（1）顶角为 120° 的金刚石圆锥；

（2）直径为 1.588mm 的钢球。

测定时加在压头上的载荷有三种，即 588.4N、980.7N 和 1471N。洛氏硬度试验机用 A、B、C 三种标尺分别代表这三种载荷值，测得的硬度相应用 HRA、HRB、HRC 表示。其中 HRA 用来测量硬度很高或硬而薄的金属，如硬质合金、表面处理工件等；HRB 用来测量较软的金属，如退火工件、有色金属铜、铝等；HRC 用来测量淬火回火后的工件。

洛氏硬度试验（HRC）操作方法步骤与试验的整个过程（见图 2-2）是：将工件要测硬度的地方用砂纸或锉刀磨光，把工件放到硬度机的载物台上，注意一定要放平。先加 $F_0 = 98$N 初载荷，将金刚石压头压入工件表面。加这初载荷的目的是为了使锥尖与试样表面紧密接触，避免由于工件表面粗糙不平对测试结果产生影响。之后再加主试验力 F_1。在总试验力 F（初试验力 F_0 + 主试验力 F_1）作用下，压头压入深度为 h_2；当卸除主试验力 F_1 后，由于被测试金属弹性变形恢复，压头略为提高。这时，压头实际压入试样的高度为 h_3。故由主试验力引起的塑性变形而产生的残余压痕深度 $h = h_3 - h_1$，并以此来衡量被测试金属的硬度。显然，h 越大时，被测试金属的硬度越低；反之，则越高。为了照顾习惯上数值越大，硬度越高的概念，用式（2-1）计算洛氏硬度值，并用符号 HR 表示，即

$$HR = N - h/S \qquad\qquad (2-1)$$

式中　N ——给定标尺的硬度数;

　　　S ——给定标尺的单位,通常以 0.002 为一个硬度单位。

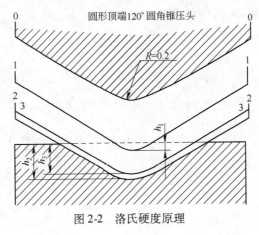

图 2-2　洛氏硬度原理

洛氏硬度法的特点是压痕面积小,对工件表面质量影响很小,对软硬材料均可测定等。但因压痕较小,一次测量数据代表性差,需多次测量取平均值;又因负荷较大,故不宜用来测定极薄的材料或具有表面硬化层的材料的硬度。

2.3　维氏硬度试验法

维氏硬度的试验原理基本上和布氏硬度的试验原理相同。如图 2-3 所示,它是用一个相对面夹角为 136° 的金刚石正四棱锥体压头,在规定试验力 F 作用下压入被测试金属表面,保持一定时间后卸除试验力,然后再测量压痕投影的两对角线的平均长度 d,进而计算出压痕的表面积 S,最后求出压痕表面积上平均压力 (F/S),以此作为被测试金属的硬度值,称为维氏硬度,用符号 HV 表示。当试验力 F 的单位为牛顿(N)时维氏硬度值为

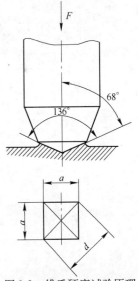

图 2-3　维氏硬度试验原理

$$HV = F/S = F/(d^2/2\sin 68°) = 0.1891(F/d^2)$$

式中　d ——两对角线的平均长度,mm。

与布氏硬度值一样,维氏硬度习惯上也只写出其硬度数值而不标出单位。在硬度符号 HV 之前的数值为硬度值,HV 后面的数值依次表示试验力(单位为 kgf)和试验力保持时间(保持时间为 10 ~ 15s 时不标注)。例如,640HV30 表示在 490.3N 试验力作用下,保持 10 ~ 15s 测得的维氏硬度值为 640。640HV30/20 表示在 490.3N 试验力作用下,保持 20s 测得的维氏硬度为 640。

维氏硬度试验常用的试验力有 49.03N、98.07N、196.1N、294.2N、490.3N、980.7N 等几种。试验时,试验力 F 应根据试样的硬度和厚度来选择。一般在试样厚度允许的情况下尽可能选用较大的试验力,以获得较大压痕,提高测量精度。

由于各种硬度试验的条件不同，因此相互间没有理论的换算关系。但根据试验结果，可获得粗略换算公式如下：

　　　　当硬度在 200～600HBW 范围内　　HRC≈0.1HBW

　　　　当硬度小于 450HBW 时　　HBW≈HV

3　热处理基础理论知识

钢力学性能的差异与其成分有关，特别是含碳量的不同，钢的力学性能就大不一样。含碳量愈大，钢的强度、硬度便愈高，而塑性、韧性却随之降低。除此以外，通过热处理生产实践可以发现：即使成分相同的钢材，加热到同样高的温度，由于采用各种不同的冷却方式冷却，如炉冷、空冷、油冷、水冷等，则最终得到的力学性能也各不相同。原因在于不同的冷却方式冷却下来所得到的最终产物（即内部组织结构）不同，所以才会引起钢力学性能上的极大差异。本章主要讲述有关热处理方面的基本理论知识，研究和掌握钢的成分、组织和性能三者间的相互关系，用以指导生产实践。

3.1　钢的基本组织和性能

3.1.1　晶体、晶格、晶粒与晶界概念

金属和自然界中所有的物质一样，是由许多非常微小的质点——原子所构成的。原子在金属里面并不是任意排列的，而是有一定规则按次序排列起来的，这类固体被称为晶体。绝大多数的金属与合金都是晶体。

原子有规则的排列所形成的空间几何形状，称为空间晶格，简称晶格。由于原子排列的具体方式不同，便组成了几种不同类型的晶格。常见的有体心立方晶格和面心立方晶格。

体心立方晶格即在立方体的中心和八个顶点各有一个原子。具有这种晶格类型的金属有 Cr、W、Mo、Mn、V、α – Fe 等。

面心立方晶格即在立方体的八个顶点和六个面的中心各有一个原子。具有这种晶格类型的金属有 Al、Cu、Ni、Pb、Co、γ – Fe 等。

将试样表面磨光，然后用浸蚀剂加以浸蚀，放到金相显微镜下去观察，可以看到许多大小不规则的颗粒，人们把构成固体的这些微小颗粒称为晶粒。晶粒与晶粒之间的交界称为晶界。可以发现每一个晶粒内部又都是由无数个原子按一定的晶格类型排列起来所组成的。

晶粒的大小（或称粗细）会直接影响钢的质量。晶粒愈细小，钢的性能就愈好。晶粒愈粗大，钢的性能就愈差，特别是冲击韧性值愈低。此外，细晶粒的钢在热处理淬火加热与冷却时，引起变形与开裂的倾向也小得多。所以在热处理前钢的原始组织最好是细晶粒。

3.1.2　纯铁的同素异晶转变

有些金属材料（如铁、钴、钛等）的晶格类型可以随着温度的变化而发生改变，即可以由一种晶格转变为另一种晶格，这种转变就称为同素异晶转变。

从高温的液体冷却下来，纯铁在1538℃首先形成体心立方晶格的 δ – Fe 固体；继续冷却至1394℃则由 δ – Fe 转变为面心立方晶格的 γ – Fe 固体；继续冷却至912℃则由 γ – Fe

转变为体心立方晶格的 α – Fe 固体；912℃ 以下直至室温一直保持体心立方晶格 α – Fe。
具体转变过程如下：

$$\delta - Fe \underset{\text{（体心立方）}}{\overset{1394℃}{\rightleftharpoons}} \gamma - Fe \underset{\text{（面心立方）}}{\overset{912℃}{\rightleftharpoons}} \alpha - Fe \atop \text{（体心立方）}$$

纯铁具有的同素异晶转变现象是我们对钢铁材料进行热处理强化的根本原因。

3.1.3　铁素体、奥氏体、渗碳体、珠光体

在实际生产中，虽然纯金属（如纯铁、纯铜、纯铝等）具备某些特殊的性能，如优良
的导电性和导热性、密度小等，但是由于它们的强度、硬度很低，又不能通过热处理方法
来强化性能，所以在应用上受到了很大的限制，一般不能用来制作受力的机械零件。

可是，当纯铁与碳组成了钢和生铁以及铜合金、铝合金等合金材料后，它们的力学性
能就得到了很大的提高，用途也就广泛多了。例如，纯铁的 $\sigma_b = 180 \sim 230MPa$、80HB，
当纯铁中含有 0.45% 碳量（45 钢）时，$\sigma_b = 600MPa$、197～241HB，再经适当热处理后，
它的强度、硬度值还可得到提高。

（1）铁素体。铁素体是碳在 α – Fe 中形成的间隙固溶体。

由于 α – Fe 原子间的空隙很小，所以碳在 α – Fe 中的溶解度极小。室温下仅可溶解
0.006% 的碳，随着温度的升高，溶解碳量略有增加，在 723℃ 时溶解碳量达最大值 0.025%。
由于铁素体中含碳量极少，所以它的性能近似于纯铁，即强度、硬度低，塑性、韧性好。在
金相显微镜下可以看到铁素体的组织是由许多大小不一、外形不一的晶粒所组成。

（2）奥氏体。奥氏体是指碳在 γ – Fe 中形成的间隙固溶体。

由于 γ – Fe 原子间的空隙较大，所以碳在 γ – Fe 中的溶解度要比 α – Fe 大得多。在
723℃ 时可溶解碳量为 0.8%，随着温度的升高，溶解度有所增加，在 1130℃ 时溶解碳量
达最大值 2%。这也是钢的渗碳必须加热到奥氏体状态下进行的原因。奥氏体的强度、硬
度并不高，但塑性很好，所以钢在锻造时必须加热到奥氏体状态下进行。在金相显微镜下
可以看到奥氏体组织也是由许多呈不规则多边形的晶粒所组成。

这里需要说明的是，碳钢中奥氏体组织在室温下是不存在的，它只出现在 727℃ 以上，
同时它也是无磁性的。

（3）渗碳体。铁和碳除了形成固溶体外，还可以互相结合成化合物，即 Fe_3C，其中
铁原子与碳原子的比为 3:1，这种具有复杂晶格的化合物称为渗碳体。渗碳体中的含碳量
为 6.69%，其溶解度不随温度的变化而变化。它的熔点是 1600℃ 左右，硬度很高（约
800HB），很耐磨，但又很脆。因此渗碳体不能单独应用而总是与铁素体混合在一起。高
碳钢中所含渗碳体较低碳钢、中碳钢多，所以也就比它们硬。在碳钢的基础上加入合金元
素形成合金钢，组织内部将形成合金碳化合物，其硬度还会更高，如碳化钨（WC）、碳化
钛（TiC）等。

（4）珠光体。珠光体是铁素体和渗碳体两者所组成的机械混合物。它存在于 727℃ 以
下直至室温。在高倍（经 2500 倍放大）金相显微镜下可以清楚地看到珠光体内片状铁素
体与渗碳体一层一层交替地分布着。图 3-1 中白亮呈片状的是渗碳体，中间较宽的白色间
隔层为铁素体。因这种组织显出与珍珠表面相似的纹路和光泽，所以称其为珠光体。在低

倍金相显微镜下，紧密排列的层状间隔分辨不清，只能看到一块块"黑色组织"。珠光体组织的平均含碳量为 0.8%，它的力学性能介于铁素体和渗碳体之间，强度、硬度适中，并不脆，这是因为珠光体中的渗碳体量比铁素体量要少得多。

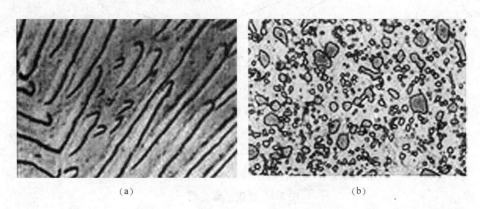

(a)　　　　　　　　　　　　　　　(b)

图 3-1　珠光体

(a) 片状珠光体；(b) 球状珠光体

此外，通过热处理方法可以获得一种渗碳体呈颗粒状分布在铁素体基体上的组织，这种组织称为粒状（或球状）珠光体。这种组织不仅有利于改善切削加工性能，而且在热处理淬火加热与冷却时引起变形与开裂的倾向也大为减小，所以高碳工具钢在淬火前的原始组织要求为粒状珠光体较好。表 3-1 所列为钢的基本组织的力学性能。

表 3-1　钢的基本组织的力学性能

基本组织名称	力 学 性 能			
	布氏硬度 HB	抗拉强度 σ_b/MPa	伸长率 δ/%	冲击韧性值 α_k/J
铁素体	80 ~ 100	245 ~ 294	50	294
奥氏体	170 ~ 220	392 ~ 784	20 ~ 40	
渗碳体	≈800	34.3	≈0	≈0
珠光体（片状）	200 ~ 280	784 ~ 833	15	
珠光体（粒状）	160 ~ 190	588 ~ 637	20 ~ 25	

3.2　铁碳平衡图

铁碳平衡图又名铁碳状态图，它是表示钢的成分（含碳量）、内部组织与温度三者之间相互关系的一张图，如图 3-2 所示。铁碳平衡图反映了钢的内部组织随着含碳量、温度的变化而变化的客观规律，是我们制订热处理工艺规范的重要依据。

3.2.1　铁碳平衡图的分析

铁碳平衡图的纵坐标表示温度，横坐标表示成分（含碳量）。在横坐标的左端，碳的含量为 0%，即为纯铁；右端碳的含量为 2%（剩下 98% 是铁的含量）。所以这部分简化了的铁碳平衡图实际上就是钢的平衡图。对于含碳量大于 2% 的生铁部分平衡图，这里不予讨论。

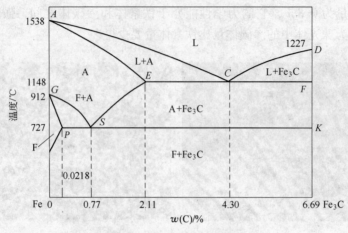

图 3-2 铁碳平衡相图

3.2.1.1 碳钢在常温下的组织

含碳量为 0.77% 的钢，其室温组织是单一的珠光体，称为共析钢。

含碳量低于 0.77% 的钢，其室温组织由铁素体 + 珠光体所组成，称为亚共析钢。

含碳量大于 0.77% 的钢，其室温组织由珠光体 + 渗碳体所组成，称为过共析钢。

3.2.1.2 临界点及其符号

钢在加热或冷却过程中，其内部组织发生转变的温度称为临界温度或称为临界点。在状态图中临界点有 A_1（PSK 线）、A_3（GS 线）A_{cm}（ES 线），如图 3-3 所示。各点组成转变情况如下。

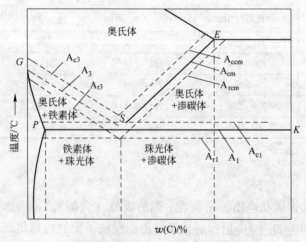

图 3-3 钢热处理时的临界平衡状态图

（1）A_1——PSK 线：在图上是一条水平线，温度是 723℃。它表示所有含碳量的钢在加热到 723℃ 时室温组织中的珠光体全部变为奥氏体。同样，从较高温度冷却下来到达 723℃ 时，奥氏体组织全都转变为珠光体。

（2）A_3——GS 线：它表示亚共析钢加热到 A_3 时室温组织中的铁素体全部溶解到奥氏

体中。同样，从高温冷却下来到达 A_3 时奥氏体中开始析出铁素体。

（3）A_{cm}——ES 线：它表示过共析钢加热到 A_{cm} 时室温组织中的渗碳体全部溶解到奥氏体中。同样，从高温冷却下来到达 A_{cm} 时从奥氏体中开始析出渗碳体。

由于钢在加热或冷却时有过热或过冷现象，所以加热时的临界点符号用 A_{c1}、A_{c3}、A_{ccm} 表示；冷却时的临界点符号用 A_{r1}、A_{r3}、A_{rcm} 表示。常用碳钢的临界点见表 3-2，其中，A_{c1}、A_{c3}、A_{ccm} 随着加热速度的加快而有所提高；A_{r1}、A_{r3}、A_{rcm} 随着冷却速度的加快而有所降低。

表 3-2　常用碳钢的临界点

牌　号	临界点/℃	
	A_{c1}	A_{c3} 或 A_{ccm}
35	724	802
45	724	780
65	724	752
T8A	730	—
T10A	730	800
T12A	730	820

3.2.1.3　加热和缓冷时的组织转变

为了更好地了解和熟悉平衡图，下面选择三种典型成分的钢来说明它们在加热和缓冷时内部组织转变的大致情况。

（1）含碳量为 0.8% 的共析钢（T8 钢）。T8 钢的室温组织全部都是珠光体，当加热到 723℃（A_{c1}）以上时，珠光体全都转变为奥氏体，继续加热，奥氏体不再发生任何变化。当高温奥氏体冷却下来到达 723℃（A_{r3}）以下时，奥氏体全都转变为珠光体，继续冷却直至室温，珠光体不再发生任何变化。

（2）含碳量为 0.45% 亚共析钢（45 钢）。45 钢的室温组织为铁素体＋珠光体。当加热到 723℃（A_{c1}）以上时，珠光体首先全都转变为奥氏体，这时的组织为铁素体＋奥氏体。继续加热时，铁素体便逐渐溶解到奥氏体中去，直到 A_{c3}（约 780℃）铁素体全都溶入奥氏体。A_{c3} 以上钢的组织为单一奥氏体。

同样，高温奥氏体在缓慢冷却下来时，组织发生相反方向的转变过程。即冷到 A_{r3}（稍低于 780℃）时，首先从奥氏体中开始析出铁素体。在 A_{r3} 与 A_{r1} 之间组织为奥氏体＋铁素体，与升温过程所不同的是随着温度的下降，使析出的铁素体量逐渐增多，直至冷到 A_{r1}（稍低于 723℃）时，剩余的奥氏体全都转变为珠光体。从 A_{r1} 到室温，钢的组织不变，为铁素体＋珠光体。

（3）含碳量为 1% 的过共析钢（T10）钢。T10 钢的室温组织为珠光体＋渗碳体。当加热到 723℃（A_{c1}）以上时，珠光体首先全都转变为奥氏体，这时的组织为奥氏体＋渗碳体。继续加热时，渗碳体则全都溶入奥氏体中。A_{cm} 以上的钢的组织为单一奥氏体。

同样，高温奥氏体在缓慢冷却下来时，组织发生相反方向的转变过程。即冷到 A_{rcm}（稍低于 800℃）时，首先从奥氏体中析出渗碳体（沿晶界析出呈网状分布）。在 A_{rcm} 与 A_{r1} 之

间组织为奥氏体 + 渗碳体，与升温过程所不同的是随着温度的下降，析出的渗碳体量逐渐增多，直至冷到 A_{r1} 时，钢的组织为珠光体 + 渗碳体。

最后必须说明这样一个问题，铁碳平衡图是表示钢在极其缓慢的冷却条件下其内部组织的变化规律，这在热处理工艺操作中，只有退火具有这样的转变条件。如果冷却速度加快，高温奥氏体将不再按平衡图的组织发生变化。

3.2.2　碳对钢组织和性能的影响

通过对平衡图的分析，我们已经知道钢的组织与力学性能，主要取决于钢的含碳量及碳在钢中存在的形态、分布等。下面我们再具体地讨论一下，随着钢中含碳量的逐渐增加，钢内部组织的变化情况，进而得到碳元素对钢的组织与性能影响的一般规律。

当钢中含碳量极少时（<0.006%），碳原子全都溶解到 α - Fe 中形成单一铁素体组织，这就是工业纯铁。

通过对图 3-4 所示的几个钢种金相显微组织的仔细观察可以看出，珠光体量随着含碳量的增多而增多，相反，铁素体量随之减少。当含碳量达到 0.8% 时，钢的内部组织全部为珠光体。当含碳量超过 0.8% 以后，组织中除了珠光体外，开始出现少量渗碳体，随着含碳量继续增多，渗碳体量也在增多，且渗碳体是呈网状分布在珠光体晶粒的界面上。

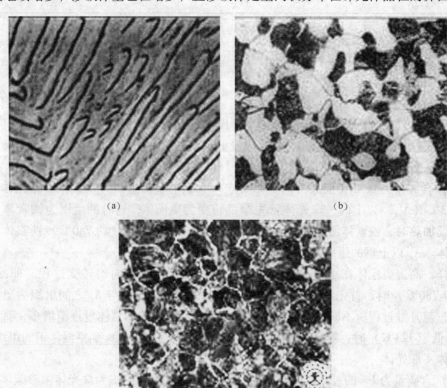

（a）　　　　　　　　　　　　　（b）

（c）

图 3-4　典型铁碳合金的平衡组织
（a）共析钢（0.8%C）；（b）亚共析钢（0.45%C）；（c）过共析钢（1.2%C）

钢中组织的变化必然会引起钢的力学性能发生变化。前面已经讲过铁素体是一种强度、硬度低，塑性、韧性好的固溶体；渗碳体是一种硬而脆的化合物；珠光体是由铁素体和渗碳体共同组成的机械混合物，它的力学性能适中。由此可以清楚地看出，随着钢中含碳量的不断增加，钢内部组织中的珠光体量相应增加，铁素体量相应减少，因此钢的强度、硬度不断提高，而塑性、韧性有所降低。只有当含碳量超过0.9%以后，由于渗碳体的网状分布，钢的强度有所下降。钢的力学性能随含碳量变化的规律如图3-5所示。

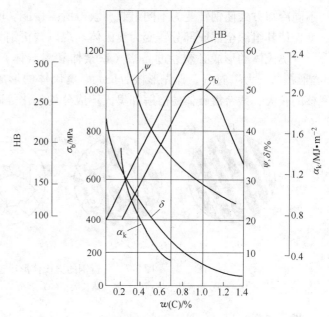

图 3-5   钢的力学性能随含碳量的变化规律

3.3   钢在加热时的组织转变

热处理是指将钢在固态下加热到预定温度，并在该温度下保持一段时间，然后以一定的速度冷却至室温的工艺。热处理的目的是改变钢的内部组织结构，以改善其性能。

热处理过程分为加热、保温和冷却三个阶段，如图3-6所示。热处理不仅可以强化金属材料、充分发挥其内部潜力、提高或改善其工艺性能和使用性能，而且还可以提高加工质量、延长工件和刀具寿命、节约材料、降低成本。所以，机械、交通、能源以及航空航天等工业部门的大多数零部件和一些工程构件，都需经过热处理来提高产品质量和性能。例如，机床工业60%~70%零件，汽车、拖拉机的70%~80%零件，飞机的几乎全部零件都要热处理。

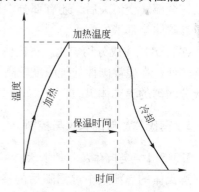

图 3-6   热处理工艺曲线示意图

根据热处理的目的、要求以及加热和冷却条件的不同，金属材料热处理分为退火、正火、淬火、回火及表面热处理等五种基本方法。

钢的热处理原理主要是利用钢在加热和冷却时内部组织发生转变的基本规律来确定加热温度、保温时间和冷却介质等有关参数，以达到改善材料性能的目的。

3.3.1   奥氏体的形成

碳钢的室温组织基本上是由铁素体和渗碳体两个相组成，只有在奥氏体状态才能通过不同冷却方式使钢转变为不同组织，获得所需性能。所以，热处理时需将钢加热到一定温度，使其组织全部或部分转变为奥氏体。现以共析钢为例，讨论奥氏体的形成过程。

奥氏体的形成必须经过晶格（铁素体和渗碳体）改组和铁、碳原子的扩散，并遵循"形核与长大"过程，即先形核后长大。奥氏体的形成过程包括奥氏体的形核、奥氏体晶核的长大、残余渗碳体的溶解和奥氏体成分均匀化等四个阶段，如图 3-7 所示。

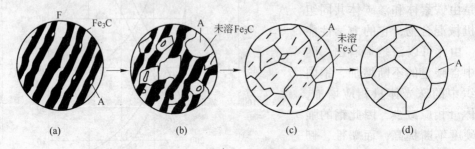

图 3-7　共析钢的奥氏体形成过程示意图
（a）奥氏体形核；（b）奥氏体长大；（c）剩余 Fe₃C 溶解；（d）奥氏体均匀化

（1）奥氏体的形核。钢在加热至 A_1 时，奥氏体晶核先在铁素体与渗碳体的相界面上形成。

（2）奥氏体晶核的长大。奥氏体形核后的长大是新相奥氏体的相界面向铁素体和渗碳体两个方向同时推移的过程。通过原子扩散，铁素体晶格先逐渐转变为奥氏体晶格，随后通过渗碳体的连续分解和铁原子的扩散而使奥氏体晶核不断长大。

（3）残余渗碳体的溶解。渗碳体向奥氏体溶解落后于铁素体向奥氏体的溶解，所以在铁素体全部转变消失后，还有部分渗碳体未溶解到奥氏体中，还需要一段时间继续溶解，直至渗碳体全部消失为止。

（4）奥氏体成分均匀化。奥氏体刚转变结束时，其成分是不均匀的。在原铁素体处碳浓度较低，在原渗碳体处碳浓度较高，只有继续保温一段时间，通过碳原子的扩散才能得到成分均匀的奥氏体组织。

3.3.2　奥氏体晶粒的长大与控制

3.3.2.1　奥氏体晶粒的长大

奥氏体的晶粒大小对钢随后的冷却转变及转变产物的组织和性能都有重要影响。通常，粗大的奥氏体晶粒冷却后得到粗大的组织，其力学性能指标较低。需要了解奥氏体晶粒度的概念以及影响奥氏体晶粒度的因素。

奥氏体晶粒大小是用晶粒度来度量的。实际测量时可用晶粒的直径或单位面积中的晶粒数等方法来表示晶粒大小。晶粒度的评定一般采用比较法和计算法。

（1）比较法。即金相试样在放大 100 倍的显微镜下，与标准的图谱等级大小相比而确定其相应的等级。YB27—77 将钢的奥氏体晶粒度分为 8 个级别，1 级最粗，8 级最细（见图 3-8）。0 级以下为超粗晶粒，8 级以上为超细晶粒。

（2）计算法。生产上用晶粒度 N 表示晶粒大小，晶粒度级别与晶粒的大小有如下关系：

$$n = 2^{N-1}$$

式中，n 表示放大 100 倍时，$1in^2$（645.16mm²）上的晶粒数。n 越大，N 越大，晶粒越细。

$$n_0 = 2^{N+3}$$

式中，n_0 表示放大 1 倍时，1mm² 上的晶粒数。

下面介绍几个晶粒度的概念。

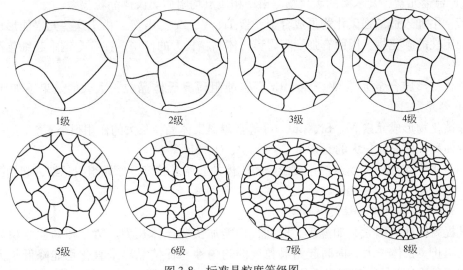

图 3-8　标准晶粒度等级图

（1）起始晶粒度：奥氏体转变刚刚完成，即奥氏体晶粒边界刚刚相互接触时的奥氏体晶粒大小称为起始晶粒度。

（2）本质晶粒度：根据 YB27—64 试验方法，即在 930±10℃，保温 3～8h 后测定的奥氏体晶粒大小称为本质晶粒度。如晶粒度为 1～4 级，称为本质粗晶粒钢，晶粒度为 5～8 级，则为本质细晶粒钢。

（3）实际晶粒度：钢在某一具体的加热条件下实际获得的奥氏体晶粒的大小称为实际晶粒度。实际晶粒度取决于本质晶粒度和实际热处理条件。实际晶粒一般总比起始晶粒大。

3.3.2.2　奥氏体晶粒长大的影响因素

奥氏体晶粒是通过晶界的迁移而长大的，其实质是原子在晶界附近的扩散过程，长大的驱动力为界面能。晶粒长大使界面积减小，系统能量降低，因此晶粒长大是一个自发过程。凡影响原子扩散的因素都影响奥氏体晶粒长大。

（1）加热温度和保温时间。温度对奥氏体晶粒长大的影响最显著，温度越高，晶粒长大速度越快，奥氏体最终晶粒尺寸越大。

（2）加热速度。加热速度越快，奥氏体起始晶粒越细。实际生产中经常采用快速加热、短时保温的办法来获得细小晶粒。

（3）钢的化学成分。

1）含碳量：随着钢中含碳量的增加，奥氏体晶粒长大倾向增大，但是，当含碳量超过某一限度时，奥氏体晶粒长大倾向又减小。这是因为随着含碳量的增加，碳在钢中的扩散速度以及铁的自扩散速度均增加，故加大了奥氏体晶粒的长大倾向。但碳含量超过一定限度后，钢中出现二次渗碳体，二次渗碳体对奥氏体晶界的移动有阻碍作用，故奥氏体晶粒反而细小。

2）脱氧剂：用 Al 脱氧能形成难熔的 AlN 质点在晶界上析出，阻碍奥氏体晶粒长大。而 Si、Mn 脱氧不能形成难熔的质点，晶粒容易长大。

3）合金元素：凡未溶的碳化物等第二相质点均阻碍奥氏体晶粒长大。

若钢中加入适量强碳化物形成合金元素 Ti、V、Zr、Nb 等，由于这些元素能形成高熔点高稳定性的碳化物，因而有强烈阻碍奥氏体晶粒长大的作用，在合金钢中起细化晶粒的作用。

碳化物形成合金元素 W、Mo、Cr 等也能阻碍奥氏体晶粒长大，但效果不如 Ti、V、Zr、Nb 等元素。

非碳化物形成元素 Ni、Si、Cu、Co 等阻碍奥氏体晶粒长大的作用很小。

促使奥氏体晶粒长大的元素有 C、N、P、O、Mn 等。

（4）原始组织：原始组织主要影响奥氏体的起始晶粒度。原始组织越细，起始晶粒越细小。

3.3.2.3　奥氏体晶粒大小的控制

凡提高扩散的因素，如温度、时间，均能加快奥氏体长大。第二相颗粒体积分数增大，能阻止奥氏体长大。提高起始晶粒度的均匀性与促使晶界平直化均能降低长大驱动力，减弱奥氏体长大。控制奥氏体晶粒大小的措施主要有：

（1）利用 Al 脱氧，形成 AlN 质点，细化晶粒，细晶粒钢；

（2）利用难熔强碳化物形成合金元素形成碳化物、氮化物细化晶粒；

（3）采用快速加热、短时保温的办法来获得细小晶粒；

（4）控制钢的热加工工艺和预备热处理工艺。

3.4　钢在冷却时的转变

热处理的生产实践告诉我们，即使是相同成分的钢加热到高温奥氏体状态后，由于冷却下来的方式不同，最终获得的力学性能也会有明显的差异。

如 45 钢，在 840℃ 加热后，分别用不同的冷却方式冷却下来，所获得的力学性能指标见表 3-3。

表 3-3　45 钢不同冷却方法时的力学性能

冷却方法	σ_b/MPa	σ_s/MPa	δ/%	ψ/%	HRC
退火	53.2	28.1	32.5	49.3	160~200HB
正火	67~72	34	15~18	45~50	18~24
淬油	90	62	18~20	48	40~50
淬火	110	72	7~8	12~14	53~60

由表 3-3 可知，随着冷却速度的增大，钢的强度、硬度不断提高，而塑性、韧性不断降低。

钢的冷却方式有两种：等温冷却和连续冷却，如图 3-9 所示。

3.4.1 钢在等温冷却时的组织转变

钢的等温转变就是将钢加热到高温奥氏体状态后，迅速冷却到低于 A_1 的某一温度，并在此温度作足够时间的停留，使高温奥氏体在此温度下完成其组织转变的过程。图 3-10 所示为共析钢等温冷却转变曲线。

根据奥氏体等温转变的温度不同，最终形成的组织也不相同，下面我们将 C 曲线（即过冷奥氏体等温转变曲线）分为三个区域来加以说明。

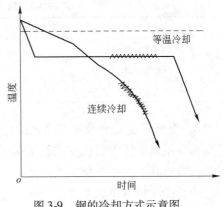

图 3-9　钢的冷却方式示意图

A　奥氏体在 C 曲线上部区域的组织转变

将高温奥氏体在 A_1 以下至 C 曲线鼻尖以上（约 500℃）的温度内等温转变，由于该区域的转变温度比较高，奥氏体能全部等温分解，最终形成由铁素体＋渗碳体所组成的机械混合物。

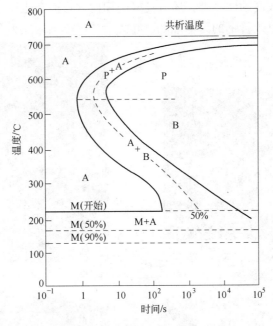

图 3-10　共析碳钢的等温转变曲线

所不同的仅在于当等温温度接近 A_1 时所得到的转变产物为粗片状铁素体＋粗片状渗碳体，这就是珠光体组织。当等温温度接近于 C 曲线鼻尖时所得到的转变产物为较细片状铁素体＋较细片状渗碳体（这种组织称为索氏体，见图 3-11）和更细片状铁素体＋更细片状渗碳体（这种组织称为屈氏体，见图 3-12）。

这三种组织都属于珠光体型组织，只是由于组织中片层的粗细不同，性能有所差异，见表 3-4。

表 3-4　珠光体型组织形成温度及硬度

组织名称	形成温度范围/℃	硬度
珠光体	$A_1 \sim 670$	170 ~ 250HB（18 ~ 24HRC）
索氏体	600 ~ 670	250 ~ 320HB（24 ~ 32HRC）
屈氏体	550 ~ 600	330 ~ 400HB（32 ~ 38HRC）

B　奥氏体在 C 曲线中部区域的组织转变

将高温奥氏体等温在 C 曲线的鼻尖至 M_s 点之间的温度范围内转变，由于转变温度较低，故所得到的转变产物为贝氏体。

上贝氏体是奥氏体在 400 ~ 500℃ 范围内的等温转变产物，其中铁素体呈密集而相互平行的扁片，渗碳体呈短片状断断续续地分布在铁素体片层之间。在显微镜下，上贝氏体呈羽毛状形态（见图 3-13），它的硬度可达 45HRC 左右。

下贝氏体是奥氏体在 240 ~ 400℃ 范围内的等温转变产物，其中铁素体呈针状，极为细小的渗碳体质点呈弥散状分布在针状铁素体内。在显微镜下，下贝氏体呈黑色针状形态（见图 3-14），它的硬度可达 55HRC 左右。

贝氏体除了具有较高的硬度外，还有良好的韧性。目前在生产中已采用等温淬火方法来获得下贝氏体组织以改善钢的力学性能，并大大减小淬火内应力和变形。

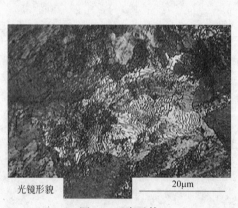

光镜形貌　　　　　　20μm

图 3-11　索氏体

光镜形貌　　　　　　20μm

图 3-12　屈氏体

图 3-13　上贝氏体

图 3-14　下贝氏体

C 奥氏体在 C 曲线下部区域的组织转变

若将奥氏体等温在低于 M_s 以下，则由于转变温度很低，原子扩散移动极为困难，除了发生铁原子的晶格转变外，即由原来的 $\gamma - Fe$ 转变成 $\alpha - Fe$，碳原子全部被保存在 $\alpha - Fe$ 中，这就大大超过了 $\alpha - Fe$ 的溶解度，形成了一种过饱和的固溶体组织，这就是马氏体。这种转变也称作非扩散性转变。马氏体的金相显微组织呈片状（低碳钢）或针状（高碳钢），如图 3-15 所示，其中黑色针状物为马氏体，白色基底则为残余奥氏体。

（a） （b）

图 3-15 马氏体组织

（a）针状马氏体；（b）片状马氏体

马氏体组织的性能十分硬而脆，可达 600 ~ 700HB（相当于 60 ~ 65HRC）。马氏体的高硬度是由于过饱和固溶体引起晶格歪扭，增大了对塑性变形的抗力，从而使硬度提高。热处理工艺中的淬火就是为了获得这种组织。

马氏体组织的硬度取决于钢的含碳量，含碳量越多，马氏体的硬度便越高。当含碳量超过 0.8% 后硬度基本上不再增加了。

马氏体转变的温度范围（M_s 及 M_f），随着钢中含碳量增加到 0.5% 以上时，M_s 点温度便降低到室温以下。如 T8 钢的 M_s 约为 240℃，M_f 约为 -50℃。

奥氏体向马氏体转变有一个很大的特点是：奥氏体不能百分之百地转变成马氏体，总有极少量的奥氏体保留下来（保留下来的奥氏体称其为残余奥氏体）。这是因为奥氏体的比容（单位重量的体积）最小，只有 0.122 ~ 0.125，而马氏体的比容最大，为 0.127 ~ 0.130，可见，在转变过程中，随着马氏体形成的同时还伴随着体积的膨胀，从而会对尚未转变的奥氏体造成一定的压力，使其不易发生向马氏体的转变而被保留下来。显然，M_s 与 M_z 点温度越低，残余奥氏体量也就越多。

3.4.2 影响等温转变图的因素

C 曲线的形状和位置不仅对奥氏体等温分解的速度及产物的性质有着重要的意义，同时对热处理工艺及淬透性等问题的考虑也具有指导性的作用。C 曲线的影响因素中，以奥氏体的成分对 C 曲线的影响最大，故着重予以讨论。

（1）碳的影响。以共析钢的 C 曲线作比较，含碳量的减少（亚共析钢）与增加（过共析钢），都会造成过冷奥氏体的稳定性变差，即使 C 曲线位置发生左移，如图 3-16 所示。由图可知，它们的奥氏体在向珠光体转变之前，分别还有铁素体和渗碳体的析出，析出量随着过冷度的增大而减少。

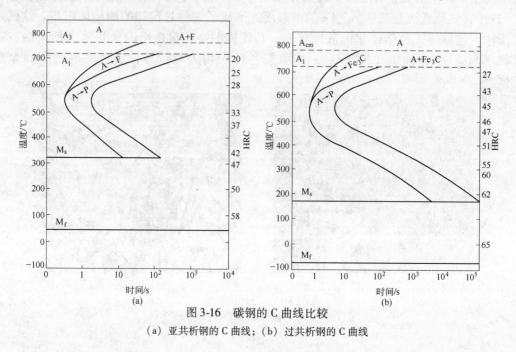

图 3-16　碳钢的 C 曲线比较

（a）亚共析钢的 C 曲线；（b）过共析钢的 C 曲线

（2）合金元素的影响。奥氏体中若含有其他合金元素，则它们对奥氏体的分解大多有推迟作用，从而使 C 曲线发生右移。一些碳化物形成元素（如 Cr、Mo、W、V 等）还会使 C 曲线的形状发生改变。

（3）其他因素的影响。C 曲线除了受到奥氏体成分的影响外，还同奥氏体的晶粒度、均匀度及不溶于奥氏体的质点有关。奥氏体晶粒愈大，C 曲线便会向右移。奥氏体的成分愈均匀，则愈难分解，也会使 C 曲线向右移（这是因为奥氏体的分解产物由含碳量相差悬殊的两种组织所组成）。凡不溶于奥氏体的质点（如碳化物等）愈多，则它们在奥氏体发生分解时，便成为天然的核心，从而使 C 曲线左移。

C 曲线的形状和位置不仅与奥氏体中的成分有关，而且还与加热温度、加热时间等有关。例如，钢的加热温度越高，则奥氏体的成分越均匀，晶粒度较大，碳化物溶入奥氏体中的量也就越多，使奥氏体的稳定性增加，结果是 C 曲线发生右移。

3.4.3　钢在连续冷却时的转变

在热处理生产的实践中，我们所遇到的各种零件和工具，大多数是采用连续冷却的方式，如炉冷、空冷、油冷、水冷等。它们与等温转变的不同在于奥氏体是在低于 A_1 某一个温度范围内完成其组织的转变过程，如图 3-17 所示。

钢的连续冷却曲线是如何的呢？如将共析钢的连续冷却曲线与等温转变曲线相比较，则可发现它比等温 C 曲线稍微滞后一些，并且没有 C 曲线的下部，即表示共析钢在连续冷却下来时得不到贝氏体组织。

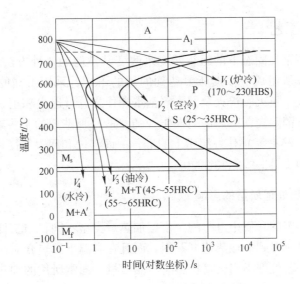

图 3-17 共析钢连续冷却转变曲线

在实际操作中，我们往往利用等温转变曲线来描述和判断钢在连续冷却下来时的组织转变。原因在于等温 C 曲线比较容易测出（温度是固定的，唯一影响因素是时间），而连续冷却曲线的影响因素有两个，即温度和时间，且快速测定温度很困难。图 3-14 中 V_1 冷却速度极其缓慢，相当于共析钢在炉冷时（退火）的情况，根据它与 C 曲线相交的位置，可以判断出它大体上会转变为珠光体组织。V_2 冷却速度稍大于 V_1，相当于在空气中冷却（正火）的情况，可以大体上判断出它会转变为索氏体组织。V_3 是相当于该钢在油中淬火时的冷却速度，同样可以判断出它会得到屈氏体和马氏体的混合组织，这样的组织被认为是未被淬硬。V_4 是相当于该钢在水中淬火时的冷却速度，奥氏体将全部转变为马氏体组织。

图 3-17 中的 V_k 是使奥氏体全部向马氏体转变的最小冷却速度（即正好与 C 曲线鼻尖相切），称为"临界冷却速度"。V_k 的大小有着很重要的现实意义。淬火的目的是将工件淬硬得到马氏体组织，因此在选用淬火冷却剂时其冷却速度必须要大于该工件材料的 V_k，否则奥氏体在向马氏体转变以前便有一部分奥氏体发生向其他组织的转变，得不到全部的马氏体组织，这就是通常所说的"没有淬硬"。

各冷却速度下的转变产物及硬度见表 3-5。

表 3-5 共析钢连续冷却过程转变产物

冷却速度	速度值	相当于冷却条件	转变产物	符 号	硬 度
V_1	10℃/min	炉冷	珠光体	P	170~220HBS
V_2	10℃/s	空冷	索氏体	S	25~35HRC
V_3	150℃/s	油冷	屈氏体+马氏体	T+M	45~55HRC
V_4	600℃/s	水淬	马氏体+少量残余奥氏体	$M+A_R$	55~65HRC
V_k	马氏体临界冷却速度		马氏体+少量残余奥氏体	$M+A_R$	55~65HRC

3.5　钢的热处理工艺

　　热处理就是利用钢在固态下的组织转变来改变其性能的一种方法。这种方法由加热、保温和冷却三个阶段所组成。根据所要达到的目的不同,采用不同的加热温度和冷却速度,故热处理有退火、正火、淬火及回火等基本操作之分。退火和正火往往作为预先热处理工序,其目的在于消除先前的热加工操作(铸、锻)所造成的某些缺陷或为以后的工艺操作(如切削加工、淬火等)作好组织上的准备。而淬火和回火往往是作为最后热处理工序,最终决定零件和工具的组织和性能。

3.5.1　加热介质对热处理质量的影响

　　钢的加热是在一定的介质中进行的。根据加热炉类型不同,与工件接触的加热介质便不一样,其结果不仅所得到的加热速度不同,而且在高温下加热介质与工件表面所发生的化学作用也不相同,若处理不当会直接影响产品质量。通常所用的加热介质有空气、各种盐浴、各种人工制造的加热气氛和金属浴等。

3.5.1.1　钢的氧化和脱碳

　　(1)钢的氧化。与钢发生氧化反应的主要有害气体是 O_2、CO_2、H_2O,它们与钢氧化作用的结果是在钢表面生成氧化铁皮(FeO)。氧化铁皮是要剥落的,这将使钢的表面粗糙不平,不仅增加了钢材处理后的清理或清洗工作的难度,而且在以后淬火时还会影响冷却的均匀性。

　　(2)钢的脱碳。脱碳即钢表面层的碳量在加热介质中被烧损掉。在高温时的奥氏体组织,其中溶解有一定量的碳,它与 O_2、CO_2 和 H_2 发生脱碳反应的结果,使钢表面层的含碳量降低。由于脱碳,钢在淬火后达不到足够的表面硬度。

　　由上述可知,钢的氧化和脱碳程度主要取决于加热介质中的有害成分(特别是 O_2、CO_2 和 H_2)的浓度。因此,要防止氧化和脱碳就必须除去或减少这些有害成分,适当增加还原性气体(如 CO)或增碳性气体(如 CH_4)的含量。当然,最有效的方法是杜绝这些有害成分与钢接触,做到钢在加热时没有氧化或脱碳的现象发生。这样的热处理称为"光亮热处理",如光亮淬火和光亮退火等。

3.5.1.2　防止氧化和脱碳的主要措施

A　盐浴炉加热

采用 $NaCl$、KCl、$BaCl_2$ 或硝酸盐浴作为加热介质,可以使钢的氧化或脱碳作用减小。

　　(1)盐浴加热时影响氧化与脱碳的因素。工件在盐浴中加热时发生氧化脱碳的主要原因,是熔盐内的氧化物与钢表面接触,使钢表面的碳受氧化而减少。

　　除了溶入盐浴中的氧气和水分对钢中的铁和碳发生氧化与脱碳外,空气中的氧还与熔盐作用,产生金属氧化物。

　　夏季由于空气湿度增加,也造成盐浴中氧化物显著增多。

　　(2)盐浴脱氧方法。

　　1)还原法:即将具有还原能力的物质放入盐浴中发生还原反应来消除盐浴中的氧化物。脱氧剂有碳化硅、炭粉及木炭等。

　　2)沉淀法:用某种物质与盐浴中氧化物作用生成熔点较高、密度较大的沉淀物,沉入炉底便于捞除。脱氧剂有硅胶、硅铁、硼砂、二氧化硅及硅钙铁等。

（3）目前常用的脱氧剂。

1）木炭或活性炭粉：家用木炭应敲碎成直径约 15mm 大小的颗粒，用清水冲洗，干燥后使用。木炭或活性炭粉适用于中温盐浴，使用时需用盛器浸入盐浴内。

2）碳化硅（SiC）：使用时无沉淀物产生，不需经常捞渣，但脱氧效果较差。

3）硅胶（SiO_2）：使用时捞渣方便，但脱氧作用较弱且又剧烈侵蚀电极。

4）硅铁（Si-Fe）：用于高温盐浴，其脱氧作用较弱。

5）硼砂（$Na_2B_4O_7 \cdot 10H_2O$）：用于中、高温盐浴，使用前应先脱水，其脱氧效果较差，易侵蚀炉衬、电极等。

6）二氧化钛（TiO_2）：是一种白色粉末状物质，熔点在 1560℃ 左右，用于高温盐浴有显著脱氧效果。在中温时不宜单独使用，因为生成物与炉砖粘合，不易捞渣。一般与硅胶联合使用，使捞渣方便。

7）氰化钠（NaCN）：俗称山奈，使用一段时间后产生大量碳酸盐，使脱氧效果变差，脱氧时所占时间较长，浮渣多。

8）硅钙铁（Ca-Si 合金）：适用于氯化盐中温盐浴，捞渣容易。

（4）为减少盐浴中氧化物，操作时必须注意的事项。

1）淬火用盐在加入高温或中温炉时必须先烘干，避免带入水分。

2）不准有锈的工件及夹具入炉加热。因为带入铁锈会使盐浴中的氧化物增多。

3）定时捞渣。

4）在正常的操作过程中，不应将电风扇对准盐浴吹风，因为这样不仅使热量散失，浪费电力，还会使盐浴中氧化物增多（只有在捞渣时，才允许用电风扇吹风）。

（5）中温盐浴脱氧操作举例。

1）盐浴成分：氯化钡 70% + 氯化钠 30%，盐浴总重约 300kg。

2）脱氧剂成分和用量：二氧化钛 0.4kg、硅胶 0.2kg、硅钙铁 0.2kg、无水氯化钡 0.5kg，均匀混合（50% 氯化钠 +50% 氯化钾的中温盐浴，也可采用）。

3）脱氧温度和时间：脱氧温度最好为 880～900℃，视情况每 4～8h 一次。

4）加入方法：关掉吸风设备，将脱氧剂缓慢加入，并用不锈钢圆棒搅拌盐浴。待全部加入完毕后，在脱氧温度保持 10～15min。

5）捞渣：捞渣前切断电源，先清除炉面及电极上的污物。捞渣必须认真，力求彻底干净。

B 保护气氛加热

保护气氛加热即在加热炉的密闭炉膛内通入中性或还原性气体，形成保护气氛。常用的保护气氛主要有：分解氨（$2NH_3 \rightarrow N_2 + 3H_2$）和各种天然气如 CH_4、C_3H_8 或人造煤气等经处理或部分燃烧后的产物。

C 真空中加热

真空中加热即用机械真空泵将加热炉的密闭炉膛内的气氛抽成低真空，使钢件在加热时避免氧化、脱碳。这种方法主要用于高级合金钢和精密零件的热处理方面。

D 其他方法

如果没有盐浴炉或保护气氛发生装置时，可以将工件装箱，在工件周围用铸铁屑或旧渗碳剂填充或者以某种保护物质涂在工件表面上来进行加热，以防止氧化与脱碳。但此法操作不太方便，又延长了加热时间，所以它仅用于单件或要求很高的零件。

3.5.2　钢的退火和正火

3.5.2.1　退火和正火的目的

退火就是将钢加热到一定温度，保温一段时间，然后随炉一起缓慢冷却以期得到接近平衡状态组织的一种热处理方法。如亚共析钢经退火后的组织为铁素体 + 珠光体。

正火和退火的不同之处在于加热后的工件从炉中取出置于空气中冷却。显然，它的冷却速度较退火快些，因此最终的组织和性能与退火有些差异。如亚共析钢经正火后的组织为铁素体 + 索氏体。

退火和正火的目的相似，大致如下：

（1）降低硬度，提高塑性，改善切削加工性能和压力加工性能。

（2）细化晶粒，调整组织，改善力学性能。

（3）消除前一道工序（铸造、锻造、冷加工等）所产生的内应力，并为下一道淬火工序作好组织上的准备。

退火和正火大多数作为预先热处理，少数为调质处理。而淬火、回火、渗碳、氮化、高频淬火等均作为最后热处理，因为这种热处理最后决定了工件的组织和性能。例如机床主轴加工的全过程（从锻造开始）如下：锻造→预先热处理（正火）→粗切削加工→最后热处理（淬火 + 高温回火）→精切削加工。又如锉刀加工的全过程是：下料→锻造刀体及柄部→预先热处理（退火）→机械加工（磨削、剃齿）→最后热处理（淬火 + 低温回火）。

3.5.2.2　退火的种类及其应用

各种退火和正火的工艺如图 3-18 所示。

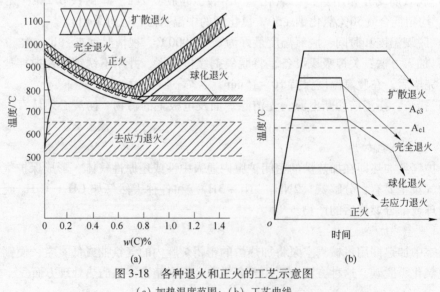

(a)　　　　　　　　　　(b)

图 3-18　各种退火和正火的工艺示意图

(a) 加热温度范围；(b) 工艺曲线

A　完全退火

完全退火工艺是将亚共析碳钢工件加热到 A_{c3} 以上 30~50℃，保温一段时间后，随炉缓慢冷却到600℃以下，再出炉在空气中冷却，以获得接近平衡组织的退火工艺。

完全退火的加热速度主要根据钢的成分、工件的尺寸和形状等因素来确定，一般取100~200℃/h。对高碳高合金钢及形状复杂的或截面大的工件，一般应进行预热或采用低温入炉随炉升温的加热方式，以免在加热过程中，引起变形与开裂。退火后的冷却速度应缓慢，以保证奥氏体在过冷度较小情况下发生珠光体转变。

完全退火主要适用于亚共析钢锻件（或热轧件），它不仅可以消除锻造后的某些组织缺陷和内应力，还可以改善钢的切削加工性能。

B　等温退火

将钢加热到 A_{c3} 以上 30~50℃，保温后，较快地冷却到略低于 A_{r1} 的温度（或转入另一温度略低于 A_{r1} 的炉中），并在此温度下等温至奥氏体全部分解为止，然后取出空冷，其冷却曲线如图3-19所示。

等温退火比普通退火在时间上要经济，工件的氧化、脱碳倾向要小，同时，内部组织和截面上的硬度分布均

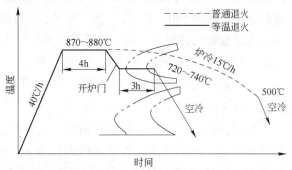

图 3-19　等温退火与普通退火示意图

匀。这种方法适用于亚共析钢、共析钢及合金钢，尤其是广泛用于合金钢的退火。

等温退火时的加热保温时间和等温保温时间根据各厂实际生产经验而定。就一般而言，加热保温时间，对于碳钢可采用 2.5~3.0min/mm；对于合金钢采用 3.0~4.0min/mm。等温保温时间，对于碳钢可采用 1~2h；合金钢采用 3~4h。

C　球化退火

顾名思义，球化退火的目的在于使过共析工具钢获得球状（颗粒状）珠光体。它与层片状珠光体比较，硬度较低，切屑易于崩离断开，便于切削加工，并为以后的淬火作好组织上的准备。

球化退火的工艺是加热温度略高于 A_{c1} 以上 10~20℃，在此温度停留适当时间后，缓冷到略低于 A_{r1} 的温度，并停留一段时间，使组织转变全部完成，然后冷至500℃以下再空冷。

实践经验证明，加热温度超过 A_{c1} 越高，则冷却以后所得到的片状珠光体会越多。若超过 A_{cm} 时，则冷却下来所得到的全部为片状珠光体。

球化退火所以能形成球状珠光体，是因为钢在加热到略高于 A_{c1} 时呈现不均匀的组织。即除了奥氏体的浓度不均匀外，还有大量未溶解的渗碳体存在，其中片状渗碳体在较长时间的保温过程中会自发地趋于球状（因后者最为稳定）。当钢在随后缓慢冷却下来时，由奥氏体分解而形成的渗碳体也逐渐球化，因而最终便获得在铁素体基体上分布许多颗粒状渗碳体的组织，这就是球状珠光体。

例如9Mn2V钢的球化退火工艺是：加热到 850~870℃，保温一段时间后，炉冷到

720 ~ 740℃，再作较长时间的停留，然后炉冷到 400 ~ 500℃ 左右出炉空冷。其热处理工艺曲线如图 3-20 所示。

有些钢形成球状珠光体比较困难，可以连续重复上述过程多次，这种方法称为循环退火。

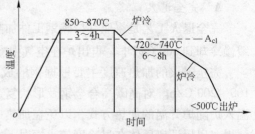

图 3-20　9Mn2V 钢的球化退火工艺曲线示意图

D　低温退火

低温退火主要用于消除铸件、锻件、焊接结构或切削、冷冲压过程中所产生的内应力，故也称其为去应力退火。退火时将工件以缓慢的速度加热至 500 ~ 650℃，经适当保温，使内应力在热状态下得到消除，然后再缓冷下来。在低温退火过程中，钢的显微组织不发生改变。

3.5.2.3　正火的应用

正火是将钢加热到相变点（A_{c3}、A_{ccm}）以上完全奥氏体化后，再在空气中冷却以得到以较细珠光体为主的组织的热处理工艺。

由于正火的冷却速度较退火稍快，从钢的 C 曲线可知，正火后得到的是细片状的珠光体型组织，即索氏体。对亚共析钢而言其正火组织便是铁素体 + 索氏体，而退火组织是铁素体 + 珠光体。显然，在成分相同的条件下，正火后钢的强度、硬度要比退火后的高。

表 3-6 为 45 号钢在退火、正火状态下力学性能的比较。

表 3-6　45 号钢在退火、正火状态下力学性能的比较

状　态	力 学 性 能				
	抗拉强度 σ_b/MPa	屈服极限 σ_s/MPa	伸长率 δ/%	断面收缩率 ψ/%	硬度 HB
正火	705	333	15 ~ 18	45 ~ 50	170 ~ 240
退火	520	275	32. 5	49. 3	160 ~ 200

正火和退火的加热温度范围可按照铁碳平衡图来确定。

在生产实际中，如何来选择正火还是退火呢？两者比较一下，正火除了力学性能较高外，它的生产周期短、设备利用率高、成本较低，但劳动条件较差。在满足工件性能要求的前提下，这些因素都是需要加以考虑的。

具体来讲，正火的应用可包括下列几个方面：

（1）用于含碳量低于 0.25% 的低碳钢工件。因低碳钢在退火后硬度过低，切削时易产生 "粘刀子" 现象。通过正火后在适当提高强度、硬度的情况下，可获得较为满意的力学性能和可切削性。所以 15 钢、20Cr、20MnVB、18CrMnTi 等宜用正火代替退火。

（2）用于消除过共析工具钢中的网状渗碳体，以利于球化退火。网状渗碳体的存在会使淬火钢的脆性增加，消除的方法是将工件加热到 A_{ccm} 以上 30 ~ 50℃（正火处理），这时原组织中的网状渗碳体全部被溶解到奥氏体中，接着在以后的空冷过程中，由于冷却速度较快，不再形成网状渗碳体。

（3）对于含碳量在 0.25% ~ 0.5% 范围内的中碳钢，如 35 钢、45 钢也适宜用正火来代替退火。但对同样含碳量的合金钢，如 42MnVB、38CrMoAl、50CrV 等则适宜用退火。这是因为合金元素的存在，使钢经正火后的硬度偏高，不易切削加工。同样道理，对 65 钢、65Mn、60Si2Mn 等钢也应该用退火而不用正火。

（4）作为返修处理前的一种预先处理。若遇到因处理不当，工件需要返修时，可采用正火作为重新淬火前的预先热处理。

3.5.3 钢的淬火

3.5.3.1 淬火的目的

淬火就是将钢加热到高温奥氏体状态，保温一段时间，然后快速冷却下来，以得到高硬度马氏体组织的一种方法。

通过淬火，钢的硬度一般可以达到 60~65HRC。各种工具、量具、模具、滚珠轴承和渗碳零件等都要通过淬火来提高硬度和耐磨性。

3.5.3.2 淬火温度的确定

各种钢的淬火加热温度是由其含碳量多少来决定的。

（1）共析钢的淬火温度：因为马氏体是由奥氏体转变而来的，所以为了得到马氏体，其前提必须是将工件加热到奥氏体状态。由铁碳平衡图可知，共析钢要加热到 A_{c1} 以上才能获得奥氏体，所以共析钢的淬火加热温度应选择在 A_{c1} 以上 30~50℃ 为宜，即 760~780℃。

（2）亚共析钢的淬火温度：选择在 A_{c3} 以上 30~50℃。亚共析钢在此温度下可获得全部为细晶粒的奥氏体组织，淬火后便能得到全部为细晶粒的马氏体组织。如果加热温度过高，则会引起奥氏体晶粒的长大，淬火后会得到粗针状的马氏体组织，使钢的韧性变差。反之，若加热温度在 A_{c1} 与 A_{c3} 之间，则有部分铁素体未能全部溶入奥氏体中，因而淬火后的组织中除了马氏体组织外，还有柔软的铁素体保存下来，这就达不到淬火的要求。

例如 45 钢的 A_{c3} 约为 780℃，淬火加热温度选择在 810~830℃。

对于含碳量小于 0.25% 的低碳钢，只有先经过表面渗碳处理才能用淬火方法来提高其表面硬度和耐磨性。

（3）过共析钢的淬火温度：选择在 A_{c1} 以上 30~50℃。其原因是钢经过淬火后的组织除了细晶粒的马氏体外，还会有渗碳体保存下来。由于渗碳体本身的硬度很高，所以它的存在反而会使钢的耐磨性大大增加。若加热到 A_{cm} 以上，一方面因渗碳体的溶解，提高了奥氏体的含碳量，使淬火后的残余奥氏体量增加，引起硬度的降低；另一方面因加热温度太高，会促使奥氏体晶粒的粗大，使钢经淬火后得到粗大的马氏体并有较大的淬火应力，还会出现较为严重的脱碳。所以，过共析钢的淬火加热温度与共析钢一样，选择在 760~780℃。

这里必须指出，若过共析钢原始组织中有网状渗碳体存在，则应在淬火前进行正火处理。

综上所述，各种碳钢的淬火加热温度范围可在铁碳平衡图上清楚地表示出来，如图 3-21 所示。表 3-7 为常用碳钢的淬火加热温度。

表 3-7 中所列的淬火温度是一个大致的范围，在实际生产中要根据各种因素加以灵活应用。例如 45 钢大件，由于截面尺寸大，冷却就比较缓慢，为了保证在淬火冷却后心部也得到马氏体组织，往往选用淬火温度范围的上限，甚至还可以再高一些。又如，形状复杂的工件，因考虑到变形与开裂的因素，其淬火温度范围可取下限；形状简单的工件，可取上限。再如，水淬与熔盐淬，前者由于冷却能力较大，淬火后易于达到硬度要求，为了减少变形和开裂，可取下限温度；后者由于其冷却能力较小，淬火后的硬度往往偏低，可取上限温度。此外，对于合金钢来讲，由于合金元素的影

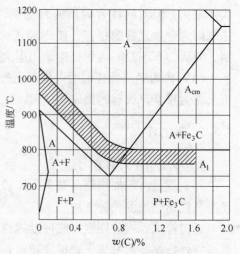

图 3-21　碳钢淬火加热温度范围

响，其淬火加热温度往往比相同含碳量的碳钢要高些。例如，40Cr 钢的淬火加热温度为 840~860℃，35SiMn 钢的淬火加热温度为 890~910℃，9CrSi 钢的淬火加热温度为 860~880℃，Cr12MoV 钢的淬火加热温度为 1030℃左右。

表 3-7　常用碳钢的淬火加热温度范围

牌　号	临界点/℃		淬火温度/℃
	A_{c1}	A_{c3} 或 A_{ccm}	
35	724	802	830~850
45	724	780	810~830
65	724	752	780~800
T8A	730	—	760~780
T10A	730	800	760~780
T12A	730	820	760~780

3.5.3.3　保温时间的确定

将淬火零件放入加热炉中后，炉温会立即降低，以后炉温逐渐回升，当回升到预定淬火加热温度时，开始计算保温时间。为什么要保温呢？其主要目的是为了使工件整个截面都能够热透，即不但表面，而且中心也达到淬火加热温度。另外热量由表面传到中心也需要一定的时间，所以要有一段时间的保温过程。若保温时间不足，则会造成组织转变不完全；保温时间过长，则又会使奥氏体晶粒发生粗大。

工件是否热透可由两种方法来判断。一种方法是根据工件的颜色来判断，热透的工件，其颜色同盐浴（或炉膛）的颜色是一致的。另一种方法是根据工件的有效厚度（直径）来计算确定。

影响保温时间的因素很多，现分别阐述如下。

（1）工件的形状与尺寸。根据工件的有效厚度（直径）D 计算保温时间。对于形状复杂的工件可按如下方法计算保温时间：

1）按工作部分的截面厚度计算保温时间；

2）采取平均厚度，以三四处的主要截面部位来计算保温时间；

3）在小批生产中试淬 3~4 件来确定恰当的保温时间。

（2）加热介质。根据加热介质的不同，某厂是根据下列经验公式来计算保温时间 t（单位为 min/mm）的。

1）盐浴炉（它的加热速度较空气炉快）：

碳素结构钢　　$t = 0.3 \times D$

碳素工具钢和合金结构钢　　$t = 0.5 \times D$

合金工具钢　　$t = 1 \times D$

2）空气电阻炉：

碳素钢　　$t = 1 \times D$

合金钢　　$t = 1.2 \times D$

根据工件装炉量的不同，实际保温时间应为 Kt，其中 K 为装炉系数。$K = 1 \sim 2$。

（3）钢的成分。钢中含碳量和合金元素含量的增加，都会使钢的导热性变差，所以高碳钢比低、中碳钢的保温时间稍长；合金钢又比碳钢的保温时间稍长。

（4）装炉情况。装炉时既要充分利用炉膛面积，增加装炉量，提高经济效益，又要考虑到使工件能有较好的均匀受热的条件。装炉量愈大，则加热保温时间也应该愈长。

（5）炉温。提高炉温是缩短加热保温时间的有效措施之一，目前在生产中快速加热已得到应用。快速加热就是将工件放入比正常加热温度高出 100℃ 左右的炉子中进行加热，这样做必须严格控制加热保温时间，以防工件产生过热。所以一般都要进行几次试验才能确定加热规范。表 3-8 是钢及工件在盐浴中快速加热的保温时间。

表 3-8　钢及工件在盐浴中快速加热的保温时间

钢种及工件类型	加热系数/min·mm^{-1}	
	工件有效厚度小于 10mm	工件有效厚度大于 10mm
渗碳零件、渗碳工具	6~7	3~6
碳素结构钢、合金结构钢合金工具钢（淬火温度低于 900℃）	7~9	6~8

3.5.3.4　淬火冷却

在淬火操作中，影响工件质量的关键在于冷却，下面着重讨论淬火冷却的问题。

A　钢的淬透性

a　淬透性的概念

在淬火操作中，大多数的工件都希望全部淬透，即工件的表面和中心都能得到同样高硬度的马氏体组织。若是工件的表面硬度已达到要求，而中心部分的硬度偏低，这种情况表示工件"未淬透"。未淬透的工件经回火后表里的组织和性能肯定不一致，这就造成表里受力不均匀。

出现未淬透的原因主要是因为工件在淬火冷却时，其表面和中心部分的冷却速度不相同。工件的表面直接接触淬火冷却剂，热量可以很快地被传导，使表面的冷却速度超过临界冷却速度，所以表面被淬硬了。而中心部分的冷却速度，显然要比表面慢得多，很可能没有达到临界冷却速度，所以中心部分的组织就不是马氏体，硬度就会偏低。

所谓淬透性就是钢被淬透的能力。将获得高硬度马氏体的这一层称为淬硬层，淬透性的大小就可以用淬硬层的深浅来表示。淬硬层深，表示淬透性大；反之，淬透性就小。钢的淬透性是选用钢材时必须要考虑的工艺性能之一，对截面尺寸大、力学性能要求高的工件，淬透性就要求愈大愈好。

　　b　影响淬透性的因素

　　（1）钢的化学成分（碳及合金元素含量）。钢的化学成分不同，则其 C 曲线的位置也不同。曲线位置愈往右移，意味着临界冷却速度的减小，在同样的工件尺寸和同样的淬火冷却剂情况下，工件的淬硬层就愈深，即表示钢的淬透性就愈好。例如，45 钢和 T8 钢，因后者的 C 曲线位置往右些，故 T8 钢淬透性就要好些。

　　（2）工件的尺寸和冷却剂。随着淬火工件尺寸的增大，其淬硬层深度将逐渐减小，结果淬透性也就显著变差了。当工件尺寸过大时，不仅中心甚至连表面也会淬不硬。此外，不同的淬火冷却剂具有不同的冷却能力，例如水的冷却能力比油大。因此，对同一成分的钢来讲，水淬的淬硬层深度要比油淬的要大，换言之，水淬时钢的淬透性比油淬时好。如果水中溶解有少量的 NaCl 或 NaOH，则其冷却能力还可得到提高。

　　表 3-9 中列举了某些钢的临界淬火直径，它同样可以用来标识钢的淬透性。

表 3-9　某些钢的临界淬火直径

牌　号	$D_{0水}/mm$	$D_{0油}/mm$
35	8 ~ 13	4 ~ 8
40	10 ~ 15	5 ~ 9.5
45	10 ~ 17	5 ~ 9.5
60	11 ~ 17	6 ~ 12
65Mn	15 ~ 25	8 ~ 15
40Cr	17 ~ 30	10 ~ 12
45Cr	21 ~ 36	12 ~ 24
30CrMo	19 ~ 32	11 ~ 20
30CrMnTi	15 ~ 30	8 ~ 19

　　从表 3-9 可知，合金元素的存在将使钢的临界直径 D_0 增大，这也是合金钢的一大优点。

　　B　淬火冷却剂（也称淬火冷却介质）

　　由上所述，为了保证工件在淬火时能被淬透，工件表里的冷却速度必须大于临界冷却速度。淬火时工件的冷却速度是由淬火冷却剂的冷却能力所决定的。因此对工件冷却速度的要求就是对淬火冷却剂冷却能力的要求。那么，是不是淬火冷却剂的冷却能力越大越好呢？对于这个问题，我们不但要看到它有利的一面，即工件经淬火后易于得到高硬度；也要看到它有害的一面，即工件经淬火后的内应力增加，变形和开裂的倾向也就增大。

　　根据钢的 C 曲线形状可以看出，在 700℃ 以上及 300℃ 以下，过冷奥氏体的稳定性较大，淬火时允许缓冷一下。但在 400 ~ 600℃ 之间（尤其是在 500 ~ 600℃），由于过冷奥氏体的稳定性极差，淬火时又必须给予快速冷却下来。理想的冷却速度应如图 3-22 所示。表 3-10 为常用淬火冷却剂的冷却能力。

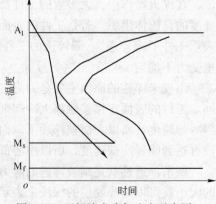

图 3-22　理想淬火冷却速度示意图

表3-10 常用淬火冷却剂的冷却能力

淬火冷却剂	冷却速度/℃·s^{-1}	
	550~650℃	200~300℃
水（18℃）	600	270
水（18℃）	500	270
水（50℃）	100	270
水（74℃）	30	200
10% NaCl 水溶液（18℃）	1100	300
10% NaOH 水溶液（18℃）	1200	300
矿物油	150	30
肥皂水	30	200

（1）水及水溶液。水是最便宜、应用最广泛的一种淬火冷却剂，它的优点是在550~650℃范围内可造成强烈的冷却。但它在200~300℃范围内（约在奥氏体向马氏体转变的区域内）也具有很大的冷却能力，这是它的主要缺点。此外，随着工件不断淬入水槽之中，槽内水温就要逐渐升高。从表3-10中可以看出，水温升高会显著降低工件在550~650℃范围内的冷却速度。例如水温从18℃升至74℃时，工件在550~650℃范围内的冷却速度就从600℃/s降低到只有30℃/s了，工件就难于淬硬。所以在生产中规定水温不得超过40℃。为了降低水温，可采用循环冷却的方法。然而当细长工件水淬时，水的循环应予停止，以免工件受水流冲击而引起弯曲变形，在这种情况下，可加强手动操作，以保证工件达到要求的冷却速度。

在水中加入5%~10%氯化钠或5%~10%氢氧化钠，可以大大增加工件在550~650℃范围内的冷却速度。其原因是当工件淬入水中后，会立即在工件四周的表面形成稳定的蒸汽膜，阻碍了工件热量的很快散失。而盐水等水溶液会使工件表面的蒸汽膜趋于不稳定，表现在很快发生爆裂而遭到破坏，这就增加了冷却剂对工件表面的继续冷却。这对保证工件淬硬而言，是非常有利的。但它的缺点仍然是当工件在200~300℃范围内具有相当大的冷却能力。

（2）矿物油。它的优点是当工件在200~300℃的范围内冷却能力较为缓慢，其缺点是在550~650℃范围内的冷却能力显得不足，故被广泛用来作为各种合金钢和碳钢小型零件的淬火冷却剂。10号机油是用得较为广泛的淬火用矿物油。增加油温，可以降低油的黏度，提高油的冷却能力，这点是与水溶液不同的。但油温不能过高，否则容易着火发生危险。所以油温一般都控制在40~80℃之间。工件淬入油中后，切不可露出液面，因为附着于高温工件表面上的油液一遇空气就要着火。须待工件冷透以后，方可取出。

淬火用油长期使用后会使黏度上升，产生渣子而降低油的冷却能力，这就是所谓的"老化"现象。因此油槽应保持纯洁，并定期添加新油。

（3）聚乙烯醇水溶液。它的冷却能力介于盐水和矿物油之间，其浓度在0.18%~0.25%间均可使用，使用温度宜在15~50℃。用这种水溶液淬火可以代替45钢零件的水淬和40Cr钢零件的油淬。硬度完全可以达到要求，而变形和开裂则大为减少。此外，对某些高碳钢制成的形状复杂的工具和模具，效果也较好。

它的缺点是长期使用后会变质而降低冷却能力，在价格上也较盐和碱贵些，这些问题有待进一步解决。

此外，淬火冷却剂还有硝盐水溶液等很多种，这里就不作介绍了。

C　淬火方法及其应用

目前生产上最常用的淬火冷却方法有五种，即单液淬火法、双液淬火法、预冷淬火法、分级淬火法和等温淬火法。各种淬火方法的冷却曲线如图 3-23 所示。

（1）单液淬火法。这种方法是将工件加热到淬火温度，保温后置于一种淬火冷却剂中冷却下来，其冷却曲线如图 3-23 中 1 所示。其中

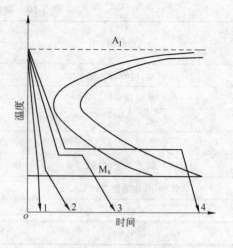

图 3-23　不同淬火方法的冷却曲线
1—单液淬火；2—双液淬火；
3—分级淬火；4—等温淬火

油冷单液淬火适用于由碳钢制造的小型工件和由合金钢制造的中型工件。盐水单液淬火适用于形状简单的碳钢零件。

（2）双液淬火法。这种方法是将工件加热到淬火温度，保温后先取出置于冷却能力较大的盐水中冷却，以保证奥氏体冷却下来时不与 C 曲线相接触；当工件冷到 400℃ 以下时，立即取出转入另一种冷却能力较小的油中冷却，以使工件在马氏体转变区域内能缓慢进行。这种“先水后油”的冷却方法是一种既能保证工件淬硬，又能减小应力与变形的有效方法，其冷却曲线如图 3-23 中 2 所示。

在水-油双液淬火中，关键是在于水中停留的时间。时间过短，中心部分淬不硬；时间过长，也就失去了双液淬火的意义。确定水中冷却的时间有如下 3 种方法。

1）计算法。按 1s/（3~5）mm 经验公式计算。合金钢和高碳钢取上限，中碳钢取下限。

2）水声法。零件淬入水中后即发出“丝丝”的声音，在这种声音即将停止以前，立即转入油中冷却。注意从水中转入油中这段时间尽量要短。

3）震动法。零件淬入水中，通过拎钩，手上感到一种震动，当震动大为减弱时，零件即可出水转入油中冷却。此法用于静止水槽。

双液淬火法主要适用于碳钢制成的中型零件和由合金钢制成的大型零件。

例如，T10 钢制的圆铰刀，直径为 φ12mm，刃部要求 63~65HRC，还要求小的变形，以保证铰孔的尺寸精确。采用 770~790℃ 加热 6min 以后，取出于空气中预冷几秒，然后水淬 4s 左右，立即转入油中冷却。这样刃部的硬度和变形度均能达到要求。

（3）预冷淬火法。这种方法是将工件加热到淬火温度，保温后，取出工件置于空气中预冷一定的时间，使工件的温度降低一些，特别是使薄处和尖角处的温度降低多些（但仍应高于组织转变温度），再迅速置于淬火冷却剂中冷却下来。这种淬火方法可以减小工件与淬火冷却剂之间的温差，因而可以减少淬火时的热应力和变形倾向。它主要用于形状复杂零件的淬火。

在预冷淬火法中，预冷时间的确定是关键。它可以根据各厂的生产经验而定。此外，它还可以与双液淬火法等结合在一起应用。

（4）分级淬火法。双液淬火法比较难掌握，此外对形状复杂和截面相差悬殊的工作，变形度往往还发生超差，而分级淬火法能有效地克服这个缺点。分级淬火法就是将工件加热到淬火温度，保温后，将工件取出置于温度略高（也可稍低）于 M_s 点的淬火冷却剂中（通常为硝盐浴）停留一定的时间，待工件表面与中心的温度基本上一致时，再取出置于空气中冷却下来。由于马氏体转变主要是在空气进行的，所以应力与变形就较小。分级淬火法的冷却曲线如图 3-23 中 3 所示。

工件在硝盐浴中停留的时间，视工件的有效厚度（直径）而定。操作时要注意安全生产，不要让硝盐飞溅开来。分级淬火法主要用于形状复杂、小尺寸的碳钢和合金钢工件。

分级淬火用的硝盐浴或碱浴见表 3-11。

表 3-11 分级淬火用的硝盐浴或碱浴

盐浴或碱浴成分	熔化温度/℃	使用温度范围/℃
55% KNO₃ +45% NaNO₃	218	230 ~ 550
55% KNO₃ +45% NaNO₂	137	150 ~ 500
80% KOH +20% NaOH（另加 6% H₂O）	130	140 ~ 250
53% KNO₃ +40% NaNO₂ +7% NaNO₃（另加 2% ~3% H₂O）	100	110 ~ 130

分级淬火后，工件不再发生开裂，切削性能较水淬更好，寿命提高，小丝锥在使用中折断现象没有了。

分级淬火的加热温度可以适当再提高 10 ~ 20℃，以获得较高的硬度。

（5）等温淬火法。这种方法是将工件加热到淬火温度，保温后，将工件取出置于温度稍高于 M_s 点（250 ~ 400℃）的熔盐中，等温停留一段较长时间，使奥氏体在此温度下发生等温转变，转变后产物为下贝氏体，而后再取出于空气中冷却。其冷却曲线如图 3-23 中 4 所示。

1）等温淬火法的优点。

①在得到相同硬度（40 ~ 50HRC）情况下，下贝氏体的强度和冲击韧性较马氏体高。等温淬火与普通淬火的性能比较见表 3-12。

表 3-12 T8 钢的力学性能

热处理工艺	工艺规程	HRC	α_k/MPa	σ_b/MPa	δ/%	ψ/%
等温淬火 + 回火	790℃ 加热淬入 300℃ 等温盐浴中，保温 15min，取出空冷	50.4	4.9	197.9	1.9	34.5
淬火 + 回火	790℃ 加热淬入 21℃ 油槽中，310℃ 回火 30min	50.2	0.4	172.7	0.3	0.7

②下贝氏体的比容比马氏体小，可以有效地减少应力与变形。例如某厂用 9Mn2V 钢制造的模套，要求硬度为 48 ~ 53HRC，模孔直径 φ65.20 ±0.05mm。用油淬后，内孔椭圆明显，改用 270℃ 硝盐等温淬火后则变形显著减少（见表 3-13）。

表 3-13　9Mn2V 钢模套普通油淬与等温淬火后变形比较

热处理工艺	硬度 HRC	淬火前尺寸/mm	淬火回火后尺寸/mm	变形值/mm
普通油淬	52	65. 20	65. 16 65. 30	- 0. 04 + 0. 10
等温淬火 （270℃等温 240min）	51	65. 20	65. 23	+ 0. 03

③等温淬火后可以不经回火直接使用。

2）等温淬火法的缺点。

①截面尺寸较大的工件，其心部易产生珠光体型的转变。

②等温冷却槽要控制在规定的恒温条件内。

③若用硝盐作为等温盐浴，则淬火夹角必须经过清洗、烘干后方可在中性盐浴加热炉中使用，这就增添了一些工序。

D　工件浸入淬火冷却剂的方式

淬火时除了正确选择加热温度、保温时间、淬火方法和淬火冷却剂外，工件浸入淬火冷却剂的方式也极为重要。如果浸入方式不当，会使工件冷却不均匀，不仅造成较大的内应力，还会引起严重的变形。

在淬火操作中，工件浸入淬火冷却剂的方式可参考以下几个原则：

（1）厚薄不均匀的工件，厚的部分应先浸入淬火冷却剂中。

（2）细长的工件（如钻头、铰刀和轴类）或薄而平的工件（如圆片类）应十分垂直地浸入淬火冷却剂中，以防弯曲。

（3）薄壁环状工件（如圆筒、套圈等）应轴向垂直浸入淬火冷却剂中。

（4）不通孔工件，应将孔部朝上浸入淬火冷却剂中，以利于孔内蒸汽膜的排除。同样道理，具有凹面的工件应将凹面朝上浸入淬火冷却剂中。

3.5.3.5　钢的淬火应力和变形

钢在淬火中引起的变形甚至开裂是淬火操作中的一种常见缺陷。轴类零件的弯曲，一般的还可以矫正过来，然而增加了一道矫直工序，既耗费人力又耗费物力。套筒和环形类零件淬火后内径胀大，超过了磨量造成报废，结果使前面几道冷、热加工工序前功尽弃，损失是比较大的。

淬火钢的变形是由其内部存在的各种应力所引起的。那么，淬火时的应力又是怎样产生的呢？下面我们就淬火应力的产生作一分析。

A　热应力和组织应力

物体"热胀冷缩"是众所周知的一种现象，钢材同样也是如此。淬火时当高温工件放入淬火冷却剂（水或油）中时，遇冷工件必然会产生收缩。然而工件截面上各部分的冷却是有先有后的，因此各部分发生收缩也就有了先后，工件表面先冷却，先发生收缩，工件中心后冷却，还没有发生收缩。这样表面的收缩就必然要受到中心部分的牵制，这就产生了矛盾，这种矛盾贯穿于淬火冷却过程的始终。矛盾的双方互相斗争的结果就产生了内应力。这种由于工件表里热胀冷缩的不一致（即有温差）而造成的内应力称为热应力。

除此之外，钢在淬火冷却过程中还要发生奥氏体向马氏体组织转变的过程。由于奥氏体的比容较马氏体小得多，所以在奥氏体向马氏体转变的同时，也就伴随着发生体积的膨胀。如上所述，由于工件截面上各部分的冷却速度不一致，因此发生组织的转变和体积的膨胀也就不一致。工件表面先冷到 M_s 点，先发生转变和膨胀，而此时中心部分却尚未（或正在）开始发生转变和膨胀。这样表面的体积膨胀必然要受到中心部分的约束，这又产生了矛盾，这种矛盾贯穿于组织转变的始终。矛盾着的双方互相斗争的结果就产生了内应力，这种由于工件表里组织转变的不一致而造成的内应力称为组织应力。

对每一个淬火工件来讲，既有热应力，又有组织应力，问题在于这两种应力综合的结果如何。当这两种内应力的综合结果超过钢材的屈服强度（σ_s）时，则将引起钢材变形；当这两种内应力的综合结果超过钢材的强度极限（σ_L）时，则将引起开裂。

B 减少应力和变形的若干措施

对淬火操作的基本要求是既要保证工件达到硬度要求，又要尽量减小应力和变形。由于影响淬火应力和变形的因素很多，所以这个问题就显得比较复杂。下面我们就若干措施作一介绍。

（1）正确地选用钢材。选用钢材时，首先要考虑钢材的力学性能应能满足零件工作时的要求。此外，钢的淬透性也是必须要考虑的一个重要的热处理工艺性能。对于形状复杂、尺寸大和性能要求较高的零件，应选用淬透性较好的钢，这样其硬度和变形度都能达到要求。

（2）预先热处理。工件在热处理中的变形不仅与淬火中的应力有关，也与淬火前的残余应力有关。故要求工件在淬火前应具备较好的原始组织状态。如工具钢的球化退火，机械粗加工后的去应力回火等。这是因为工件在经过铸、锻、焊及机械加工后，内部大多存在着某种程度的组织缺陷和应力，如不给予消除，淬火后则会在原有基础上继续加大内应力。所以预先热处理对减少淬火应力和变形也是十分有利的。

（3）采用合理的热处理工艺。

1）对于形状复杂的重要零件或工具，可在加热到淬火温度前，进行一次或两次预热，这样可以减少工件表里的温差所造成的热应力。

2）在保证硬度的前提下，尽量选用正常淬火温度的下限和采用冷却能力较为缓慢的淬火冷却剂。

3）在可能的条件下，最好是采用分级淬火法或等温淬火法。如某些高速钢刀具、铰刀、铣刀等，机床零件中的卡盘、弹簧夹头等采用这种方法就收到了良好的效果。此外，预冷淬火法和双液淬火法也是减小工件淬火应力和变形的一种有效的方法。

4）淬火后及时回火并选择合适的回火温度。

5）为了力求工件各部分加热和冷却均匀，可采用淬火前的保护，如：

①堵孔——用石棉、水泥把一些非工作孔堵塞，以减小淬火时的应力。

②绑扎——在截面变化悬殊处用铁丝或石棉火泥加以绑扎，同样可以减小淬火应力。

此外，合理的吊扎及正确地掌握工件浸入淬火冷却的方式等都是些行之有效的方法。

C 变形后的矫直

工件变形后（常见的大多是弯曲变形）就涉及矫直问题。

大家知道工件经过热处理，由于热应力和组织应力作用的结果，工件产生变形，矫直的基本原理就是利用内外应力使工件产生的塑性变形来矫直弯曲。

对于热处理后工件的变形矫直问题，广大的热处理工人、技术人员在生产实践中积累了丰富经验，总结出了一系列的矫直工艺与操作。常用的矫直方法有如下几种：

（1）冷压矫直法。工件在热处理后由于应力的作用而发生了弯曲变形，受拉应力一边伸长，受压应力一边缩短。为了矫正变形，对伸长边最高点施以外力，使原伸长边承受压应力、缩短边承受拉应力，从而使长边缩短、短边伸长，达到矫直的目的。当外力去除后，塑性变形部分就保留了下来。

冷压矫直法对于硬度低于 40HRC 的棒形、薄片形工件均适用。一般情况下生产上将这种方法较多地用于中碳钢、合金结构钢的调质工件。

冷压矫直法在操作中应尽量避免三段弯（成"S"形弯曲），如已产生此种弯曲，则应分两步矫直，即先矫一段，再矫另一段。同时必须注意工件矫直时搁块支点位置的变化。

（2）烧红矫直法。对淬火、回火后硬度较高的钢件，因其塑性差，如采用冷压矫直法容易折断，可用氧-乙炔火焰，对工件弯曲最大处（硬度要求不高或不严的部分）进行局部加热。在局部加热时工件必须转动，使加热均匀。待加热到 900℃ 左右，利用工件局部的热塑性进行加压矫直。

（3）热点矫直法。对于硬度较高的工件，冷压由于弹性作用无法压直，而烧红矫直法又因较大面积地降低硬度不能满足工件要求，这时可采用热点矫直法。

此法在生产实践中应用较广，对碳素钢、合金钢各类工件，硬度大于 40HRC 以上均可采用热点矫直。

其具体操作方法就是利用氧-乙炔火焰加热于工件凸起（即弯曲最大处）部分，随即进行水或油冷（具体视钢材成分而定），通过热胀冷缩的作用（强烈地受冷收缩）使工件得到矫直。

对于弯曲过大的工件可以在施压条件下热点。热点必须在回火后进行（合金钢热点最好通过预热以防止开裂），热点温度不得超过 900℃。

（4）反击矫直法。对于高硬度的（硬度 50HRC 以上）扁平工件，在用上述方法无法进行矫直的情况下可采用反击矫直法进行矫直。

反击矫直法原理就是采用高硬度的钢锤，连续锤击工件的凹处，在凹处表面产生压应力，使小块面积产生塑性变形，使锤击表面向两端扩展延伸，从而得到少量的矫直。

采用反击矫直法必须注意：

1）锤子材料为高速钢（或镶嵌硬质合金），经热处理后硬度为 64~68HRC，平板硬度 40~50HRC 即可。

2）反击时从凹处最低点开始，有规则地向两端延伸，锤击点的位置对称于最低点，力量应均匀，不宜过大，防止崩裂，力的方向要垂直于平板。

3）未经回火的工件不能采用反击法，否则容易开裂。

与反击矫直法相对应的有正击矫直法。正击矫直法一般硬度应小于 40HRC，用铜制锚头敲击凸起部分。

除上述矫直方法外，在生产实践中还有很多种矫直方法，在此不予赘述。

D　其他淬火疵病

（1）开裂。除原材料本身有严重的非金属夹杂物、碳化物偏析等内部缺陷而导致开裂外，工件在热处理时还有因工艺或操作不当所产生的开裂。这种开裂是由于热处理应力大于工件材料的 σ_b 所致。其原因有以下几个方面：

1）淬火加热时严重的过热或过烧。淬火加热时加热温度过高或保温时间过长，将使工件得到粗大的奥氏体晶粒，淬火后得到粗大的马氏体组织而使脆性增加。此外过高的淬火温度也会使淬火热应力增大。

2）淬火冷却剂选择不当，冷却速度过于剧烈。工件由于冷却速度过快，如将淬油的工具淬水，在热应力和组织应力的复杂作用下，易引起变形开裂。

3）应力集中。在工件形状厚薄悬殊或有尖角、直角、凹槽的地方容易引起应力集中而使工件变形开裂。操作中应尽可能采用缓慢的冷却剂或增加预冷。此外，工件的变形开裂同设计的合理性也有一定的关系。

4）多次淬火而中间未经预先热处理。工件多次淬火而中间未经预先热处理，这样会造成材料的内应力叠加，因此工件极易开裂。

5）工件淬火后未能及时回火。工件淬火后得到马氏体组织，此时的组织中存在着极大的内应力，如不及时回火，则由于淬火应力的作用，容易在工件内部产生显微裂纹，严重的会导致工件的脆性增大而开裂。

（2）淬火软点与硬度不足。具有软点的工件，不仅硬度不足，且其他力学性能也显著减低，因而严重影响工件的效能和寿命。淬火软点与硬度不足产生的原因有以下几种：

1）原始组织不均匀，如有碳化物偏析、碳化物聚集等现象。有这种情况存在时，一般可在淬火前进行预先均匀化处理。

2）工件截面较大而淬透性又较差者，或工件截面厚薄相差太大，在大截面处容易出现软点。此时工件须改用淬透性较高的钢材来制造。

3）工件表面脱碳或工件表面渗碳后碳浓度不均匀。

4）淬火冷却剂的冷却速度过低或过于陈旧。

5）加热温度偏低或保温时间太短，奥氏体成分未均匀化。

6）工件表面不清洁，有铁锈等现象存在。

7）工件淬入冷却剂后未做平稳的上下或左右移动；在水-油冷却时，在水中停留时间过短或从水中取出后在空气中停留时间过长。

8）回火温度过高或在分级淬火时，在分级冷却剂中停留时间过长，发生部分贝氏体转变。

9）加热炉炉温不均匀，在箱式炉中加热，此类情况较多。

10）淬火加热温度过高，残余奥氏体量过多，以致硬度不足。

3.6 铸铁热处理

3.6.1 铸铁热处理的特点和目的

3.6.1.1 铸铁热处理的特点

铸铁热处理的基本原理与钢相同，不过其组织转变过程中有如下特点。

（1）铸铁中的含硅量比一般碳钢高得多，这对铸铁的热处理产生如下影响：

1）硅有升高共析温度（723℃）的作用，故铸铁热处理时的奥氏体化温度较高。

2）硅有促进石墨化的作用，但它也强有力地阻碍碳在奥氏体中的溶解。因此，如欲在固溶体中溶入必要数量的碳，铸铁在高温保持的时间要比钢长些。

（2）石墨的存在使铸铁的导热性变差，所以加热应尽量缓慢或采用预热的方法使铸件各部分温度均匀。

（3）铸铁加热至高温时，一方面石墨会在奥氏体中发生溶解，另一方面也可能发生渗碳体的石墨化。所以加热温度的高低及冷却速度的大小对组织影响甚大。快冷时，组织中可能得到较多的珠光体，慢冷时可能使原来的珠光体基体变为铁素体基体。

3.6.1.2　铸铁热处理的目的

铸铁进行热处理的目的主要是：

（1）减少铸铁中的内应力。

（2）消除铸件薄壁部分的白口组织。

（3）提高铸件的强度、硬度及耐磨性。

（4）使铸件具有较稳定的组织，保证在使用中尺寸不变。

3.6.2　铸铁热处理的基本形式

（1）去应力退火。铸件在冷凝过程中往往由于内外冷却速度不均匀，容易产生内应力，这些应力的存在可能使铸件形成裂纹和挠曲。

消除应力的方法是，待铸件完全冷凝后，立即放入炉中随炉一起缓慢加热到 500 ~ 550℃，保温数小时后以 30 ~ 50℃/h 冷却下来，冷到低于 200℃ 时取出空气冷却。合金铸铁的退火温度可以略微高些。

（2）消除铸件白口、改善切削加工性的退火。灰口铸铁的表层及一些薄截面处，在冷凝时由于冷却速度过快往往产生白口，这就会使铸件的脆性增高、硬度增加、切削加工性变坏。在金属模中浇注时这种现象更易发生。

为了降低脆性，改善切削加工性，必须使过剩的碳化物发生分解，即必须进行退火处理。

在退火加热中可使铸件白口当中的过剩渗碳体发生分解，形成铁素体和石墨。铸件退火后要缓慢地冷却，不然又会在铸件中引起较大的内应力，而使铸件挠曲。

一般采用低温或高温退火的方法来降低硬度。低温退火是在临界点 A_1 以下的温度（650 ~ 700℃）进行。高温退火可以在 900℃ 左右进行。

（3）正火。正火可以提高铸铁组织中的珠光体数量。因此，可以提高铸铁的强度、硬度及耐磨性。

与淬火相比，正火处理后组织中的内应力小，这是正火的优点。为了保证获得珠光体 + 石墨的组织，中小型截面的铸件采用正火是合适的，因为大截面铸件冷却不够快，可能有铁素体析出。如前所述，为了获得珠光体基体，通过石墨化温度区（700 ~ 780℃）时必须尽快地冷却。

一般形状复杂的零件，为了消除应力，正火后还要进行短时间的低温退火。

（4）淬火及回火。淬火及回火对提高铸铁的强度最为有效。对淬火冷却方式的选择，形状复杂者用油冷，简单者用水冷。为了防止变形及产生裂纹，必须严格遵守操作规范并及时回火，回火温度为 400 ~ 550℃，回火后获得回火索氏体组织，硬度为 400 ~ 500HB。

通过淬火及回火处理，铸铁的强度极限大约提高 40%，此外，等温淬火也是提高灰口铸铁的强度及耐磨性能有效的方法。其操作过程与钢的等温淬火法相同。

（5）表面淬火。大型铸件进行淬火及回火并不能改善其内部的性能，此时为了提高其表面硬度，可以采用表面淬火。表面淬火时，常常用的加热方法是高频电流感应加热法。

为了得到较好的表面淬火效果，除需要细而均匀的石墨之外，铸件最好先进行正火，使基体为珠光体或索氏体。

表面淬火过程是将零件加热到 900~1000℃，保持几秒钟，然后在任何冷却剂中予以冷却。

此外，铸铁为了进一步提高其表面耐磨、耐蚀性能还可进行化学热处理。

3.7 合金钢的热处理

现代科学技术的飞跃发展，对工业用钢的性能提出了越来越高的要求。例如，许多机械零件需要有优良的综合力学性能，有的要求有良好的耐高温和耐腐蚀性能；对于某些高速切削的刀具，不仅要求在常温下具有高硬度和耐磨，而且要求在高温时仍能保持这种性能。在这种情况下，碳钢存在下列缺点：

（1）综合力学性能较差。如强度、硬度高的碳钢，其塑性与韧性就较差；反之，塑性与韧性好的碳钢，其强度、硬度就较差。

（2）用碳钢制成的工具不能使用较高的切削速度。因为当温度升高至 200℃ 以上时，碳钢工具就要变软而失去切削能力。

（3）碳钢的淬透性较差，故不宜用作形状复杂、要求又高的大截面工件。

（4）不能满足一些特殊性能的要求，如抗蚀性、耐热性、耐磨性等。

为了克服碳钢的上述缺点，扩大钢的使用范围，在碳钢中加入某种或几种合金元素，使之成为合金钢，再经过适当的热处理后，就能满足现代生产对钢材提出来的各种要求。

目前加入钢中的合金元素主要有：Si（>0.4%）、Mn（>0.8%）、Mo、Ti、V、Al、Cr、Ni、Nb、B、RE（稀土元素）等。就我国资源情况，应尽量做到不用 Ni 和少用 Cr，而发展一些含 Si、Mn、Mo、V、B 的新钢种。这些合金元素在钢中的存在形式，主要是溶于铁素体内、溶于渗碳体内或单独组成碳化物。

总之钢中加入合金元素后，可以达到以下几个方面的目的：

（1）提高钢的力学性能，如强度、硬度、冲击韧性等。

（2）改善钢的热处理工艺性能，如提高钢的淬透性、回火稳定性，减小钢在淬火时的应力、变形等。

（3）获得某种特殊性能。

3.7.1 合金元素对钢热处理的影响

合金元素加入到钢中，使钢具备了提高性能的内在根据，但还必须通过适当的热处理才能充分发挥合金元素的作用。下面就合金元素对钢的淬火加热、冷却以及回火过程的影响作一分析。

3.7.1.1 合金元素对加热的影响

合金元素的加入会引起钢的临界点发生变化。其中除了 Mn 和 Ni 造成临界点的降低外，Ti、Mo、W、Si、Cr（由强至弱）等均在不同程度上提高了钢的临界点 A_{c1}、A_{c3}、A_{cm}。因此，除 Mn 钢和 Ni 钢外，合金钢的淬火加热温度均较相应的碳钢为高。表 3-14 所列为常用结构钢的临界点和淬火温度；表 3-15 所列为常用工具钢的临界点和淬火温度。

表 3-14　常用结构钢的临界点和淬火温度

牌　号		45	40Cr	40MnB	45MnVB	35CrMo	30CrMnSi
临界点/℃	A_{c1}	724	743	730	740	755	760
	A_{c3}	780	782	780	786	800	830
淬火温度/℃		820 ~ 840	840 ~ 860	820 ~ 860	840 ~ 860	830 ~ 850	860 ~ 880

表 3-15　常用工具钢的临界点和淬火温度

牌　号		T10	9SiCr	9Mn2V	CrWMn
临界点/℃	A_{c1}	730	770	750	750
	A_{c3}	800	870	860	940
淬火温度/℃		770 ~ 790	850 ~ 860	780 ~ 800	820 ~ 840

　　合金钢的加热保温时间要长一些。这一方面是由于合金钢的导热性较差，另一方面合金元素在奥氏体中的扩散速度较缓慢。对合金工具钢来说，合金渗碳体（即合金元素溶于渗碳体中）比一般渗碳体稳定而难于溶解，因此要获得成分均匀的奥氏体，除了加热温度稍高外，保温时间也要适当延长。

　　由于合金元素的加入使钢的导热性变差，为了减小淬火加热时工件表里的温差，即减少热应力，合金钢在淬火加热前需根据具体情况采用一次或二次预热。

　　此外，钢在淬火加热中，合金元素对奥氏体晶粒的长大也有影响。其中能强烈形成碳化物的元素 Ti、V、Nb、W、Mo、Cr（由强至弱）等均能起到阻止奥氏体晶粒的长大的作用，从而达到细化晶粒的目的。其原因在于它们形成的碳化物熔点高，不易溶于奥氏体中，起了阻碍奥氏体晶粒长大的作用。对奥氏体晶粒长大影响微弱的合金元素是 Si 和 Ni。只有 Mn 元素起了促进奥氏体晶粒长大的作用，因此，Ti、V、Al 等常作为细化晶粒，减小加热时的过热倾向而加入钢中。

　　由此可以知道，合金钢稍高的淬火加热温度，仍可获得细晶粒的奥氏体，而不发生过热疵病。只有锰钢过热敏感性较大，所以应选择较低的淬火加热温度。

3.7.1.2　合金元素对冷却转变的影响

A　合金元素对 C 曲线的影响

　　由实验得知，除 Co 外，所有溶入奥氏体中的合金元素都在不同程度上使 C 曲线位置发生右移，也就是使过冷奥氏体的稳定性增加。按其影响程度从高到低依次为 Mo、Mn、W、Cr、Ni、Cu、Si、B、V、Al 等。

　　C 曲线位置右移的结果，使钢的淬火临界冷却速度减小。其重要意义在于：

　　（1）说明合金钢的淬透性比碳钢好。例如同样是 $\phi50mm$ 的工件，经加热后淬水，40 钢的淬硬层深度不到 10mm，而 40MnB、40Cr 几乎可以淬透。淬透的工件经回火后，整个截面的力学性能达到均匀一致。

一种合金元素的增加，虽对提高淬透性的作用有所增长，但不及少量多种元素同时加入更为有效。因此，目前有增加合金元素种类、减少其各自含量的趋势。当然，一种新钢种能否代替原来的旧钢种，淬透性是要考虑的重要问题，但不是唯一的问题，最终还是要看其使用性能和工艺性能。

（2）合金钢在淬硬的同时，可选用缓和的淬火冷却剂（如油、熔盐甚至空气等），以降低淬火内应力，减小工作的变形与开裂。

合金钢一般是淬油，只有对尺寸较大且形状简单的零件（如轴、齿坯等），当淬油时硬度不足或淬透层不足时，可采用水淬油冷，但需要掌握好出水温度。

C 曲线位置的右移给钢的淬火工艺带来了好处，但却为钢的退火工艺带来了困难，因为它需要更长的退火时间。为了缩短退火周期，合金钢常采用等温退火。

除此之外，当某些形成碳化物的合金元素如 Cr、W、Mo、V 等的含量达到一定数值时，还会使 C 曲线的形状发生改变，而把珠光体转变区域和贝氏体转变区域分开，如图 3-24 所示。

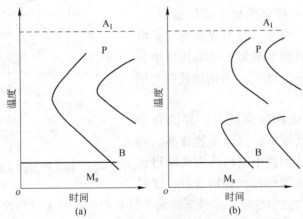

图 3-24　合金元素对 C 曲线形状和位置的影响

(a) Ni、Si、Mn；(b) Cr、Mo、W、V

应当指出，形成碳化物的合金元素之所以能够减慢奥氏体的分解速度，是因为合金碳化物溶入奥氏体。如果未被溶入，则反而会增加奥氏体的不稳定性。

B　合金元素对 M_s 点（即马氏体转变温度）的影响

由实验得知，除 Al、Co 外，一般溶于奥氏体中的合金元素都会使 M_s 点降低。按其影响程度从高到低依次为 Mn、Mo、Cr、Ni、Cu。对 M_s 点降低得越厉害，则淬火后的残余奥氏体量也就越多。

当淬火时间相同且以同样方式冷却到室温，合金钢中残余奥氏体量要多于碳钢，这将影响工件的力学性能。例如，合金工具钢要求硬度高、耐磨性好，如果淬火后残余奥氏体量多，不仅会使硬度和其他性能变差，在使用过程中还会由于残余奥氏体不稳定发生转变使工件体积变化从而使尺寸不稳定。为了解决这个问题，不得不附加其他工序，而使热处理过程复杂。但是，残余奥氏体的存在并不是只有坏的一面。由于奥氏体的比容比马氏体小得多，因此，我们可以利用调整残余奥氏体的量使淬火前后工件的体积变化极小，从而达到大大减小淬火工件的变形。

3.7.1.3　合金元素对回火转变的影响

A　合金元素增加了淬火钢的回火稳定性

让我们先看生产中的两个实例，如表 3-16 所列。

表 3-16　碳钢、合金钢热处理工艺比较

工　件	材　料	硬度要求	热 处 理 工 艺
φ30mm 圆轴	45	25～28HRC	820～840℃淬水，560～580℃回火
	40Cr	25～28HRC	840～860℃淬油，600～620℃回火
冷冲模	T10A	54～58HRC	780～800℃淬水，250～270℃回火
	9SiCr	54～58HRC	800～860℃淬油，290～310℃回火

从这两个实例中可看出，在硬度要求相同的条件下，40Cr 钢的回火温度比 45 钢要高 40℃左右；9SiCr 钢的回火温度比 T10A 钢要高出 40℃左右。这说明合金钢的硬度不易降下来，即表示合金钢的回火稳定性比相应的碳钢好。其原因在于回火时，合金元素不仅本身的扩散速度较慢，而且还阻碍了碳原子从马氏体中析出和碳化物聚集。图 3-25 所示为钢的硬度与回火温度间的关系。

回火稳定性（或称回火抗力）好的合金钢，在硬度相同的情况下，可以设置较高的回火温度，这样不仅使构件中的内应力消除得比较彻底，而且其冲击韧性也比碳钢要好，这对

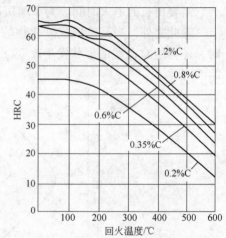

图 3-25　淬火碳钢回火温度与其硬度的关系

于要求具有优良综合力学性能的零件来讲是十分有利的。对工具钢而言，在较高的工作温度下仍能保持较高的硬度和耐磨性，有利于提高切削速度等。实际生产中，T10A 回火到 200℃时，硬度已下降到 60HRC 以下，而 9SiCr 回火到 250℃时，硬度仍可保持在 60HRC 以上。可见，碳素工具钢由于其回火稳定性差，只能用作切削速度不高的简单工具。

B　回火脆性

淬火钢回火时，随着回火温度的升高，通常强度、硬度降低，而塑性、韧性提高。但在某些温度范围内回火时，钢的韧性不仅没有提高，反而显著降低，这种脆化现象称为回火脆性。

从前文所述的各种回火方法的温度范围中可以看出，钢一般不在 250～350℃进行回火，这是因为淬火钢在这个温度范围内回火时，要发生回火脆性，这种回火脆性称为第一类回火脆性。产生第一类回火脆性的原因，一般认为是由于沿马氏体片或马氏体板条的界面析出硬脆的薄片碳化物所致。另外，P、Sn、Sb、As 等杂质元素偏聚于晶界也会引起第一类回火脆性。第一类回火脆性不仅降低钢的冲击吸收功，而且还使韧脆转变温度升高，断裂韧度 K_{IC} 下降。

某些合金钢在 450～650℃进行回火时，也会产生回火脆性，这种回火脆性称为第二类

回火脆性。第二类回火脆性的特点是：通常在脆化温度范围内回火后缓冷，才出现脆性。出现这类回火脆性后，在再次回火时，采用短期加热并快速冷却的方法，可消除脆性。已经消除了回火脆性的钢，如果重新加热到脆性区温度回火，随后用慢冷，则脆性又会出现。这种回火脆性具有可逆性，也称为可逆回火脆性。

产生第二类回火脆性的原因，一般认为与杂质及某些合金元素的晶界偏聚有关。

目前在生产中，防止回火脆性的主要方法有：

（1）回火后进行快速冷却（油或水冷）。为了消除冷却后重新产生的热应力，回火后可再进行一次温度低于发生回火脆性的补充回火。但由于合金钢大多用于大尺寸和形状复杂的工件，因此要做到快速冷却也是较为困难的。

（2）加入少量防止回火脆性的合金元素如 Mo 和 W 等。

（3）提高钢的纯洁度，减少杂质元素的含量。

3.7.2 常用合金结构钢

合金结构钢也是机器制造业中用量很大的钢种之一，碳素结构钢所不能胜任的工件，可选用合金结构钢来制造，这是因为合金结构钢的强度、塑性和韧性远比碳素结构钢好。尤其是截面尺寸较大的工件，由于合金元素的加入能增强钢的淬透性，因此更表现出它高的力学性能。

根据合金结构钢的含碳量、热处理方法和具体用途的不同，一般可将其分为四类：渗碳钢、调质钢、弹簧钢和滚珠轴承钢。

3.7.2.1 渗碳钢

渗碳钢主要用于要求表面硬而耐磨又能承受冲击载荷的零件，如齿轮、活塞销、凸轮轴、气门座和某些量具等。表 3-17 说明了各类合金元素对渗碳钢热处理性能的影响。

表 3-17　合金元素在渗碳钢中的作用

合金元素	强度和硬度	塑　性	高温时的强度	退火、正火淬火温度	过热倾向	淬透性	回火稳定性	回火脆性
Al	稍提高	在含量少时增加	提高	显著提高	大大减少	增加不多	—	稍增加
B	提高	降低	—	提高	—	增加	—	—
V	提高	增加	提高	提高	显著减小	增加	提高	稍增加
W	提高	含量小于 1% 时增加；含量大于 1% 时稍增加	大大提高	提高	减小	增加	大大提高	减小
Co	提高	影响很小	提高	影响很小	降低	降低	提高	—
Si	提高	降低	稍提高	提高	影响很小	增加	提高	增加
Mn	提高	在低碳钢中 1.5% 以下不降低；在中碳和高碳钢中则降低	提高	减低	稍增加	增加	稍提高	增加

合金元素	强度和硬度	塑　性	高温时的强度	退火、正火淬火温度	过热倾向	淬透性	回火稳定性	回火脆性
Cr	提高	在 1.5% 以下不降低	提高	提高	减小	增加	提高	增加
Mo	提高	当含量在 0.6% 以下时增加	提高	提高	降低	剧烈增加	提高	大大减小
Ni	提高	增加	提高	减低	影响很小	增加	提高	提高
Ti	稍提高	稍增加	提高	大大提高	减小	—	—	—
Nb	降低	增加	—	提高	—	—	—	—

（1）化学成分。渗碳钢为含碳量在 0.25% 以下的低碳钢。低的碳量是为了保证渗碳零件的中心具有足够的韧性。加入的合金元素主要是 Cr、Mn、B，它们除了能提高钢的淬透性、改善中心部分的组织和性能外，还能提高渗碳层的强度和塑性。有时还加入微量的 Ti、V、Mo 等强烈形成碳化物的元素，起细化晶粒的作用，防止渗碳时发生过热的倾向。

（2）热处理方法。一般是在渗碳或氰化后进行淬火及低温回火处理，从而可以达到"表硬里韧"的性能。

（3）牌号、性能及用途。

1）低强度钢：有 10、15、20、15Cr 等钢种，主要用于受力不大、不需要高强度的耐磨零件，如凸轮盘、滑块。

2）中强度钢：有 20Cr、20Mn2、20CrMn 等钢种，主要用于中等载荷的齿轮、轴、气门顶杆及柴油机套筒等。

3）高强度钢：有 18CrMnTi、20MnVB、20MnMoB 等钢种，主要用于重要的齿轮、轴类等高速重载磨损大的零件，如汽车后桥齿轮、强力发动机曲轴、连杆等。

表 3-18 为几种渗碳钢的热处理规范及性能。

表 3-18　几种渗碳钢的热处理规范及性能

牌号	热处理规范				力学性能					
	渗碳	预备热处理	淬火	回火	σ_b/MPa	$\sigma_{0.2}$/MPa	δ_5/%	ψ/%	α_k/J	热处理用毛坯尺寸/mm
15		880~900℃空气	水	180~200℃	≥50	≥30	≥15	≥55	—	<30
20Cr	900~920℃渗碳	880℃水或油	770~820℃水或油	180~200℃	≥80	≥60	≥10	≥40	≥58.8	15
18CrMnTi		880℃油	870℃	200℃	≥100	≥80	≥10	≥50	≥78.4	15
20MnVB		—	880℃油	200℃	≥110	≥90	≥9	≥45	≥68.6	15

3.7.2.2　调质钢

调质钢经调质处理后，具有优良的综合力学性能，即高的强度和高的韧性，是广泛用来制造各种机械零件的一种钢材。

（1）化学成分。调质钢含碳量在 0.25% ~ 0.5% 之间。若碳量过低则不易淬硬，回火后不能达到所需要的强度。若碳量过高，则钢材的韧性又会不足。

加入的合金元素主要有 Cr、Mn、Si、B 等，它们均能显著提高钢的淬透性，少量的 V、W 还能细化晶粒、克服 Mn 钢容易过热的缺点，同时 Si、W、V 等还具有提高回火抗力的作用。所以合金调质钢可用在性能要求较高或截面较大的重要零件上。

（2）热处理方法。调质前的预先热处理（退火或正火）的目的是为了便于切削加工及改善钢材因热加工（轧压、锻造）不当而造成的粗晶粒组织或带状组织。然后进行淬火及高温回火，以获得回火索氏体组织。这类钢要注意的是回火脆性问题。

（3）牌号、性能及用途。表 3-19 所列为 40Cr 钢及几种推广使用的新钢种介绍。

表 3-19　几种调质钢的化学成分、热处理工艺及力学性能

牌号	化学成分/%						热处理工艺	试样尺寸/mm	力学性能						备注
	C	Mn	Si	Cr	V	B			σ_b/MPa	σ_s/MPa	δ_5/%	ψ/%	α_k/J	HB	
40Cr	0.37 ~ 0.45	0.50 ~ 0.80	0.17 ~ 0.37	0.80 ~ 1.10	—	—	840 ~ 860℃ 油淬 550 ~ 600℃ 回火	$\phi25$	≥980	≥785	≥14	≥45	≥47	212	40MnB、42MnVB、42SiMn 均为推广使用的新钢种的一部分，实践证明，它们可以用来代替 40Cr 钢制造一些重要的和截面尺寸较大的调质零件
40MnB	0.37 ~ 0.44	1.10 ~ 1.40	0.17 ~ 0.37	—	—	0.001 ~ 0.005	840 ~ 860℃ 油淬 500℃ 回火 （水或油冷）	$\phi25$	≥980	≥784	≥11	≥45	≥47	321	
42MnVB	0.40 ~ 0.46	1.10 ~ 1.40	0.17 ~ 0.37	—	0.05 ~ 0.15	0.001 ~ 0.005	850℃ 油淬 500℃ 回火 （水或油冷）	$\phi25$	≥1029	≥833	≥10	≥45	≥47	207	
42SiMn	0.40 ~ 0.45	1.10 ~ 1.40	1.10 ~ 1.40	—	—	—	880℃ 水淬 590℃ 回火 （水冷）	$\phi25$	≥882	≥686	≥15	≥40	≥45		

3.7.2.3　弹簧钢

弹簧是利用弹性变形来贮存能量或缓和冲击的一种器械，因此制造弹簧的钢材应具有高的弹性极限、高的疲劳强度（因为它是在频繁的交变载荷下工作的）、足够的韧性和塑性，此外，还要求耐热和耐蚀等。

（1）化学成分。碳素弹簧钢的含碳量在 0.6% ~ 0.8% 之间，因淬透性差，只宜作受力不大的小尺寸弹簧。合金弹簧钢的含碳量在 0.45% ~ 0.65% 之间，加入合金元素主要有 Mn、Si、Cr、V 等，这些元素不仅增加钢的淬透性，而且经过适当的热处理后能满足上述性能的要求。合金弹簧钢可用于受力大、截面较大并要求在一定温度下工作的弹簧，如火车、汽车、拖拉机上的板簧，螺旋弹簧，汽缸安全阀簧等。

（2）热处理方法。一般均进行淬火＋中温回火，以获得回火托氏体组织。

（3）牌号、性能及其热处理规范。表 3-20 所列为常用弹簧钢的热处理规范及其力学性能。

表 3-20　常用弹簧钢的热处理规范及其力学性能

牌 号	热处理/℃		力 学 性 能				
	淬火	回火	σ_b/MPa	$\sigma_{0.2}$/MPa	δ/%	ψ/%	α_k/J·cm^{-2}
65Mn	830（油）	480	100	80	8	30	25.3
50Si2Mn	870（油或水）	460	120 ~ 130	110 ~ 120	6	30	29.4
60Si2Mn	870（油）	460	130	120	5	25	24.5
50CrMnV	850（油）	520	130	120	6	35	34.3
50CrVA	850（油）	520	130	110	10	45	29.4

3.7.2.4　滚珠轴承钢

滚珠轴承钢用来制造滚珠轴承用的套圈、滚珠、滚柱。它应具有高的硬度和耐磨性，好的淬透性和一定的韧性，同时在大气或润滑剂中具有一定的抗蚀能力。

（1）化学成分。含碳量在 0.95% ~ 1.1% 之间。加入的合金元素主要是 Cr，其含量在 0.5% ~ 1.65% 之间，并能使钢中的碳化物（Fe，Cr）$_3$C 均匀而细密分布，有利于提高钢的耐磨性。此外，还可加入适量的 Mn、Si 元素，以进一步改善其淬透能力。

（2）热处理方法。退火的目的是为了得到较低的硬度（207 ~ 229HB），以利于机械加工，并为以后的淬火作好组织上的准备。淬火应该是球化退火，加热温度以 790℃ 为宜。

淬火及低温回火的组织是回火马氏体和分布均匀的细粒状渗碳体加上少量的残余奥氏体。回火后的硬度为 61 ~ 65HRC。

（3）牌号、成分及其热处理规范，如表 3-21 所列。

表 3-21　滚珠轴承钢的牌号、成分及热处理规范

牌 号	主要元素含量/%				热 处 理		用途举例
	C	Mn	Si	Cr	淬火	回火	
GCr6	1.05 ~ 1.15	0.2 ~ 0.4	0.15 ~ 0.35	0.4 ~ 0.7	800 ~ 820℃ 水	150 ~ 160℃1 ~ 2h	< 10mm 直径的滚珠、滚柱、滚锥及滚针
GCr6	1.00 ~ 1.10	0.2 ~ 0.4	0.15 ~ 0.35	0.9 ~ 1.2	800 ~ 820℃ 水	150 ~ 160℃1 ~ 2h	20mm 以内的各种滚动轴承
GCr9SiMn	1.00 ~ 1.10	0.9 ~ 1.2	0.40 ~ 0.70	0.9 ~ 1.2	810 ~ 830℃ 油	150 ~ 160℃2h	较小尺寸的轴承套、钢球、滚柱等
GCr15	0.95 ~ 1.05	0.2 ~ 0.4	0.15 ~ 0.35	1.3 ~ 1.65	820 ~ 840℃ 油	150 ~ 160℃2h	较小尺寸的轴承套、钢球、滚柱等
GCr15SiMn	0.95 ~ 1.05	0.9 ~ 1.2	0.40 ~ 0.65	1.3 ~ 1.65	810 ~ 830℃ 油	150 ~ 160℃2h	较大尺寸的轴承套、钢球、滚柱等

3.7.3　常用合金工具钢

3.7.3.1　刀具用钢

刀具在切削金属时，有相当大的一部分能量变为热量。这些热量不仅使工件变热，而

且严重地加热着刀刃部分。因此，对于切削工具，不仅要求在室温下具有高的硬度，而且在高速切削的受热状态下仍具有保持高硬度的能力，这种能力称为"热硬性"。

热硬性的好坏主要决定于马氏体对回火的抗力。碳素工具钢的马氏体回火抗力很低，受热至200℃以上时，其硬度便明显下降，而合金工具钢则可以维持至500~600℃。

此外，刀具还必须具有高的硬度和耐磨性，为此可通过增加钢的含碳量及在钢中加入能形成碳化物的合金元素来达到。

A　低合金刃具钢

（1）化学成分。含碳量在0.6%~1.5%之间，加入的合金元素主要有Cr、Mn、V、Si、W等，它们的存在除了增加淬透性外，Mn还可以提高铁素体的强度和硬度。但Mn量过多，不仅会使残余奥氏体量增多，还使钢的过热敏感性增大，因此需控制在2%以下。V、M是强烈形成稳定碳化物的元素，除了能克服Mn钢容易过热的缺点和细化晶粒外，还能增加工具的耐磨能力。Si有提高马氏体回火抗力的作用，使热硬性有所改善。

（2）热处理方法。常用热处理方法基本上与碳素工具钢相同，即球化退火、淬火及低温回火。

（3）牌号、热处理规范及其用途，如表3-22所列。

表3-22　低合金刃具钢的牌号、热处理规范及其用途

牌号	热处理规范					供应状态下的硬度（HB）	用途举例
	淬火			回火			
	加热温度/℃	冷却剂	硬度（HRC）	加热温度/℃	硬度（HRC）		
9Mn2V	790~810	油	≥62	160~180	60~62	≤229	冷冲模、块规、量规等
Cr	830~860	油	62~64	150~170	61~63	179~229	插刀、铰刀、样板等
9SiCr	860~880	油	62~65	150~200	61~63	197~241	板牙、丝锥、钻头、铰刀、冷冲模等
CrMn	800~830	油	61~62	160~200	60~61	197~241	各种量规和块规
CrWMn	820~840	油	63~65	160~200	61~62	267~255	量规、冷冲模、板牙、拉刀等
CrW5	800~820	水、油	65~66	150~160	64~65	229~285	量规、冷冲模、板牙、拉刀等

B　高速钢（又名锋钢）

在高速切削的情况下，刀具刃部因受切削的强力摩擦，温度往往会上升至500~600℃。在这种条件下，必须采用回火抗力更大的钢材即高速钢。

（1）化学成分。除碳量较高外（一般在0.80%~0.95%），还大量加入有合金元素W、Cr、Mo、V等形成稳定碳化物的元素。其中W和V主要是提高钢的热硬性，并在高温加热时起到阻止奥氏体晶粒长大的作用。用Mo可以代替W，但带来脱碳、过热倾向较

大。Cr 用来增加钢的淬透性，也能适当提高热硬性。V 也是造成高速钢具有热硬性和耐磨性的一个重要元素，在提高 V 的同时也必须要相应提高碳的含量。

（2）热处理方法。

1）退火。因为高速钢中含有大量的合金碳化物，如果这些碳化物分布不均匀，则对刀具的力学性能、工艺性能都有显著的影响。通过锻造机械，用压力加工的方法将粗大的碳化物击碎，并使其分布均匀（即碳化物偏析）者，对工具的使用寿命影响很大。因此，高速钢锻造的目的不仅是为了成形，重要的是改变碳化物的分布，以提高钢的内在质量。通过锻造后的退火，不仅改善组织，降低硬度，消除锻后内应力，以利于切削加工，而且还为以后的淬火处理作好组织上的准备。图 3-19 为 W18Cr4V 高速钢的等温退火工艺。

2）淬火。高速钢的优良性能只有通过正确的淬火和回火后才能充分发挥出来。

① 由于高速钢的导热性较差而淬火加热温度又很高，为了减小淬火应力和工件的变形，必须进行预热。一般只进行 840～860℃ 预热一次。对于尺寸较大、形状复杂的工件需要预热两次，第一次为 550～600℃，第二次为 840～860℃。预热时间必须保证工件热透，一般可取加热时间的两倍。

② 加热至淬火温度 1200℃ 以上，如此高的淬火温度是为了使合金碳化物溶入高温奥氏体中，增加钢的淬透性，更重要的是使淬火后刀具具有高的硬度和热硬性。但要注意的是加热温度过高或保温时间过长，则会导致过热，使塑性、韧性降低。常用高速钢的淬火加热温度如表 3-23 所列。

表 3-23　常用高速钢的淬火加热温度

钢　种	W18Cr4V	W9Cr4V4Mo	W6Mo5Cr4V2	W6Mo5Cr4V2	W6Mo5Cr4V3
加热温度/℃	1260～1310	1220～1250	1240～1265	1210～1245	1200～1230
常用温度/℃	1280	1240	1250	1230	1220

加热时间的确定与工件的形状、大小、装炉量等有关。一般，加热时间（升温 + 保温）取为：盐浴炉采用 8～15s/mm；箱式加热炉采用 16～30s/mm。

③ 淬火冷却。高速钢通常采用油中冷却或采用分级淬火、等温淬火，可视具体情况而定。虽然空冷也能淬硬，但空冷时除了工件表面易产生氧化腐蚀（麻点）外，在 1000～800℃ 范围内会有部分碳化物自奥氏体内析出，这对热硬性会产生不良影响。

3）回火。高速钢淬火后的组织中保留有较多的残余奥氏体（约 30%），影响了高速钢的硬度和耐磨性，故必须经过多次回火方能使其全部转变。

通常高速钢采用的是 560℃ 回火三次，每次保温 1h，方能将残余奥氏体消除，回火后的硬度可达 63～66HRC。或者预先将钢于 -180℃ 进行一次冷处理，然后再做一次回火处理，也能达到消除残余奥氏体的目的。若回火后再进行低温氰化或蒸汽处理，则可以更进一步提高其使用寿命。

高速钢可用作车刀、钻头、铣刀、插齿刀、铰刀、扩孔钻、拉刀、板丝锥等。

3.7.3.2　量具用钢

对量具应满足下列两个方面的要求：

（1）量具的工作部分应具有高的硬度，并耐磨；

（2）量具在热处理过程及随后的使用过程中尺寸应不发生改变。为此，量具钢的化学成分与热处理方法如下。

A 化学成分

含有较高的碳量（一般均在 0.9% ~ 1.5% 之间）。加入的合金元素主要有 Cr、Mn、W，它们除了增加钢的淬透性外，Cr 和 Mn 还能显著降低马氏体形成的温度，增加淬火钢中残余奥氏体的量，从而有利于减小淬火钢引起的变形。W 是形成稳定碳化物的元素，除增加钢的耐磨性外，还能细化晶粒，减小过热倾向。

在制造量具时根据具体的用途可选用于下列钢种：

(1) 平样板与卡板——15、20 或 50、55 钢；

(2) 一般量规与块规——T10A、T12A；

(3) 高精度量规与块规——Cr 钢、CrMn 钢；

(4) 高精度且形状复杂的量规与块规——CrWMn。

B 热处理方法

由渗碳钢制成的简单量具的热处理方法是先进行机加工，然后渗碳（渗碳层厚度由量具类型和要求而定）。渗碳后，于 840 ~ 860℃ 正火或淬火，再于 770 ~ 790℃ 最后淬火，150 ~ 170℃ 低温回火 1 ~ 3h。若由 50、55 钢制造，则进行高频表面淬火和低温回火即可。其余几种量具钢先退火，以改善组织，降低硬度，便于机加工，并为淬火做好准备，然后是淬火和低温回火。为使量具尺寸稳定，在磨削加工后，可进行时效处理。即在 120 ~ 180℃ 作较长时间的保温。若将冷处理和时效处理相结合，则效果会更好。

3.7.3.3 模具用钢

根据用途不同，模具可分为两大类：

(1) 在冷状态下使金属变形用的冷冲模，如下料模、剪切模、弯曲模、拉丝模等；

(2) 在热状态下使金属变形用的热冲模，如锻模、镦粗模、切边模等。

A 冷冲模用钢

冷冲模具除了必须有高的硬度和耐磨性外，还应有良好的韧性相配合，以保证模具的顺利工作和持久的寿命。同时，在热处理时应有小的变形，以保证模具尺寸的准确性。

(1) 化学成分。基本上与低合金刃具钢相同。像 T7、T10、Cr、9SiCr、CrWMn 等都可用作冷冲模具，不过所制模具的尺寸较小，形状较为简单。对于大型模具，必须采用淬透性大、抗磨性高的 Cr12 型钢。Cr12 型钢含有高碳和高铬，其组织中的碳化物量较多，故抗磨性强，而且在热处理中的变形量也很小。Cr12 型钢的化学成分如表 3-24 所列。

表 3-24 Cr12 型钢的化学成分

牌 号	元素含量/%			
	C	Cr	Mo 或 W	V
Cr12	2.00 ~ 2.30	11.50 ~ 13.00	—	—
Cr12W	2.00 ~ 2.30	11.50 ~ 12.50	0.60 ~ 0.90W	—
Cr12MoV	1.45 ~ 1.70	11.00 ~ 12.50	0.40 ~ 0.60Mo	0.7 ~ 0.90
Cr6WV	1.00 ~ 1.15	5.50 ~ 7.20	1.10 ~ 1.50W	0.50 ~ 0.70

(2) 热处理方法。先将退火后的坯料进行机械加工，成型后再做最终淬火和回火

处理。

1）退火：球化退火工艺如表 3-25 所列。

表 3-25　球化退火工艺

牌 号	加热温度/℃	等温温度/℃	硬度（HB）
9Mn2V	760～780	680～700	≤229
CrWMn	780～800	690～720	217～255
Cr6WV	830～850	720～750	≤235
Cr12	850～870	720～750	207～255
Cr12MoV	850～870	720～750	207～255

2）淬火：淬火加热前，对复杂模具可在 450℃ 左右进行预热一次。高合金模具钢可在 800℃ 进行预热。淬火加热与冷却工艺如表 3-26 所列。

表 3-26　淬火加热与冷却工艺

牌 号	加热温度/℃	冷 却 方 法	硬度（HRC）
CrWMn	830±10	油　冷	≥62
9Mn2V	790±10	（1）160～180℃硝盐（3～10min）→空冷； （2）170℃碱浴（3～10min）→空冷或油冷	≥60
Cr6WV	970±10	空冷或油冷	≥60
Cr12	990±10	820～400℃硝盐（2～5min）→空冷	≥62
Cr12MoV	1030±10	320～400℃硝盐（2～5min）→160℃硝盐（3～5min）→空冷	≥62

3）回火：回火温度视模具所要求的硬度而定，具体可参照表 3-27 所列。

表 3-27　模具不同硬度的回火温度

牌 号	回火温度/℃				
	62～64HRC	58～62HRC	53～58HRC	48～53HRC	43～48HRC
9Mn2V	160～180	180～240	240～320	300～380	380～420
CrWMn	160～180	200～260	260～340	340～400	—
Cr6WV	160～180	200～260	260～400	—	—
Cr12	160～180	220～280	280～400	—	—
Cr12MoV	160～180	220～280	280～400	—	—

回火时间视工件大小一般取 60～150min。高合金模具钢可回火两次，每次 120～180min。

B　热冲模用钢

热冲模的工作条件要比冷冲模差，这是因为它接触炽热的金属，使型腔温度升高，有时可达 400～500℃。这就要求它不仅在室温下具有足够的强度和韧性，而且在较高温度下仍能保持这种性能。此外，为了使整体性能均匀一致，还需要有良好的淬透性。

（1）化学成分。一般含碳量不大于 0.5%，以保证足够的韧性。加入的合金元素主要有 Cr、Ni、Mo、Mn、W、V，它们除了能起强化铁素体提高钢的强度和增加淬透性外，Mo、W 是作为防止回火脆性而加入的。此外，Cr、W、V 的加入还能增加钢中碳化物量，提高耐热性、耐磨性和热疲劳性。

常用热模钢材料有 5CrNiMo、5CrMnMo、3Cr2W4V、3Cr2W8V 等。

（2）热处理方法。锻后的退火、淬火及回火。

1）退火：退火工艺如表 3-28 所列。

表 3-28　退火工艺

牌　号	退火温度/℃	加热时间/h	冷却方式	硬度（HB）
5CrMnMo	800 ~ 820	4 ~ 5	炉冷至少 400℃空冷	197 ~ 241
5CrNiMo	800 ~ 820	4 ~ 5	炉冷至少 400℃空冷	197 ~ 241
3Cr2W4V	820 ~ 840	4 ~ 5	炉冷至少 400℃空冷	197 ~ 241
3Cr2W8V	830 ~ 850	5 ~ 7	炉冷至少 400℃空冷	197 ~ 241

2）淬火：淬火加热前，对于形状较为复杂的模具可采用 500 ~ 550℃预热。淬火加热温度与冷却方式如表 3-29 所列。

表 3-29　淬火加热温度与冷却方式

牌　号	淬火加热温度/℃	冷　却　方　式
5CrMnMo	830 ~ 860	出炉可在空气中预冷至 750 ~ 780℃，淬入油中，油中停留时间为：（小件）15 ~ 20min，（中件）25 ~ 40min，（大件）45 ~ 60min。油中冷至 200 ~ 300℃取出再放入 200℃左右的硝盐中停留 3 ~ 4h，空冷
5CrNiMo	830 ~ 860	
3Cr2W4V	1050 ~ 1080	
3Cr2W8V	1050 ~ 1100	油中冷至 150℃左右取出或放入在 320℃硝盐（2 ~ 10min）后再空冷

3）回火：各种钢的回火温度如表 3-30 所列。

表 3-30　各种钢的回火温度

硬度（HRC）	各种钢的回火温度/℃			
	5CrMnMo	5CrNiMo	3Cr2W4V	3Cr2W8V
44 ~ 48	450 ~ 500	450 ~ 500	540 ~ 560	560 ~ 620
40 ~ 44	500 ~ 540	500 ~ 540	580 ~ 600	620 ~ 650
36 ~ 40	540 ~ 580	540 ~ 580	—	—

回火时间一般采用 2 ~ 4h，较大模具可用 4 ~ 6h。因热模钢大多采用中、高合金钢，淬火后留有一部分残余奥氏体。残余奥氏体的存在对模具使用寿命带来影响，故需要通过二次回火来加以消除。回火后的冷却在油中进行，以避免回火脆性。

3.7.4　不锈钢

简单来说，金属在环境条件下时间久了往往会产生表面生锈，这种现象称为腐蚀。所谓不锈钢，就是能够抵抗这种腐蚀的钢。

3.7.4.1　不锈钢中各合金元素的作用

不锈钢均要求较低的含碳量，碳量的增多会形成各种合金碳化物，从而会显著降低钢的耐蚀性（尤其是晶间腐蚀）。只有在个别需要较高强度和硬度的情况下，才提高碳量。

（1）Cr：是不锈钢获得耐蚀性能的基本元素。它在氧化性介质中（如大气、硝酸等）能很快形成一层铬的氧化膜，保护内部不受腐蚀。

（2）Ni 和 Mo：有利于提高不锈钢的力学性能、耐蚀性能和工艺性能。此外，还能提高钢在非氧化性介质中（如硫酸、磷酸、盐酸、醋酸等）的耐蚀能力。

（3）Ti 和 Nb：少量 Ti 和 Nb 的加入能与碳形成稳定的碳化物，克服因 Cr 的碳化物在晶界析出造成晶间腐蚀的缺点。

（4）Mn：可用来代替昂贵的 Ni 元素。

3.7.4.2　不锈钢的分类

按正火状态的组织不锈钢可分为三类：

（1）马氏体型不锈钢——含有 12% ~ 18% Cr 及 0.1% ~ 0.4% C（个别钢达 1% C），可淬火成马氏体。

（2）铁素体型不锈钢——含有 17% ~ 30% Cr 及微量的碳，基本组织为铁素体。

（3）奥氏体型不锈钢——含有 12% ~ 30% Cr、6% ~ 20% Ni 及 Mn 等，含碳量小于 0.2%，基本组织为奥氏体。

3.7.4.3　不锈钢的牌号、性能及用途举例

（1）马氏体型不锈钢：其热处理方法和性能及用途举例如表 3-31 所列。

（2）铁素体型不锈钢：其热处理方法和性能及用途举例如表 3-32 所列。这类钢为防止晶间腐蚀，可加入适量的 Ti，如 Cr17Ti 等。

（3）奥氏体型不锈钢：其热处理方法和性能及用途举例如表 3-33 所列。这类钢经淬火后，得到塑性高的奥氏体组织，接着进行的冷加工硬化是使这类钢强化的有效方法。强度极限可增至 1176 ~ 1470MPa，屈服极限可达 980 ~ 1176MPa，而伸长率降至 10% 左右。为此，这类钢主要应用在薄截面上，因为只有薄截面的工件才能保证冷加工的强化深入至全部。

表 3-31　马氏体型不锈钢的热处理方法和性能及用途举例

牌　号	热处理方法				力 学 性 能		用途举例
	淬火		回火		σ_b/MPa	σ_s/MPa	
	温度/℃	冷却剂	温度/℃	冷却剂			
1Cr13	1000 ~ 1050	油	770 ~ 790	油	60	42	蒸汽涡轮叶片、水压机阀、热裂设备零件等
2Cr13	1000 ~ 1050	油	660 ~ 770	油	66	45	
3Cr13	1000 ~ 1050	油	200 ~ 300	—		48HRC	刀具、量具、弹簧、医疗器械、阀门等
4Cr13	1050 ~ 1100	油	200 ~ 300	—		50 ~ 55HRC	
9Cr18	1050	油	150	—		55 ~ 59HRC	滚珠轴承和刃具等

表 3-32　铁素体型不锈钢的热处理方法和性能及用途举例

牌　号	热处理方法	力 学 性 能				用途举例
		σ_b/MPa	σ_s/MPa	δ/%	ψ/%	
Cr17	退火状态下使用	40	25	20	50	硝酸、氨肥、食品工厂设备等
Cr28	（740 ~ 780℃）	45	30	20	45	

表 3-33 奥氏体型不锈钢的热处理方法和性能及用途举例

牌　号	预处理方法	力学性能				用途举例
		σ_b/MPa	σ_s/MPa	δ/%	ψ/%	
1Cr18Ni9	加热到 1100 ~ 1150℃ 淬火水冷	55	20	45	50	抗蚀力高，塑性好，对硝盐有较好的抵抗力；在化工、机器、航空、仪器制造业中可作各种器械
2Cr18Ni9		58	22	40	55	
1Cr18Ni9Ti		55	20	40	55	可以焊制成与腐蚀介质接触或盛装酸类等容器、管道等
1Cr18Ni11Nb		55	20	40	55	
Cr18Mn8Ni5		65	30	45	—	可用来制作 800℃ 以下，经受轻腐蚀和负荷的零件

3.8　钢的表面热处理与发黑

所谓表面热处理，就是通过改变零件表面层的组织或同时改变表面层的化学成分从而改变其表面性能的一种热处理方法。

目前工业上常用的表面热处理方法有两种：一种是表面淬火，主要是改变零件的表面层组织；另一种是化学热处理，它可以同时改变零件表面层的化学成分和组织。

3.8.1　表面淬火

表面淬火就是通过快速加热使零件表面很快地达到淬火温度，当热量还未传至零件心部时，即迅速用水或油快速冷却下来。结果便可使零件表面层得到硬度很高的马氏体组织，而心部却仍然保留着韧性和塑性较好的原来组织。

根据加热的方式不同，表面淬火可以分为火焰表面淬火（简称火焰淬火）和高频表面淬火（简称高频淬火）两种。

3.8.1.1　火焰淬火

A　火焰淬火的基本原理

火焰淬火的基本原理与普通淬火一样，所不同的只是普通淬火是将工件放在电阻炉或盐浴炉中进行缓慢加热，而火焰淬火则是利用氧气-乙炔燃烧火焰的高温来进行快速加热，使工件表面层淬硬，而心部仍保持着原来的组织。

B　火焰淬火的种类

根据淬火工件表面的形状、大小及对表面淬火的要求，火焰淬火的方法基本上可分为固定法、旋转法、推进法等。

C　火焰淬火时应注意的几个问题

（1）对淬火材料的要求：含碳量在 0.35% ~ 0.7% 之间的碳素钢最适宜。再增加含碳量淬火后硬度并不增加，但增大了形成裂纹的倾向。

（2）对于淬火工件为了得到心部具有细晶粒的索氏体组织，一般在淬火之前要进行预先热处理，如正火或调质等。

（3）工件要淬火的地方不能有脱碳层和氧化皮，如果有必须除去后才能淬火；对有砂眼、气孔和裂纹等疵病的工件不能进行火焰淬火。

（4）火焰淬火是依靠火焰加热的，所以对于氧炔焰应调节为中性焰，一般常用的氧气和乙炔的混合物比例为 1.1∶1 ~ 1.57∶1。

（5）喷嘴与工件表面之间的距离要适当。一般来说，工件直径比较大时，则距离可适当减小，因为直径大，传热快，吸热多，工件表面温度不易升高。如果钢的含碳量较高时，其导热系数减小，表面温度容易升高，则距离可适当增大。

（6）喷嘴的移动速度，其快慢由淬火层深度、钢的成分以及喷嘴与工件表面间的距离决定，一般在 50 ~ 150mm/min 之间比较恰当。在整个操作过程中，应保持移动平稳、均匀，以保证零件表面淬火质量的一致为原则。

（7）淬火冷却剂，要根据钢的含碳量与合金成分量决定，含碳量在 0.6% 以下的碳素钢可用水淬。含碳量大于 0.6% 的碳素钢可用温水淬或油淬。

（8）淬火后的工件必须立即进行回火，以消除应力，其回火温度可根据硬度的要求决定。

3.8.1.2　高频淬火

A　高频淬火的基本原理

所谓高频淬火，就是利用高频感应电流使工件表面层很快地加热到淬火温度，然后用水喷射冷却的一种热处理方法，如图 3-26 所示。

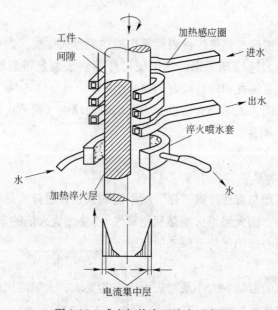

图 3-26　感应加热表面淬火示意图

高频淬火加热的热能有两个来源。当交流电通过感应器时，在其周围产生一个交变磁场。工件在交变磁场的作用下产生感应电流（也称为涡流），这是感应加热的主要来源。另一个热能来源是磁滞损失。

高频感应电流加热作为一种表面加热是以集肤效应为基础的。高频交流电流沿工件流动时，工件表面的电流密度最大，工件中心部分的电流密度最小，这就是高频感应电流所以能使工件表面加热的基本根据。

高频感应电流穿透工件表层的深度 d（mm）主要取决于电流的频率 f，它们之间的关系是：

$$d = \frac{600}{\sqrt{f}}$$

由上面的式子可以看出，高频淬火的频率与淬火层深度是成反比例的，即频率高越高，淬硬层越浅；频率越低，淬硬层越深。目前生产中一般淬硬层在 0.5 ~ 2.0mm 之间。其高频装置有真空管式高频电流，它的频率范围约 250000 ~ 450000Hz。如果淬硬层为 2mm 以上的工件其高频装置是发电机式高频电流，其频率范围为不大于 10000Hz。

B　高频淬火的加热

普通淬火的加热温度可参考铁碳平衡相图来选择，而高频淬火的加热温度不能直接从铁碳平衡相图上确定。因为平衡图上的组织转变乃是在缓慢加热或冷却过程中进行的，而高频淬火是快速加热，每秒可达几百度，甚至上千度。所以高频淬火下钢的组织转变温度与普通加热时的组织转变温度就会有所不同。

同一成分的碳钢，由于加热速度的不同，其淬火温度也跟着不同，加热速度愈大，淬火温度便愈高。同时考虑到弥补工件表面加热时热量的传导损失，所以对高频淬火的加热温度选择，不是 A_{c3} + （30 ~ 50℃），而应该是 A_{c3} + （50 ~ 100℃）。如 45 钢，普通淬火加热温度是 810 ~ 830℃，而高频淬火加热温度可取 860 ~ 900℃。

C　高频淬火的方法

高频淬火的方法很多，但归纳起来可分为一次加热淬火法（或同时加热淬火法）和连续加热淬火法两种。

D　感应器

感应器是将高频电流所供应的电能输至工件表面上的器具，它直接决定着感应加热的质量和效率。为了减少感应器本身的电能损耗，感应器的材料都是采用工业纯铜或电导率不低于纯铜电导率96%的黄铜。由于零件的尺寸及形状不同，感应器的种类也较多，但基本上可分为单圈感应器及复圈感应器两类。

感应器内心大多是空的，靠工件的一面还有小孔，以便在通电流感应加热后，能立即进行喷水冷却。同时在绕制感应器时要使感应器与被加热工件留有 1.5 ~ 3mm 的间隙。

E　高频淬火的优点

（1）可自动控制，生产效率特别高，一般操作能在短时间内（2 ~ 15s）完成。

（2）可以保证得到质量很高的工件，如表面极硬而心部坚韧，不会因过热使晶粒长大，表面没有脱碳、氧化等现象发生。

（3）用各种速度和频率淬火，可以得到任意的淬硬层深度。

（4）可用于各种形状的工件和任意表面的淬火。没有弯曲变形与氧化皮等情况，可以减少矫直和清理等操作。

（5）高频淬火可普遍使用碳素钢来代替贵重的合金钢，而且质量还是很好。

（6）淬硬层力学性能好，特别是疲劳极限及冲击韧性，硬度也较普通淬火高出 2 ~ 3HRC。

（7）高频淬火如果调整好后，技术较低的工人也可以操作。

　　F　高频淬火的应用

　　高频淬火用于中碳钢、高碳钢、各种合金钢及铸铁等工件的表面淬火。中碳钢的含碳量须在 0.3% 以上。含碳量对硬度的影响很大（见表 3-34）。

表 3-34　含碳量对硬度的影响

含碳量/%	0.30	0.35	0.40	0.45	0.50	0.55	0.60
水淬后表面硬度（HRC）	50	53	56	59	62	64	65

　　高频淬火以前，工件最好先经过预先热处理，如正火、调质等处理，目的是增加工件心部的韧性。

　　应用高频淬火处理的工件种类很多，如各种齿轮、主轴、曲轴、凸轮轴、气缸轴、活塞销与各种工具（铣刀、螺丝攻、螺丝板牙、凿子、钳子、剪刀、锉刀、犁头）等。

3.8.2　化学热处理

　　钢的表面淬火并不能改变表面层的化学成分，钢性能的改变，完全是通过快速加热与冷却改变表面组织的结果。钢的化学热处理是将其他元素渗入到工件的表面层，从而达到改变表面层的化学成分和组织的一种热处理方法。

　　化学热处理的目的是提高钢的表面硬度、耐磨性、耐蚀性、耐热性和疲劳强度，而心部仍然保持着原来的性能。

　　根据表面层渗入元素的不同，化学热处理有渗碳、渗氮、氰化、渗金属（如渗铝、渗铬、渗硫、渗硼等）及各种元素的复合共渗。根据渗入剂（含有渗入元素的介质）的形态不同，化学热处理有固体、液体、气体三种。无论哪一种工艺方法，元素的渗入过程基本相同，有着共同的规律。

　　（1）分解——通过一定的化学反应从介质中析出活性原子。

　　（2）吸收——分解出来的活性原子被工件表面吸收。

　　（3）扩散——当工件表面吸收的活性原子达到一定浓度时，活性原子则继续向心部扩散，并力图达到均匀。

　　整个化学热处理过程就是这三个过程连续进行的结果。因而化学热处理的结果，也将取决于这三个过程进行的情况。

　　下面分别介绍最常见的三种化学热处理方法。

　　3.8.2.1　渗碳

　　把钢加热到高温，使碳原子渗入到钢的表面层的过程称为渗碳。渗碳的目的是提高钢表面层的硬度和耐磨性，而心部仍然保持高韧性和高塑性。

　　为了达到上述目的，渗碳必须是低碳钢（含碳量 0.1% ~ 0.25%）和低碳合金钢。加热温度必须使钢处于奥氏体状态，这主要是因为碳在奥氏体中的溶解度远比在铁素体中大，加以温度又高，故可保证渗碳过程以较快速度进行。根据渗碳剂的不同，常用的渗碳方法为气体渗碳，固体渗碳与液体渗碳目前采用较少。

　　气体渗碳是将工件放入密封的渗碳炉（一般为井式炉）中加热，并通以含碳的气体，或直接滴入含碳的液体，使工件表面增碳的过程。

　　目前工业上采用气体渗碳的方法主要有两种。

一种是将含碳的气体如煤气、丙烷等与空气混合进行吸热反应（外界加热）而制成气体进行渗碳。这种方法不仅能确保产品质量，而且还可以用于连续操作，便于大量的连续生产及操作的机械化和自动化，大大提高生产率和减低劳动量。在出现了炉气气氛可自动控制的仪表以后，甚至渗碳层的浓度也可以达到自动控制，并且取得了很好的效果。

另外一种方法是将含碳的有机液体如煤油直接滴入渗碳炉热裂分解，进行渗碳。这种方法与前者比较，设备简单，成本低，很适用于单件或小批生产。

A 渗碳的基本原理

滴入渗碳炉中的煤油经过高温（900～950℃）后，便产生气体，该气体成分主要由CO、CO_2等组成，一氧化碳和碳氢化合物在渗碳温度下将分解产生活性的碳原子，这些碳原子被工件表面吸收，并向钢内部扩散。

一氧化碳不如碳氢化合物的渗碳速度大，但不饱和的碳氢化合物（C_nH_{2n}）往往易在工件表面沉淀出一层所谓"炭黑"的游离碳而阻碍渗碳的进行。这种情况的发生，主要有两个原因：一个原因是在渗碳过程中，滴入渗碳炉中的煤油滴量过大，即所分解的活性碳原子大大超过工件表面吸收，促使"炭黑"的形成；另一个原因是煤油经热分解后其气体中的CO_2、O_2、H_2O等也促使"炭黑"的形成。

B 渗碳工艺

（1）装炉与加热温度。需渗碳的工件不论是吊挂还是装篮，工件与工件之间都要留有一定的间隙（通常为5～10mm），目的是保证炉气流通顺畅。对于渗碳要求不同的工件，不得吊扎在一起，也不能放在同一渗碳篮中。工件入炉时炉温应在900℃以上，以免炉温下降太多，增加升温时间。当工件装炉完成以后，即将炉盖盖紧，并在炉盖孔中插入预先准备好的试棒数根，以便在渗碳过程中，检查炉内渗碳情况。渗碳温度一般在900～950℃，渗碳温度的提高，能增加碳原子的活动能力，有利于加快渗碳速度，但工件内部晶粒粗大的倾向也将相应增高。所以渗碳温度也不能太高，通常的渗碳温度取为930±10℃。

（2）渗碳剂用量与炉内气体控制。渗碳剂的滴量在整个生产过程中要有很好的控制。滴入量过少时，将减慢渗碳速度；滴入量过多时，不但浪费渗碳剂，而且过高地增加工件表面层的含碳量，这不仅是我们不需要的，而且有可能产生"炭黑"，阻止了进一步的渗碳，反而使渗碳过程减慢。最可靠的滴入量要在生产实践中对某一型号炉子反复实践来获得。现将RJJ型炉气体渗碳时的煤油滴速列于表3-35作为参考（滴油管直径3mm）。

表 3-35 RJJ 型炉气体渗碳时的煤油滴速

炉子型号	RJJ-25-9-TG	RJJ-35-9-TG	RJJ-60-9-TG	RJJ-75-9-TG	RJJ-90-9-TG	RJJ-105-9-TG
800～900℃时滴量（滴/min）	20～40	40～50	70～80	90～100	120～140	160～180
>900℃时滴量（滴/min）	60～70	70～80	110～120	160～180	200～220	240～260

渗碳过程中炉内的气体压力要保持在20～30mmH$_2$O以上。同时用火苗来检查炉盖的紧密程度和风扇轴气封处有无漏气，如有火苗出现、漏气，即需堵塞。

对炉内的气体应作定期的分析，炉子正常工作情况下，废气成分见表3-36。

表 3-36　正常情况下炉子废气成分　　　　　　　　　%

CO	CO_2	O_2	H_2	C_nH_{2n}	$C_nH_{2n}+1$	N_2
10 ~ 20	< 1.0	< 0.8	50 ~ 75	< 0.2	1.0 ~ 10	余量

此外，将排出的废气点燃，可以根据火焰的颜色，长度及形状判断炉中的工作情况。正常的情况下，火焰应该是稳定的，有一定的长度（100 ~ 120mm），呈浅黄色，没有黑烟或火星。

（3）渗碳时间与渗碳工件的冷却。渗碳时间根据所要求渗碳层深度加以决定。当以煤油为渗碳剂，在 930℃ 渗碳时，渗碳时间与渗碳层深度的关系如表 3-37 所列。

表 3-37　以煤油为渗碳剂，在 930℃ 渗碳时，渗碳时间与渗碳层深度的关系

渗碳层深度/mm	0.4 ~ 0.6	0.6 ~ 1.0	0.8 ~ 1.2	1.0 ~ 1.4
保温时间/h	3	4 ~ 5	5 ~ 6	6 ~ 8

当渗碳层深度大于 1.0 ~ 1.2mm 时，为了避免工件表面含碳量过高，可在停止渗碳前 1 ~ 2h 停止加热，煤油滴速降为 40 ~ 20 滴/min，以使渗碳层进行扩散，获较平缓的碳浓度下降。当渗碳层深度小于 1mm 时，则无需扩散期。

工件出炉前半小时一定要先检查试样，而后才能最后确定出炉时间。出炉后工件应根据要求不同，采取空冷，或空冷至淬火温度后直接淬火，有时为了避免脱碳氧化，可置于冷却井中冷却。冷却井是一个有盖的铁桶，其中放入一些木炭，或滴入一些煤油，通入一些保护气更好。

由于气体渗碳的热介质（高温渗碳气体）直接与工件接触，所以其较固体渗碳的时间要缩短一半。此外，由于气体渗碳没有固体渗碳中破碎炭粒、搅匀渗碳剂、装箱等繁杂的工艺过程，所以它的操作比较简单，渗碳过程也容易控制，有利于渗碳过程机械化和自动化，是一种比较先进的渗碳方法。但它需要专门设备，投资较高。

此外，有时零件只需局部进行渗碳，此时要把零件表面不需要渗碳的部位预先用电镀法镀上一层 0.01 ~ 0.07mm 厚的铜，或涂以专门的涂料（氯化铜 33% 、丙酮 33% 、氧化铝 17% 、脱脂松香 17% 的混合物）以防止渗碳。

（4）渗碳层的组织及渗碳后的热处理。钢经渗碳后，自表面层到中心，含碳量从 0.9% ~ 1.05% ，逐渐降低到原始含碳量 0.1% ~ 0.25% ，故渗碳后缓冷的组织是：表面层为过共析组织（珠光体 + 渗碳体），与其相邻的内层为共析组织（全部为珠光体），到一定深度即为原始的低碳钢组织。

由于渗碳是在高温下进行的，过程的持续时间又较长，故钢经缓慢冷却后，表面渗碳层易得到粗大的珠光体晶粒和网状渗碳体，中心层是原先的铁素体和珠光体组织，但晶粒也比较粗大。为了细化晶粒，消除网状渗碳体，并提高表面层的硬度和耐磨性，还必须进行渗碳后的其他热处理，才能达到所需要的力学性能。

渗碳后工件的热处理，常见以下几种：

1）淬火 + 回火。适用一般零件的热处理。根据工件表面层的含碳量，淬火加热温度选择在 A_{c1} 以上 30 ~ 50℃ 为宜，其目的是得到表面层的高硬度。低温回火的目的是消除因淬火而产生的内应力。经过这样的处理后，工件表面硬度可达到 58 ~ 62HRC。

2）正火＋淬火＋回火。正火的目的是细化工件心部的晶粒和改善组织，如消除过共析层中的网状碳化物。为了避免正火空冷时的氧化脱碳，可将工件加热后放入铁屑或草炭灰中冷却，对碳钢工件也可用油冷。

3）渗碳后直接淬火。这种方法适用于气体渗碳或液体渗碳。由于这种方法加热后不再加热进行重结晶，也没有细化奥氏体晶粒的机会，因此要求在渗碳时晶粒不至过分粗大方有可能。在进行淬火时，为了避免过高的渗碳温度下直接淬火所造成的过大内应力及表层中过多的残余奥氏体，须将工件自渗碳炉中取出在空气中预冷至淬火温度（即 A_{c1} 以上）方可进行淬火。

3.8.2.2 氮化

所谓氮化，就是将工件放在密闭的加热炉（通常为井式炉）中加热，使工件表面被氮原子渗入的过程。

产生氮原子的氮化剂是氨气。氨气在高温下分解出活性氮原子，被工件表面吸收，然后向内扩散，形成氮化。它的化学反应方程式为：

$$2NH_3 \Longrightarrow 3H_2 + 2[N]$$

氨气的分解在200℃以上就开始，由于铁素体组织对氮原子有一定的溶解能力，所以氮化处理一般都是在低于钢的 A_{c1} 温度下（500～600℃）进行。如果在高温下进行氮化，则由于氮化物颗粒粗化，反而不能得到良好的组织和性能。由于氮化温度低，所以氮化的时间要比渗碳长。氮化的时间一般以 0.01mm/h 计算，所以如果要获得 0.4～0.6mm 厚度的氮化层，往往需要 40～50h，甚至高达 60～80h。

氮化的目的是提高钢表面层的硬度、耐磨性和疲劳强度。氮化用的钢应当是含铬、钼、铝等的合金钢，因为这些元素与氮所形成的氮化物具有很高的硬度，并且在高温下（500℃左右）不易分解，仍能保持高度的均匀分布。所以目前普遍采用 38CrMoAl 来作为氮化用钢。

由于氮化后的工件不再进行其他任何热处理，因此，为了使氮化工件心部获得良好的力学性能，并使氮化过程中能获得均匀一致氮化层，保证氮化工件不变形，所以凡是要进行氮化的工件，在氮化前都要进行调制处理。

氮化工件的表面应绝对洁净，不允许有任何油垢和锈蚀，因为有时连极薄的氧化膜也将对氮化产生十分有危害的影响。

此外，有的工件只需要局部进行氮化，此时要把工件上不需要氮化的部分预先镀锡或者进行磷化处理，以防止氮化。

氮化的工艺过程是这样的：将需要氮化的工件用汽油洗清，并揩干。为了装炉方便，氮化工件都采用冷炉装炉方式，装好后，将炉子封好。为了保证工件表面不发生氧化，应先向炉中通入氨气，使炉中的空气被氨气赶跑，然后才通电加热，在加热过程中亦应连续不断地通入氨气，即使氮化工作终止，进行炉冷阶段，氨气也不能停止通入，否则得不到美观的氮化层。

氮化工艺过程中最重要的一项工艺参数是加热温度，其次是氨气的分解率。

氮化加热温度对氮化过程的影响，主要有三个方面：

（1）对氮化层深度的影响。氮化温度愈高，在同样的氮化时间内所获得的氮化层也愈深。因此，凡是要求氮化层较深者，可采用较高的温度。

（2）对氮化层硬度的影响。氮化温度过低，工件表面氮原子吸附强度不够，而且氮化层深度过浅，硬度不高。而温度过高，合金氮化物的分散度减少，氮化层的硬度也降低。所以氮化的温度过高或过低都会造成氮化层硬度的降低。而恰当的温度要取决于合金氮化物开始剧烈聚集的温度，而这又直接决定于工件的化学成分。以 38CrMoAl 为例，此温度应为 500 ~ 520℃。一切以高硬度、高耐磨性为主要目的的氮化工艺，都采用这一温度进行氮化。

（3）对工件变形的影响。氮化温度愈高，工件也愈易变形。

生产实践证明：氨气分解率在正常温度下，当其变化在 20% ~ 60% 范围内，对氮化过程几乎没什么影响。

不过氮化分解率过低，不仅造成氨气的浪费，而且有使氮化层脆性增加的危险，所以在许可范围内，氨气分解率高些较好。因为分解率高，活性氮原子将增多，氨气使用量就减小。但分解率太高，又会出现另一个问题，如果在氮化过程中将氨气分解率提高到 70% 以上，甚至更高，那么氮化层将会形成一层所谓"呆滞"地区，它不但降低了氮化层深度，更有害的是有时可以使氮化陷于停顿状态。

所以在实际生产中氨气的分解率与氮化温度有一定的关系。以 38CrMoAl 为例，氮化温度在 500 ~ 520℃时，其开始阶段氨气分解率为 18% ~ 25%，保温一定时间之后，氨气分解率再逐步提高，如增到 40% 左右。

在氮化终了 2 ~ 4h 以前，往往有意识地将氨气分解率提高到 70% 甚至更高。这样做的目的主要是使氮原子吸附作用中止，通过扩散，降低表面层中过高的氮含量，以减轻氮化层脆性（常称为扩散处理）

3.8.2.3   气体碳氮共渗

所谓气体碳氮共渗就是工件在气体介质中同时渗碳和氮化的过程。与渗碳相比，由于表面同时渗入氮原子，碳氮共渗的表面比单纯渗碳的表面具有更高的耐磨性，同时气体碳氮共渗可以在较低温度下进行，工件不易过热，变形较小，也容易实行自动化与机械化。

气体碳氮共渗可分为：中温碳氮共渗（以提高结构零件表面硬度及耐磨性，处理温度为 850℃）和低温碳氮共渗（以提高高合金工具钢的热硬性及使用寿命，处理温度为 560℃）。

时间愈长，所得碳氮共渗的深度愈深，但延长碳氮共渗时间，和升高其温度一样，碳氮共渗层硬度将有所降低。在一般工艺条件下，可以参考表 3-38 所列数据。

表 3-38   碳氮共渗工艺

碳氮共渗层深度/mm	0.2 ~ 0.3	0.4 ~ 0.5	0.6 ~ 0.7	0.8 ~ 1.0
碳氮共渗时间/h	1.5 ~ 2.0	3 ~ 4	5 ~ 6	8 ~ 10

3.8.3   钢的发黑处理

3.8.3.1   发黑处理的目的意义和氧化膜形成的基本原理

发黑处理属于表面氧化处理的一种方法，它主要应用于碳素钢和低碳工具钢。本处主要介绍低温碱性发黑，即将工件放在一定温度的碱性溶液中进行氧化处理，使工件表面生成一层氧化膜（四氧化三铁）。这层氧化膜组织较紧密，能牢固的与金属表面结合。依处理条件的不同该氧化膜可呈现亮蓝色直到亮黑色。它不仅对金属表面起防锈作用，还能增加金属表面的美观，对淬火工件来说还能起到消除应力的作用，所以发黑处理在工业上得到广泛应用。

工件表面生成氧化膜的过程，也是一个化学反应的过程。当工件在很浓的碱或氧化剂溶液中加热时，表面受到碱的微蚀作用，首先析出铁离子，与碱和氧化剂继续起作用，生成亚铁酸钠（Na_2FeO_2）和铁酸钠（Na_2FeO_4）。然后再由铁酸钠与亚铁酸钠进一步起作用，生成四氧化三铁氧化膜。

3.8.3.2 碱性氧化处理的工艺

碱性氧化处理的整个过程是：工件装、扎—去油—清洗—酸洗—清洗—氧化—清洗—皂化—热水煮洗—上油。

（1）工件装、扎。对于要求发黑的工件，应考虑发黑的温度与酸洗时间是否一样，否则必须分开装、扎。

为了使工件的氧化膜均匀一致，在装、扎时应考虑工件与工件之间留有间隙，尽量不使工件相互接触，如果进行装篮时工件比较多，不能避免接触时应尽量做到点接触。

对无油工件与有油工件要分别装、扎，便于酸洗。

（2）去油。工件去油的目的，主要是为酸洗及氧化作好准备，因为工件表面有油污会影响工件表面氧化皮在酸洗中的去除，同时也会影响氧化膜的生成。去油是在去油溶液中进行的，去油溶液的组成有许多种。由于去油溶液的组成物不同，浓度有差异，去油作用也有大有小。常见的去油溶液有以下四种：

1）氢氧化钠（NaOH）15g/L 水溶液。工作温度 100℃，处理时间为 15~20min。

2）碳酸钠（Na_2CO_3）10~15g/L 水溶液。工作温度 100℃，处理时间为 15~20min。

3）氢氧化钠（NaOH）30~40g/L，碳酸钠（Na_2CO_3）20~30g/L，磷酸三钠（$Na_3PO_4 \cdot 12H_2O$）20~30g/L，水玻璃 3~5g/L，其余为水。工作温度 100℃，处理时间为 10~30min。

如果工件数量不多，或者表面油污轻微时，也可以用汽油清洗。

（3）酸洗。酸洗的目的，主要是去除工件表面层的氧化皮及锈迹，使工件表面洁净，便于氧化。酸洗是在酸洗溶液中进行的，酸洗溶液一般是盐酸或者硫酸，其浓度为 40%~50%。酸洗溶液里不能有油，液面上的浮渣要经常捞除。

酸洗溶液不需要加热，酸洗时间一般为 3~30min。有时为了除去工件表面微小的毛刺和薄层氧化皮，可以采用先弱酸后强酸的方法。弱酸的时间比较长（30~90min），而强酸的时间就很短（只有 5~10s）。弱酸一般是 10~20g/L 稀盐酸，强酸是 100% 的浓硝酸。

（4）氧化。氧化的目的，主要是使工件表面生成一层均匀的氧化膜。氧化处理是整个发黑过程中最重要的一环。

氧化溶液的组成，主要是氢氧化钠和亚硝酸钠。目前有的单位为了进一步提高氧化质量，在氧化溶液中添加磷酸三钠及黄血盐等。氧化的工作温度一般在 140~150℃，处理时间为 30~60min。

组成氧化溶液的各种物质在形成氧化膜过程中所起的作用不外乎两种：一种是腐蚀作用，如氢氧化钠；一种是氧化作用，如亚硝酸钠、硝酸钠和磷酸三钠。生产实践证明：氧化溶液中腐蚀剂与氧化剂之间具有一定的比例关系。如果氧化溶液组成物是氢氧化钠与亚硝酸钠，其氧化剂与腐蚀剂比例必须保持在 1: 3 ~ 1: 3.5 之间。氧化溶液中如果加上磷酸三钠，其氧化剂与腐蚀剂必须保持在 1: 3.7 ~ 1: 4.1 之间，否则工作会不正常。

氧化溶液在使用过程中，组成物不断被消耗，而氧化剂的消耗量总是大于腐蚀剂的消耗量。所以在调整溶液的组成物时，要比原来的配件多加氧化剂。

由于氧化处理温度较高，一般都在 140℃ 以上，因而溶液中水分不断汽化蒸发，从而使溶液的浓度随使用时间的延长而不断提高，这样也就使溶液的沸腾温度相应地增高，使氧化作用加剧，工件表面会出现红棕色的氢氧化铁斑纹。因此，应当定时测量溶液的温度，及时补充水分。

想要获得较厚的氧化膜，可以在工件开始氧化处理时，将溶液的浓度调整得稍低一些；并且在氧化处理过程中，当工件表面已形成薄的氧化膜层时，每隔 5 ~ 10min 把工件移到冷水中浸洗一次，一共浸洗 2 ~ 4 次，这样就能获得较厚的氧化膜。

正常的氧化膜色泽应为带有浅蓝色的黑色，不应有红色或绿色斑点等存在。如果用 3% 的中性硫酸铜溶液滴到工件表面上，经 30s 后擦去此溶液，经浸蚀的表面不应有铜点出现。凡不合格者，应酸洗后重新氧化。

（5）皂化。皂化溶液大多用皂片或洗衣肥皂配制，通常都是用肥皂 3 ~ 5g/L 水溶液。工作温度 80 ~ 100℃，处理时间为 3 ~ 5min。皂化的目的主要是填充氧化膜的小孔，使上油后得到一层均匀的油膜。同时皂化之后，表面会形成一层硬脂酸铁的薄膜，经油浸之后，这层含油的薄膜便会成为氧化膜的完整的封膜，就能更好地抵抗大气中水分和腐蚀性气体对氧化膜的侵蚀。

（6）热水煮洗。皂化好后的工件，要用热水煮洗，而且要等工件水干之后再浸油。如果皂化好的工件，不经热水煮洗就浸油，或者在热水煮洗后带水浸油，都会对发黑质量不利。前者的缺陷是残余皂质和水分，后者则有水分，它们都会起微腐蚀作用，而使氧化膜遭到破坏，产生红色的锈斑。

（7）上油。上油的目的主要是使工件抗蚀能力进一步提高，并且使工件外观更有光泽，氧化膜更为美观。油脂种类比较多，如 10 号机油、3 号锭子油、变压器油等，其工作温度 100 ~ 110℃，浸油时间 3 ~ 5min。

大部分油脂中含有微量的水分和有机酸。它们都会对工件起微量的腐蚀作用，因此，它们的含量越低越好。

一般来说，以变压器油质量较好，所含水分最少，酸值最低。3 号锭子油次之。对于油脂中的水分，去除的方法是在使用前将油脂加热到 110 ~ 120℃，保温 1 ~ 2h 即可除去。

3.8.3.3　发黑处理中常见的缺陷及解决的办法

新配置的氧化溶液，在首次发黑时虽然能在工件表面形成氧化膜，但氧化膜的组织疏松，容易擦掉，这是由于新配的溶液中缺少含水三氧化二铁所致。这种三氧化二铁是一种经过氧化处理后的化学反应生成物。

为了克服这种缺陷，可在使用新配制的氧化溶液中加入一些用陈了的氧化溶液，或加入一些机床切削钢屑，煮沸 0.5 ~ 1h，以使溶液达到一定含量的三氧化二铁，从而保证氧化膜的质量。

在发黑过程中，有时零件表面出现红褐色锈斑，其形成原因主要有三：

（1）由于氧化溶液中的氧化剂不足，氧化剂与腐蚀剂失去应当保持的比例。因而相对地显得腐蚀剂浓度过高，即氢氧化钠含量过高，造成溶液的腐蚀作用过于强烈，以致在工件表面产生红褐色的氢氧化铁。解决的办法是，补充适量的氧化剂，使氧化剂与腐蚀剂的比例关系恢复正常。

（2）加热温度过高，水分蒸发过多，使溶液的浓度过高，因而加剧了腐蚀剂的作用，造成工件表面过度腐蚀，产生氢氧化铁的沉积。解决办法是，及时补充水分，以减低溶液的浓度，从而降低溶液的沸腾温度。

（3）工件酸洗不彻底，工件的局部表面有锈斑，以致在发黑时锈色加深。解决办法是进行抛光或补充酸洗。

不同原因造成的锈斑现象不同。第（1）、（2）个原因所造成的锈斑一般面积较大，甚至遍及工件的大部分表面；第（3）个原因造成的锈斑通常是在零件局部地方。只要根据锈斑的情况和沸腾温度，就能判断究竟是哪种原因造成的。摸清起因，对症下药，即可消除。

氧化处理时，工作温度和处理时间都正常，但是氧化膜的色泽不深，总是呈淡灰色。出现这种情况通常是由于腐蚀剂不足，解决的办法是补充适量的氢氧化钠。

工件的局部表面没有上色，或者一部分的氧化膜颜色较浅。这类问题的发生，大部分是由下面两个原因所造成的：一个是除油不彻底，工件表面不洁净；另一个原因是由于装在铁丝篮子中工件比较多，相互挤得过紧，甚至重叠放置，工件与工件相互贴合，尤其是平面工件最易产生。解决的办法是：前者应注意除油操作，对表面已清洁处理过的零件，勿用手直接拿取；后者应注意装篮方式，避免工件在氧化时表面相互重合。

发黑工件放置一段时间后，有的部位如孔穴和槽子等出现白色粉末状物质。这是由于碱液没有清洗干净或者皂化液的碱性过重所致。特别是在使用黏性较低的变压器油和轻质锭子油时，残余的碱液或碱性皂质便会破坏油膜，白色粉末显现出来。预防的办法主要是改善氧化和皂化处理后的水洗工作，此外，应使用碱性较低的肥皂，肥皂溶液应定期更换。

4　热处理车间常用设备

　　热处理车间生产和其他部门生产一样，需要一定的设备来保证实现所制定的工艺过程，以生产达到合乎要求的产品。随着工业发展和新工艺不断试验成功，热处理车间设备也日益发展和增多。选用热处理车间设备时应当首先考虑到实用性，即符合多快好省的精神。有些设备虽然结构很简单，但能解决生产上的大问题，这就是最好的设备，反之，就不能算是最好的设备。

4.1　加热炉的分类

　　因为所处理工件的特点不一，技术要求不同以及热处理生产的特点不同，所以加热炉种类也是各种各样的，但大致可按下列原则进行分类。

　　（1）按热源分。

　　1）电炉：采用电能作为热源。

　　2）燃料炉：又可细分为固体燃料炉、液体燃料炉和气体燃料炉。

　　①固体燃料炉：采用煤焦炭等固体燃料为热源。

　　②液体燃料炉：采用重油等液体燃料为热源。

　　③气体燃料炉：采用煤气等气体燃料为热源。

　　（2）按炉型分。

　　1）箱式炉：构造类似箱体。

　　2）井式炉：构造类似圆井。

　　（3）按工作温度分。

　　1）高温炉：工作温度为 $1000 \sim 1300℃$。

　　2）中温炉：工作温度为 $650 \sim 1000℃$。

　　3）低温炉：工作温度低于 $650℃$。

　　（4）按加热介质分。

　　1）空气炉：加热介质为空气。

　　2）控制气氛炉：加热介质为特制的具有一定成分的气体。

　　3）浴炉：又可细分为盐浴炉、碱浴炉和油浴炉。

　　①盐浴炉：加热介质为盐浴。

　　②碱浴炉：加热介质为碱浴。

　　③油浴炉：加热介质为油浴。

　　应当指出的是，就加热炉的热源来看，采用电能（电炉）比采用其他燃料炉要优越得多，其原因如下：

　　（1）电炉适用于任何形状的工件和任何规范的热处理。

　　（2）电炉的炉温均匀，而且炉温易于控制，其准确度可达 $\pm 2 \sim 5℃$。

　　（3）电炉更易于保持炉中所需要的气氛，从而减少工件在加热过程中的氧化。如通以保护气体，可以使工件不氧化。

（4）电炉的结构紧凑，占地面积小。

（5）电炉没有极高温度的局部燃烧室，因此耐火材料的寿命较长。

（6）电炉操作方便，易于实现机械化、自动化。

（7）电炉没有燃烧产物和烟气，因此劳动条件较好。

然而，燃料炉与电炉相比也有其优点。例如，从经济角度看，燃料炉的造价较低。另外，液体燃料炉和气体燃料炉，也能很好地调整和控制炉温，并可适当地控制炉内气氛。因此，大型加热炉一般多用气体或液体作为热源。

4.2 盐浴加热炉

盐浴加热炉是热处理车间普遍采用的一种加热设备。与其他各种加热炉比较，它具有加热速度快、生产率高、加热均匀、被加热工件变形较小、可防止工件发生氧化脱碳现象、便于局部加热、操作简单等优点。

盐浴炉工作温度范围较大，完成热处理工序多，如淬火、回火、各类退火及化学热处理等工艺都能顺利完成。

在盐浴中加热时，不但有辐射、对流及传导等传热形式，而且所用的介质在使用范围内流动性很好，对流性强，因而工件在盐浴炉中的加热或冷却速度较其他各种炉子快2~3倍。同时加热和冷却也很均匀，这对严格保证工艺参数是非常有利的。

但是，在盐浴中加热时，工作中的辅助操作时间较多，如加脱氧剂、捞渣及添加新盐等。其次，在使用盐浴炉时，消耗辅助材料量较大，加热后的工件还必须通过清洗去除附着物，否则工件表面会有被腐蚀的可能。同时盐浴炉在使用时如遇潮湿工件入炉，易引起盐浴爆炸飞溅，所以必须十分注意安全生产及配备必要的安全设施。

按加热方式不同，盐浴炉可分为外热式盐浴炉和内热式盐浴炉两类。

4.2.1 外热式盐浴炉

外热式盐浴炉是加热工件的介质（盐浴）放在坩埚内，而加热元件（热源）放在坩埚外部的一种炉型，如图4-1所示。

外热式盐浴炉的热源有燃料和电两种。燃料炉大多采用气体或液体燃料。固体燃料难以控制其燃烧过程，因而炉温亦很难严格控制，故采用日益减少。

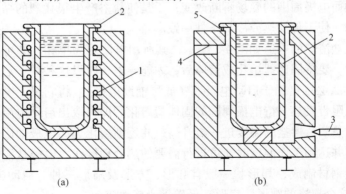

图4-1 外热式盐浴炉

1—电热元件；2—坩埚；3—喷嘴；4—燃烧废气出口；5—火泥或石棉

外热式盐浴炉的使用温度，由于受到坩埚及加热元件寿命的限制，一般在 950℃ 以下。所用的坩埚材料可用低碳钢铸成或焊接而成，其厚度为 20～30mm，亦可用 Ni-Cr 耐热钢铸成。

热源采用电能的，是将作为加热元件的电阻丝或电热带（由 Ni-Cr 合金或 Fe-Cr-Al 合金制成）围绕在用耐火材料砌成的炉膛内，炉膛内设置坩埚。接通电源后，加热元件即发热，产生热量并辐射至坩埚，使坩埚中的盐类逐渐融化并上升至一定的温度，这时便可进行所需的热处理加热。

但是，对于采用气体或液体燃料的外热式盐浴炉，为了延长坩埚使用寿命，燃烧产物不应集中喷在坩埚壁上，烧嘴或喷嘴应与坩埚壁成切线方向。

目前我国生产的几种外热式电阻浴炉的规格如表 4-1 所列。

表 4-1　外热式电阻浴炉的技术规格

技术规格 \ 型号	RYG-10-8	RYG-20-8	RYG-30-8
额定功率/kW	10	20	30
额定电压/V	220	380	380
相　数	1	1	3
电阻丝连接方法	串联	串联/并联	串联/并联
最高工作温度/℃	850	850	850
坩埚尺寸/mm	$\phi 200 \times 350$	$\phi 300 \times 555$	$\phi 450 \times 590$
最大生产率/kg·h^{-1}	30	80	130
外形尺寸/mm	$1310 \times 1086 \times 1884$	$1410 \times 1190 \times 2115$	$1510 \times 1290 \times 2314$
电炉重量/kg	1200	1350	1600

4.2.2　内热式电极盐浴炉

生产上采用的盐浴炉以内热式电极盐浴炉最为广泛。电极盐浴炉工作原理是通以低压（6～25V）交流电源，由于盐浴的电阻很大，电流通过后将产生大量的热，把盐浴加热至要求的温度。同时，调节通过盐浴的电流大小，很容易控制盐浴的温度。由于所通过的电流为交流电，因而电极周围的磁场不断改变，于是使盐浴产生很猛烈的循环，这样就保证了加热温度均匀，使工件加热或冷却条件一致。

内热式电极盐浴炉的构造如图 4-2 所示，其所用电流可为单相，亦可为三相。由于固体盐是不导电的，要待固体盐熔化成液体后，才能导电，所以这种炉子启动较为困难。开炉（即启动）时，必须借助于启动电阻带（或称辅助电极）。将它置于电极附近并与电极相连，通电后电阻带发热，待电极周围的固体盐熔化后即可取出启动电阻带，这时便完全依靠电极导电发热。待熔盐的温度进一步升高，并逐渐熔化远离电极的固体盐，使整个炉膛温度均匀一致并达到工作温度时便可进行需要的热处理操作。电极盐浴炉电极大多用低碳钢或次废低碳钢材制成，其形状一般有圆形、方形及扁形三种。启动电阻带多用 20×20mm（或类似这个规格的圆形、扁形）低碳钢盘旋而成。

目前我国生产的内热式电极盐浴炉如表 4-2 所列。

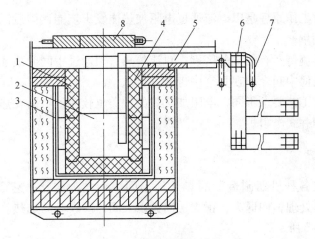

图 4-2　内热式电极盐浴炉

1—坩埚；2—炉膛；3—炉胆；4—电极；5—电极柄；6—汇流板；7—冷却水管；8—炉盖

表 4-2　电极盐浴炉的技术规格

技术规格 \ 型号	RYD-20-13	RYD-25-8	RYD-35-13	RYD-45-13	RYD-50-6	RYD-75-13	RYD-100-8
额定功率/kW	20	25	35	45	50	75	100
电源电压/V	380	380	380	380	380	380	380
相　数	1	1	3	1	3	3	3
最高工作温度/℃	1300	850	1300	1300	600	1300	850
盐槽尺寸/mm	245×180×430	φ340×472	200×200×430	340×260×600	920×600×450	390×350×600	920×600×540
外形尺寸/mm	1950×1010×1110	1330×1160×1190	2070×1050×1110	2170×1080×1270	1880×1810×1450	2245×1200×1330	1880×1810×1450
最大生产率/kg·h^{-1}	90	90	100	200	100	250	160
电炉重量/kg	1000	850	900	1200	2600	1700	3200

　　为了更合理地使用内热式电极盐浴炉，进一步提高产量、质量和节省电力，最近上海工具厂以工人师傅为主体的三结合小组经过大胆实践，大胆创造，对上述插入式电极盐浴炉进行了改革，创制成功了一种新型的"埋入式"电极盐浴炉。实践证明，这种新型的炉子，不仅能增产、节电，而且操作方便，质量有所提高。目前已在上海市一些工厂得到了逐步推广使用。

4.3　电阻加热炉

　　电阻加热炉是以金属或非金属作为加热体，空气作为加热介质，貌似箱形或圆井形的一种炉型。

电阻加热炉的工作原理是以电流通过电阻加热体发出热能，而后以辐射作用传导给被加热的工件（或坩埚）。

辐射传热与对流传热有很大的区别。对流传热必须通过中间介质才能进行，而辐射传热有时就不需要任何中间介质在真空中也能进行。

依据其结构和工艺要求不同，电阻加热炉的种类也较多，目前在热处理车间应用最广的为箱式电阻炉和井式电阻炉。

4.3.1　箱式电阻炉

箱式电阻炉在各种机器制造厂的热处理车间应用尤为广泛，它适用于单个小批大、中、小型零件的热处理，如退火、正火、回火以及固体渗碳等的加热。炉底固定式箱式电阻炉的构造如图 4-3 所示。

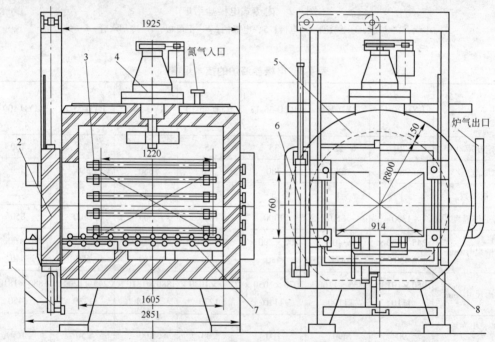

图 4-3　箱式电阻炉结构示意图

1—导槽升降系统；2—炉门；3—加热元件；4—循环风扇；5—炉衬；

6—炉门升降压紧系统；7—滚动导轨；8—炉口密封

这种箱式电阻炉，外壳由角钢、钢板和型钢焊接而成。内用耐火材料砌成炉膛，耐火材料与炉壳之间填塞隔热材料。电热元件为 Ni-Cr 合金或 Fe-Cr-Al 合金电阻丝，经盘旋成型后安放在炉膛两侧的炉壁和炉底的搁丝砖上，炉底有耐热钢制的炉底板，工件即放在其上面加热。

炉门也用钢板焊成，中间砌以轻质耐火材料。为便于随时观察炉内加热情况，炉门中央开一小孔。炉门的升降用手摇链轮或电动装置进行操作。炉门上一般均装有安全行程开关，当炉门打开时，电源自行切断，以保证操作人员的安全。

热电偶从顶部插入，并通过电控制柜来调节和控制炉温。

目前我国生产的箱式电阻炉如表4-3所列。

表4-3 箱式电阻炉的技术规格

技术规格 \ 型号	RJX-15-9	RJX-30-9	RJX-45-9	RJX-60-9	RJX-75-9
额定功率/kW	15	30	45	60	75
额定电压/V	380	380	380	380	380
相　数	1	3	3	3	3
电阻丝连接方法	串联/并联	串联/并联	串联/并联	串联/并联	串联/并联
最高工作温度/℃	950	950	950	950	950
工作室尺寸/mm	650×300×250	950×450×450	1200×600×500	1500×750×550	1800×900×600
最大生产率/kg·h⁻¹	50	125	200	275	350
外形尺寸/mm	1559×1382×1642	1971×1601×1944	2300×1950×2140	2670×2310×2170	3050×2410×2230
电炉重量/kg	1200	2300	3200	4800	7100

此外，为了使工件在热处理过程中装卸方便，减轻操作人员劳动强度（特别是大件），有的工厂还使用了台车式（炉底为可移动式）箱式电阻炉。此炉结构与上述电阻炉基本相似，所不同的是炉底为一由耐火砖与部分耐热合金制成的平车。平车是从通入炉内的轨道上沿水平方向推至炉中，平车面正好是电阻炉的炉底，通常车轮、车轴均露在外面。平车进出炉膛大都用电动车牵引，车面与炉身接触部分，可用细砂密封。

4.3.2 井式电阻炉

井式电阻炉在热处理车间应用得也较为广泛，尤其是利用这种炉型特点作为回火设备较多。

井式电阻炉构造（见图4-4）类似箱式电阻炉，不同的是炉膛呈圆井形。炉膛内有一装料筐，加之有循环通风装置，炉温较箱式电阻炉均匀。炉口敞开后装卸工件较为方便。细长工件在炉内呈垂直加热，以克服因放置不当及因工件自身重量而在加热过程中发生的弯曲变形。

由于这种炉子在炉口敞开后，炉膛温度下降很快，因此不适宜加热时间很短的小工件使用。

井式回火电阻炉的技术规格如表4-4所列。

表4-4 井式回火电阻炉的技术规格

技术规格 \ 型号	RJJ-24-6	RJJ-36-6	RJJ-75-6
额定功率/kW	24	36	75
额定电压/V	380	380	380
相　数	1	3	3
电阻丝连接方法	串联/并联	串联/并联	串联/并联

续表4-4

技术规格 型号	RJJ-24-6	RJJ-36-6	RJJ-75-6
最高工作温度/℃	650	650	650
工作室尺寸/mm	$\phi 400 \times 500$	$\phi 500 \times 650$	$\phi 950 \times 1220$
最大生产率/kg·h^{-1}	100	280	550
外形尺寸/mm	$1460 \times 1430 \times 1938$	$1540 \times 1530 \times 2111$	$4810 \times 2460 \times 3100$
电炉重量/kg	1270	1453	4600

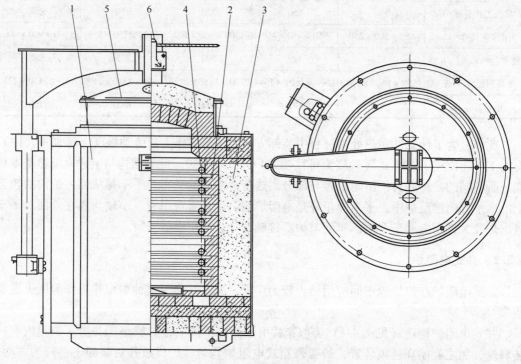

图4-4　井式电阻炉

1—炉壳；2—炉衬；3—保温粉；4—电热元件；5—炉盖；6—液压千斤顶

4.3.3　井式气体渗碳电阻炉

　　井式气体渗碳电阻炉系供金属机件、工具等的渗碳、淬火加热、气体氮化或其他特种热处理用，最高温度为950℃。其构造与井式回火电阻炉相类似，如图4-5所示。但为了不使炉内气体外溢，以保证所有活性介质的成分和压力保持一定，炉膛需要有良好的密封性。因而炉膛中央安放有用耐热铸钢或钢板焊成的马弗罐，内放装料管。炉顶也装有风扇以加速活性介质的循环，并使炉内气氛和温度均匀。储存液体渗碳剂的小铁筒固定于炉盖撑架上。液体渗碳剂沿管道自动流经控制阀流入炉膛内随即分解成气体，渗碳气氛在风扇的作用下强烈地循环。废气由炉顶的排气管排出并予点燃，以便于观察炉内的工作情况。测量温度的热电偶从炉壁侧面插入炉中。

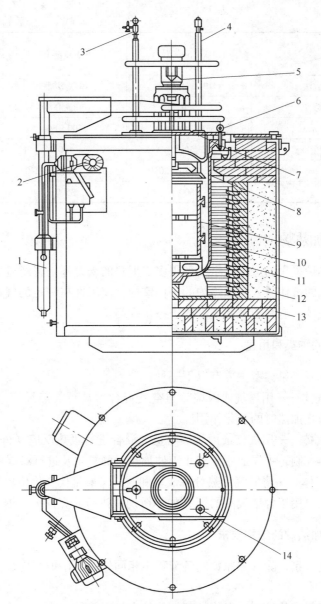

图 4-5　井式气体渗碳电阻炉

1—油缸；2—电动机油泵；3—滴管；4—取气管；5—电动机；6—吊环螺钉；7—炉盖；
8—风叶；9—料筐；10—炉罐；11—电热元件；12—炉衬；13—炉壳；14—试样管

井式气体渗碳电阻炉的技术规格如表 4-5 所列。

表 4-5　井式气体渗碳电阻炉的技术规格

技术规格	型号	RJJ-25-9-TG	RJJ-35-9-TG	RJJ-60-9-TG
额定功率/kW		25	35	60
额定电压/V		380	380	380
相　数		3	3	3

技术规格 \ 型号	RJJ-25-9-TG	RJJ-35-9-TG	RJJ-60-9-TG
电阻丝连接方法	串联/并联	串联/并联	串联/并联
最高工作温度/℃	950	6950	950
装料筐尺寸/mm	$\phi 300 \times 450$	$\phi 300 \times 600$	$\phi 450 \times 600$
一次最大装炉量/kg	50	100	150
外形尺寸/mm	$1800 \times 1380 \times 2010$	$1800 \times 1380 \times 2240$	$2000 \times 1570 \times 2320$
电炉重量/kg	2800	3500	4000

4.4　控制气氛加热炉

　　控制气氛加热炉采用的保护气氛类型很多，但总的来说都是将经过制备的具有一定成分能适应生产要求的气体通入到加热炉的工作室内，使工件在一定的气氛中加热。这样避免了工件氧化和脱碳，有利于产品质量的进一步提高。

4.4.1　控制气氛的种类和用途

　　目前应用的控制气氛类型主要有以下三种：
　　（1）放热型气体——用煤气或丙烷等与空气混合后进行放热反应（燃烧反应）而制成。它主要用于防止加热时的氧化作用。
　　（2）吸热型气体——用煤气或丙烷等与空气混合进行吸热反应（外界加热）而制成。其碳势可以调节与控制，主要适用于防止工件加热时的氧化及进行渗碳处理。
　　（3）分解氨气体——将氨气加热分解成氢和氮，一般是代替价格较高的纯氢气作为保护气体之用。它主要用于含铬较高的钢（如不锈钢）进行光亮淬火、退火等等。

4.4.2　控制气氛加热炉的结构要求

　　上述三种控制气氛，除气体原料制备流程不相同外，工作炉结构、操作方面的安全问题有共同之处。
　　但是，控制气氛加热炉与一般热处理加热炉有如下差异：
　　（1）具有一定的气体流向，即有特设的进气装置和逸气口；
　　（2）炉膛严格密封。一般热处理炉的炉膛并不密封，充有空气，而吸热型控制气氛工作炉要导入具有一定比例成分的可控气体，故必须具有密封性，使外界空气不能进入，且内部炉气也不会从炉膛逸出。
　　应用炉罐的主要作用是为了将控制气氛与炉衬材料、加热元件和热电偶等隔离开来。这是因为气氛对之有有害影响。
　　（3）冷却。一般热处理炉是在大气条件下冷却的。而控制气氛热处理炉在加热过程中已确保了无氧化、无脱碳，因此一般说来就需要有特殊的冷却形式——不与空气接触的密封条件下冷却，目的是在冷却过程中避免氧化。
　　控制气氛加热炉在多数场合时采用机械化、自动化的方式进行操作。即工件由炉子的一端进入加热，再由另一端通过淬火后取出，这就形成了机械化、自动化的操作系统。

4.4.3 无罐控制气氛加热炉

随着控制气氛热处理的发展，生产中开始采用无罐的加热炉。这是因为无罐可以节约大量镍镉合金，而且可以减轻加热元件的负荷，节约用电，延长电炉寿命。

制造无罐气氛加热炉必须解决两个关键问题，即：

（1）解决电炉的密封性；

（2）解决控制气氛对电炉构件（如耐火材料、加热元件、热电偶的测量效果等）的有害影响。

4.5 冷却设备

冷却是热处理过程的主要工序之一。工件经过热处理加热保温后，只有经过必要和适当的冷却，才能获得所需要的组织和性能。因此，冷却设备也是热处理车间的主要设备之一。

由于热处理工件的特点（材料、形状）及其性能要求不同，所以热处理过程中采用的冷却方法和选用的设备也有很大的差异，目前运用较广的有如下几种：

（1）等温与分级淬火冷却熔盐槽。等温与分级淬火槽是用于等温与分级淬火工艺的一种冷却槽，在一定的温度范围内可兼作低温回火槽。

该槽结构简易，类似一般电阻炉。其技术规格各单位可按各自生产特点自行设计与制造。

这种盐槽因作等温与分级冷却，故工艺要求温度的恒定性较大，所以盐槽的坩埚及炉体需相应加大。如某厂改型的此类盐槽技术规格见表4-6。

表 4-6　某厂改型的等温与分级淬火盐槽的技术规格

型　号	额定功率/kW	额定电压/V	相数	最高工作温度/℃	炉体尺寸/mm 长×宽×高	盐槽尺寸/mm 长×宽×高
改型1	8	380	1	300	1000×1000×850	500×450×400
改型2	18	380	1	300	1800×1100×850	1100×500×500

为了加速加热介质的对流使坩埚内部温度均匀与尽可能保持温度恒定，可在坩埚内部装搅拌器或冷却器。

盐槽介质如采用碱性盐，则坩埚材料宜用不锈钢板制造。

（2）冷却水槽。冷却介质中，水是使用较为普遍的一种冷却剂。在淬火冷却时要求冷却速度大的碳钢一般都放在水槽中冷却。

冷却水槽一般用5～6mm钢板焊接而成。冷却水可分为流动与静止的两种，冷却水槽使用的目的，是使零件在其中可以冷却均匀及冷却剂性能不变。

（3）冷却油槽。油槽是合金钢及要求硬度不高的碳钢进行缓慢冷却的一种设备。油槽结构类似淬火水槽。在大量生产时，为了防止油液因吸收工件热量温度过高以确保油液在一定的温度范围内使用，需对淬火油槽进行降温。其冷却的方法一般有：

1）增加冷却油槽的热容量，为此可把油槽体积制造稍大于水槽。

2）用水套冷却。在油槽中安装蛇形管，管内通水冷却热油。

3）加循环装置，使油通过油泵始终处于循环状态。油槽的热油溢出流入贮油槽内冷却，冷却后的油再通过油泵转入淬火油槽中，如此不断循环。

4.6　辅助设备

在热处理生产中除加热和冷却设备外，辅助设备（如清洗、矫直、喷砂等设备）也是不可缺少的。

辅助设备就目前各单位的现状来看，结构形式是各种各样的。本节仅就矫直、喷砂设备作一简要介绍。

4.6.1　矫直机

工件在热处理过程中，由于"热胀冷缩"的自然现象及操作不当，会导致组织转变时的体积变化而产生变形以致严重扭曲等。如果尺寸的变化在加工余量的范围之内，那么变形在机械加工时会得到消除；当尺寸的变化超过公差的范围时，就必须进行矫直。

在通常情况下多数工厂采用螺旋式手压矫直机对工件进行矫直。此种矫直机可用于直径在 40mm 以下、长度在 1000mm 以内的棒形（如轴类）工件及直径在 80mm 以下、长度相似棒形轴类的轴套类工件进行冷压矫直、热点矫直、反击矫直等的工艺操作。

其操作过程如下：

（1）先检查工件的扭曲方向及最大振动偏摆量。将工件放置在同一直线可移动的两个顶针座上顶紧。用手转动工件，同时借助于外圆丝表上的指针测量出工件同一截面的最高点与最低点之差，并反复测量数次，用粉笔在最高点做下记号。

（2）对测得的扭曲方向及超差的振动偏摆量进行施压。将工件的扭曲最高点向上放入矫直机上的同一直线槽的两个 V 形角铁上，然后转动手柄使螺旋杆向下施压，压力大小与扭曲程度成正比。

（3）效果检查。施压后将工件再放到两个顶针座上用外圆丝表检查施压的效果（有时压力过大，也会出现反超差现象）。

如此往复操作直到工件振动偏摆量合格为止。

4.6.2　喷砂机

工件在热处理的加热和冷却过程中表面形成了一定的氧化皮、锈斑等污物。它们的存在，影响着工件下一道的机械加工以及成品的防锈能力。因此，在热处理过程中往往会有一次、两次甚至三次的喷砂工序。

工件的喷砂可在吸砂式喷砂机上进行，一般用的是 4~5 号石英砂和压力为 5~7 kg/cm^2 的压缩空气。

常用的喷砂机是手动喷砂机。此种形式喷砂机对于需喷砂工件的适应性较广，但操作工人的劳动强度较高。

（1）喷砂操作原理。在喷砂机内，由于通入喷砂枪内的压缩空气产生负压而将石英砂从出砂口吸出并经橡皮管进入喷砂枪，然后由喷砂枪将此砂喷向工件。这一过程可以不间断地进行，直至工件表面光洁为止。

（2）操作过程。操作者面对喷砂机站立（或坐），双手伸入喷砂机操作孔，右手握喷砂枪，左手握工件，右脚踏在脚踏空气开关上。操作时面部靠近喷砂机活动玻璃窗，目视操作情况，双手使喷枪与工件不间断地作相对运动。

工件由操作孔及活动玻璃窗进出喷砂室，较大的工件从喷砂机侧旁边门进出喷砂室。

操作中，喷砂机所用石英砂的砂粒由于互相撞击，分裂成为粒度更细的砂灰；如果这种砂灰任其飞扬，不仅影响喷砂操作的进行，更严重的是影响操作者的身体健康及周围环境卫生。故使用喷砂机时必须配用除尘设备，以使飞扬的砂灰通过除尘设备的吸收与阻拦，从而改善工作条件。

为减少喷砂过程中灰尘对人体的影响，减轻劳动强度，随着技术革新的开展，已有部分工厂逐步实行机械化喷砂。

5　钢的宏观检验与金相检验概述

钢的宏观检验，一般也常称为低倍检验，它是用肉眼或者借助于 10 倍以下的放大镜，对金属的表面、纵断面、横断面、端口上的各种宏观组织和缺陷进行检查的一种方法。它包括酸浸检验、端口检验、塔形发纹检验和硫印等。尽管对钢材质量的测试判定方法很多，尽管光学显微镜、扫描电镜、电子探针等高级精密仪器相继出现，并得到广泛应用，宏观检验仍然是冶金厂和机械厂最常用的方法之一。

一般来讲，显微检验能够在比较大的放大倍率下，对钢的微观组织进行检查，进而对钢的质量进行评定，这就是通常所说的"高倍金相检验"，它是钢的质量检验的最普遍、最重要的一种方法。但显微检验也有它的不足之处，即检验的范围小。金属的不均匀性是普遍存在的现象，仅仅观测几个局部视场，很难代表整个钢材的品质和性能，很难就此对钢材作出全面的评价和判定。而宏观检验的情况就不一样了，它能在大得多的范围内，对钢材组织的不均匀性、对宏观缺陷的分布和种类等进行观测，从而在一定程度上弥补了显微检验的不足。正因为如此，宏观检验同样也是最重要的检测方法之一，同时也是工厂用来控制钢的质量的最普遍、最常用的方法之一。

钢中的宏观缺陷种类很多，主要有疏松、偏析、白点、缩孔、裂纹、非金属夹杂、气泡及各种不正常断口。这些缺陷大多是在钢锭的浇注、结晶和热加工过程中形成的。宏观检验就是通过不同的方法，使这些缺陷暴露、显现，进一步进行鉴别、评定。

宏观检验的方法有多种，各种方法都有着它们各自的特点和适用范围。例如，酸浸试验对疏松、偏析、流线、裂纹等最合适；断口试验最容易发现白点、过热、过烧；塔形发纹检验一般用于有特殊用途的材料或高级优质材料上，用来检测它们在各个部位上的发纹多少和分布；硫印试验用来测定钢锭或钢材上硫的分布，同时也可以间接地对其他元素的分布概况和趋势进行推测和估计。各种宏观方法在使用上各有侧重面，它们可以单独采用，在许多情况下也可以同时并用，相互补充，以期达到准确测试的目的。

5.1　宏观酸浸试验

钢的宏观缺陷大多数是在钢的浇注、结晶过程中形成的。钢锭在浇注过程中，将一些非冶炼产物，如耐火材料、外来金属、熔渣带入锭内，在冷凝结晶过程中，由于结晶条件的不同和选择结晶，都造成了钢中的不均匀和某些缺陷。这种不均匀和缺陷在酸浸剂的作用下，反应的快慢各不相同，因此在酸浸试样上出现各种孔洞、条痕和区域变色等明显的浸蚀特征，使得许多缺陷，如疏松、偏析、气泡、裂纹、白点、夹杂物等一一被显现出来。

为了对钢中各种宏观缺陷的形式有一个整体和概括的认识，有必要对钢锭的结晶过程进行简单介绍。

结晶过程都有一个相同的模式，在最后凝固的钢锭中，会形成和出现几个特定的区域（包括结晶区域和缺陷区域），条件的不同只影响这些区域的形状和大小而已。

从钢锭纵剖面上，可以看出三个不同的结晶区域和一些较明显、必然存在的宏观缺陷区域，如图 5-1 所示。

　（1）急冷层——细小等轴晶区。钢水注入钢锭模后，炽热的钢液与温度很低的模壁接触，使这一部分钢液受到强烈的冷却，温度急剧下降。在很大过冷度的情况下结晶异常迅速，临界晶核尺寸很小，成核速度大大超过晶粒的成长速度，因此在钢锭的外围，形成了一层很薄的细小等轴晶。但这一过程十分短暂，随着锭模的温度上升以及锭模膨胀和钢锭的收缩，在模壁和钢锭之间出现了空隙，使散热条件变坏，至此，细小等轴晶停止生成，急冷层就停止增厚了。

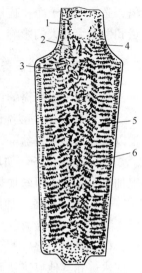

图 5-1　钢锭结构纵剖图

1—缩孔；2—空穴；3—疏松；
4—细小等轴晶区；5—柱状晶区；
6—中心粗大等轴晶区

　（2）柱状晶区。如上所述，随着模壁和钢锭之间间隙的出现，散热条件变差，细小等轴晶停止出现，此时，结晶速度变慢，晶体开始沿着与散热方向相反的方向成长（即从模壁向中心方向成长），形成了柱状晶区。柱状晶定向成长过程不断把一些夹杂、气体、低熔点组元推向液相，推向中心，因此在柱状晶核液相的分界面上，出现了一个富集着大量夹杂、气体、低熔点组元的偏析区域。该区域形状随界面的形状而异，实质也就是随着锭模的形状而异。这就是后面讲到的方框形偏析产生的原因。

　（3）等轴晶区。随着钢液结晶的进一步发展，钢液温度逐渐下降。锭模和整个浇注场地的温度不断升高，使散热速度愈来愈慢，柱状晶的生长速度也逐渐减慢，最后完全停止生长。此时，中心部位的钢液温度均匀地降到熔点以下，钢液中间同时成核并长大。由于过冷度很小，晶核的出现数量较少，而四周温度又基本趋于一致，故晶核向四周均匀长大，形成了较急冷层中的细小等轴晶大得多的粗大等轴晶区。

　从结晶区域来讲，就是以上三个，另外，在钢锭中还会出现一些必然要出现的缺陷区域。

　（4）缩孔区。镇静钢锭模中的钢水，其结晶凝固的进程，总的来讲是沿着从外向内、从下向上这一方向进行的，最后凝固部分（钢锭的上部，即靠近冒口的部分），由于钢液冷凝收缩后得不到足够的钢液的补充，以致形成大的、集中的收缩孔洞，这就是缩孔。缩孔区域是不可避免、必然出现的。人们只能通过各种途径（例如采用发热冒口，采取补缩工艺）使缩孔区域尽量缩小，尽量集中。在以后的轧制过程中，务求切除干净，使它不在成品钢材中出现。

　（5）空穴区。空穴区也是由于冷凝过程中钢液得不到补足而形成的。它是在小区域内得不到补足的结果，因而形成的空穴较小。它一般出现在钢锭上部的缩孔下面，最后在钢材中出现的就是缩孔残余（缩残）。

　（6）疏松。疏松区是微区域内最后冷凝部分。从整个钢锭来看，最后冷凝部分是在上部、接近冒口处，以致最后形成集中的孔洞和空穴；但从局部和微区来看，冷凝时，在树枝晶的一、二、三次轴间存在少量的尚未凝固的钢液，这些微量的钢液冷凝收缩时，由于整个锭内钢液很黏稠，加上各次晶轴的阻碍，无法再得到钢液补充，同时由于选择结晶的结果，致使最后形成富集着气体、夹杂、偏析组元的一些组织不很致密的孔隙，这就是疏松。从某种意义上来讲，疏松就是一些显微缩孔，其形成机理与缩孔是类似的，只是在对钢材性能的影响上，不能类比和等同，量的差异导致质的变化。缩孔是不允许存在的缺陷，必须切除干净；疏松是允许出现的现象，只要将级别控制在一定范围内，则对钢的质量和性能无太大的影响。

5.1.1　热酸浸试验设备

热酸浸试验所需的设备比较简单，主要由下列四部分组成：

（1）酸洗槽。酸洗槽是用作盛酸和浸蚀试样的容器，常用的有塑料槽、铅槽、花岗石槽以及各种耐酸瓷盆等，各单位可根据不同的生产条件、检测批量而选择使用。

（2）加热设备。加热设备用来加热酸浸液和试样，常用的有蒸气加热和电加热设备。电加热中又有电阻丝加热和电极加热两种。

（3）抽风设备。抽风设备主要用来防止酸蒸气危害操作人员身体健康。在冶金企业和经常要进行酸浸检验的厂矿里，必须要在酸洗槽上加上抽风罩或配备其他抽风设施。

（4）吹风设备。酸浸试样洗净后，必须立即吹干，否则试样表面很快锈蚀，或者留下一些水迹和其他痕迹从而造成假象，影响对缺陷的判断和评定。一般常采用小型鼓风机、压缩空气或电吹风等设备吹干试样。

5.1.2　试片的取样和制备

选择具有代表性的试样是正确有效评定钢材质量的保证。

5.1.2.1　取样部位和方法

各种缺陷通常有其特定的出现部位和区域，如缩孔、疏松、气泡、偏析等缺陷，易出现于钢锭上部、冒口下方；二次缩孔、孔穴则出现在缩孔下离冒口有一定距离的地方；在上大下小的钢锭底部，易出现黑斑、硅酸盐夹杂和气泡（这往往是由于操作不当，钢锭模内表面涂层过厚而引起的）。另外，不同盘次的钢锭也有差异。同一炉钢锭，一般第一盘和最后一盘质量最差、缺陷最多，而中间几盘就好一些。因此，取样时应对各种因素通盘考虑，尽量使所取试样最具有代表性，最容易发现缺陷，以保证钢材质量。

一般来讲，钢锭中接近冒口的部位缺陷很多，中间部位次之，尾部最少。因此，《钢的热酸浸试验法》（GB 226—63）中，规定在钢锭接近冒口部位切取试样。

取样的方向，根据检验的目的不同而异。一般检验多取横向试片，即垂直于钢材轧制方向取片，以便观察整个截面的质量情况，但如果主要目的是检查钢中的流线、条带组织等，则应纵向取片。

截取样坯，可用手工锯、砂轮切割、热锯、烧割、剪切等方法，但不管用什么方法都必须保留一定的加工余量，以使最后的酸浸检验面保持有原来的组织形态，不会由于切割取样时的加热冷却，引起试面金属组织相变或发生组织加工变形。通常，检测面和切割面间应保持一定的距离：热锯时不小于 5mm；热剪时，不小于材料直径或厚度的 1/2，但最小不得小于 20mm；热割时，不得小于 40mm。总之，必须保证将热影响部分全部除去。

5.1.2.2　试样的制备

酸浸试样的检验面，必须进行精加工，使之达到一定的光洁度。通常检验面表面粗糙度要求达到 $\overset{1.60}{\triangledown}$，用锯切、车削，进而砂纸细磨即可满足要求。一般的气孔、疏松、偏析、夹杂物、枝状组织、白点、内裂等缺陷，在这种光洁度下进行酸浸，都很容易显现。对特殊要求的，在需要检查较细小的组织和缺陷时，则需研磨和抛光。例如，在需要检验钢的渗碳层、脱碳层深度、带状组织、晶粒度等宏观组织细节时，就需要对检验面进行精加工。相反，对于检查大型气孔、严重内裂、缩孔、大的外来夹杂等缺陷，用较细的锯切面，也就可以满足需要，进行检测了。

制备试样时，无论是用刀具车或砂轮研磨，都不能速度太快，压力太大。高速切削和磨削是不允许的。高速切削易造成金属的流动变形，它对各种宏观缺陷会起到不同程度的掩盖作用，从而降低了缺陷的严重程度或造成漏检。磨研压力太大，会使试样温升过高，出现局部淬火现象，最后酸浸时会在磨制面上出现与加工方向一致的黑白条纹、斑痕，以致被当作严重的层状组织而误判。

5.1.3　热酸浸试验及其操作

宏观缺陷，在未经浸蚀之前，除了个别的、十分明显的缺陷，如缩孔、孔洞等外，都很难用肉眼发现和分辨，必须进行热酸浸。制备好的试样，在热酸的浸蚀下，它们的各个部分、各个区域以不同的速度与浸蚀剂发生作用。表面缺陷、偏析区域、夹杂物等，被浸蚀剂有选择性地浸蚀，出现了明显的浸蚀特征，如黑色小点、暗斑、条痕、微孔；金属的不均匀性也由于浸蚀速度的不同而出现受蚀程度上的差异，出现高低不平和深浅不同的灰暗颜色。正是通过这些看得见的特征，我们能够对缺陷和材质进行鉴别、判断和评定。

5.1.3.1　热酸浸的影响因素

检验表面的浸蚀程度，主要取决于试样表面的粗糙度、清洁度、浸蚀液的成分、热浸蚀的温度、浸蚀时间等因素。表面粗糙度的影响，前面已经提及，不再重复，这里将其他三个因素略加介绍。

（1）浸蚀液的选择。任何浸蚀液都必须具备能把试样的组织和缺陷清晰正确地显现出来的能力。另外，我们还希望浸蚀液具有配制简单、成分稳定、挥发性小、刺激性和毒性小等特点。对钢而言，最常用的浸蚀液是 1∶1 的盐酸溶液。它能够很容易地、很清晰地使钢中的宏观缺陷显现，而且又便宜，易于得到，是一种较理想的浸蚀液。它的主要缺点是挥发性仍较严重，必须配备抽风设备。

对于铁素体型、奥氏体型不锈耐热钢及高电阻合金，不能采用盐酸水溶液，因为这些材料耐腐蚀，通常采用的是：$HCl\ 5mL + HNO_3\ 0.5mL + K_2Cr_2O_7\ 250g + H_2O\ 5mL$。还有一些其他的酸浸液，此处就不一一介绍了。

（2）浸蚀温度的控制。浸蚀温度对酸浸结果有很大影响。温度过高，浸蚀激烈，试样受蚀严重，而使整个试验面普遍地受到强腐蚀，包括缺陷部分和正常基体部分，而不是像温度适中时那样，仅仅缺陷部分受蚀较重，基体部分较轻，因而缺陷显现层次分明。由于温度太高而造成的过腐蚀，将降低甚至失去了鉴别判断能力，使检验无法进行。另外，温度过高，浸蚀液挥发也激烈，操作条件恶化。温度过低，反应太慢，使浸蚀时间加长，对浸后的清晰度也有影响。一般加热温度以控制在 65～80℃ 为好，其上下限，根据钢种不同、试样大小、酸的新旧等因素来适当地选择确定。

（3）浸蚀时间的控制。加热时间没有严格的规定，主要根据钢种不同而异。通常碳结构钢采用 15～20min，其他钢种 15～40min 不等。另外，加热时间也与试样的大小、酸液的新旧、温度的高低等因素有关。最终以检验面的宏观组织能够清晰地显现为准。

5.1.3.2　热酸浸试验的操作

将加工好的试样表面，用四氯化碳等有机溶剂清除油污，擦洗干净。然后按不同种类的钢种，并按尺寸大小排列，先后放入盛有浸蚀液的酸槽内，利用蒸气或电加热的方法进行加热，一般加热到 65~80℃，进行保温浸蚀，直到宏观组织能够清晰显现为止。取出试样，在 70~80℃ 的流动热水下用毛刷刷洗试样，将表面腐蚀产物完全刷掉。也可先用毛刷沾一点事先配制好的冲洗液洗刷（冲洗液成分：对一般钢，用 15% HNO_3 水溶液；对不锈钢，用 H_2SO_4 1L、$K_2Cr_2O_7$ 500g、H_2O 10L 配制而成的不锈钢冲洗液），然后再在热水中冲刷。当腐蚀产物刷净后，立即用热风吹干，即可进行检查和评级。

如果试样刷洗干净后，发现受蚀程度不足，组织尚未清晰显现，可以再放至酸浸槽中继续浸蚀，直到受蚀程度合适为止。反之，如果取出后，发现试样已腐蚀过度，这时必须将试样面重新加工，加工时至少将浸蚀过度的检验面去掉 1mm 以上，然后重新进行浸蚀。

另外，操作中还有一些注意事项，在此略加提及。

（1）加强酸洗前进行检查，检查面上不能有划伤、痕迹等。

（2）试样摆入酸洗槽时，要注意顺序。通常是先碳钢，后合金钢；先小试样，后大试样；总之是先易受腐蚀的，后难受腐蚀的。取出时亦按此顺序。

（3）检验面必须向上，酸液面应高于试样面 10mm 左右。如果检验面垂直放置，在两块试片检验面间和槽壁与检验面间要保持适当的间距，以 10mm 左右为好。

（4）放置、取出、洗刷样品时，千万不要让橡皮手套触及检验面，否则极易留下难以去除的痕迹。

（5）洗刷干净后吹干待评的样品检验面，应保持干净和干燥，勿用手去触及。

如果发现表面有污痕，应放回酸槽略加浸蚀再刷。

5.1.4　常见的一些组织和缺陷

（1）一般疏松。一般疏松如图 5-2 所示，在横向酸洗试片上，呈暗黑色小点和小孔隙，孔隙呈不规则多边形，底部呈尖狭凹坑，严重时有连接或海绵状的趋势。一般疏松可以出现在酸洗面的各个部位，通常在偏析区、偏析斑点内出现较多。

一般疏松形成的原因，已在前面提及，它主要是凝固过程中，由于晶间部分最后凝固收缩和放出气体而产生的一些小孔隙，在以后的轧制过程中，这些孔隙又未能焊合，组织比较松散。酸浸时，这些部位耐蚀性能较差，最后出现暗黑色小点和小孔隙。

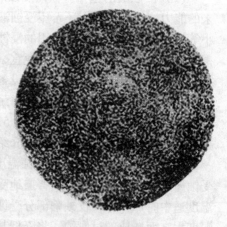

图 5-2　一般疏松

通常一般疏松的评级是根据暗黑色点子和小孔隙的多少，同时考虑到点子和孔隙密集程度，并参照 GB/T 18254—2002 评级标准图片进行评定。

（2）中心疏松。中心疏松如图 5-3 所示，在横向酸洗试片上，出现在轴心部位的组织不致密，呈暗黑色海绵状小点和孔隙。它与一般疏松的分布部位不同，表现特征也不完全一样，它是以钢锭冷凝收缩时得不到补充而形成的孔隙为主。评级原则是根据中心部位暗黑色

小点和细小孔隙多少、大小，参照 GB/T 18254—2002
评级图片评定。

　　疏松（包括一般疏松和中心疏松）对直接加工应
用的铸件影响很大，能显著降低其力学性能，造成使
用过程中断裂；钢材中的疏松，也会降低力学性能，
但因在热加工过程中疏松一般能减少、级别降低，故影
响不如铸件严重。严重的疏松对机械加工粗糙度也有一
定影响。应防止大量、集中、高级别疏松的出现。

　　（3）方框形偏析。方框形偏析如图 5-4 所示，在
横向试片上，偏析呈组织不致密的，易腐蚀的暗黑色
闭合方框，框上经常伴随有暗黑色的斑点。方框经常
出现在钢材横截面半径的 1/2 处，其形状与钢锭模的
形状和钢坯热加工时变形程度有关。

图 5-3　中心疏松

　　方框形偏析主要是一种区域偏析，框中出现较多
的不规则疏松孔洞，整个方框略呈凹陷，这是由于该
处富集较多的硫、磷、碳等低熔点组成物和杂质，酸
浸后溶蚀而造成的。这种偏析，强烈降低钢的质量，
尤其当硫、磷的偏析严重，或夹杂物较多，框内孔隙
多而密集时，影响特别大。一般方框形偏析的评级应
按孔隙大小、多少和连续程度来确定。孔洞密集连续
成线，则级别应评得高。反之，则级别低。框的宽
窄，只作参考，不是主要评级依据。

　　另外有一种情况，方框主要由暗色小点组成，这
种小点颜色浅淡，形状不规则，比较光滑或者微凹，
不出现明显的小洞。框与基体的差别主要是由色泽和
明暗程度的不同决定。它是成分偏析，主要是合金元
素偏析而引起的受腐蚀难易不同，最后出现方框。实

图 5-4　方框形偏析

践表明，这种方框区域可以通过高温扩散处理而减轻。这种偏析一般对钢材质量影响不
大，评级时应放宽尺度，即使偏析严重一点，也不予判废。

　　（4）点状。点状也是偏析的一种，在横向试片上，出现分散的一个个斑点。斑点一般
较大，颜色较深，呈圆形、椭圆形或瓜子形，点略微凹陷。斑点与基体主要是色泽上有差
异，但有时在点的旁边会伴有微小裂纹，它实质轧制过程中未焊合的气泡。斑点分布在截
面的各个部位。若在横截面上呈一般分布，则称一般点状偏析；分布在横截面边缘的，称
为边缘点状偏析。在纵截面上，点状偏析是沿轧制方向延伸的暗色条带。

　　该缺陷最容易出现在 38CrMoCl 等含铅量较高的钢种中，主要是因为这类钢钢水稠，
合金成分不易扩散均匀，最后在枝晶间出现富集成分偏析的钢水，冷凝时使这种偏析固定
了下来。点状偏析易出现在钢锭的上部或下部，并从上而下地逐步减轻。一般说来，点状
偏析对力学性能影响不大，点内的非金属夹杂物级别也不高，通过高温扩散退火
（1200℃，8h），点状偏析可以减轻甚至消除。它属允许存在的缺陷，当然有一定和合格级

别。评级时主要根据斑点多少、大小和颜色深浅评定。

除了前面介绍的方框形偏析、点状偏析外，还存在有中心偏析、白斑、枝状组织、碳化物偏析以及由于晶体与熔液密度不同而形成的化学成分不均匀——比重偏析，这些就不一一介绍了。

（5）残余缩孔。残余缩孔如图 5-5 所示。缩孔形成的原因已如前述。其表现特征是：在横向试片的轴心部位，呈不规则的空洞或裂缝，空洞、裂缝中往往残留着外来夹杂物，周围疏松严重，夹杂也较多，残余缩孔严重时，甚至可以贯穿整个试片的正反面。呈裂缝状的缩孔与锻造裂缝的区别，主要是裂缝旁是否伴有夹杂和严重疏松，缩孔周围一般总有许多夹杂和疏松的。

由于残余缩孔的周围，聚集着大量夹杂和气体，对钢材的质量和性能有很大的影响，因此属不允许存在缺陷。一旦发现，必须加大切头率，然后，重新取样，直至残余缩孔切尽为止。

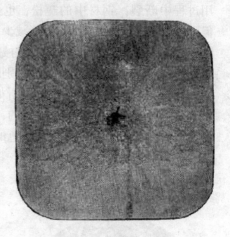

图 5-5　残余缩孔

（6）外来非金属夹杂。外来非金属夹杂如图 5-6 所示，它是在冶炼和浇注过程中，由物理化学反应而生成的细小非金属夹杂，因颗粒十分细小弥散，宏观检验时是不易发现的。此处所指外来非金属夹杂，主要是指耐火材料、炉渣及其他非金属夹杂物，它们是炼钢时生成的炉渣、剥落到钢液中的炉衬和浇注系统中的耐火材料等，在钢锭凝固时，没有来得及浮出，最后被凝结于钢锭中。

100μm

图 5-6　外来非金属夹杂物

外来非金属夹杂，经常以镶嵌形式存在于试片上，并保持着原有的色彩。最常见的是米黄色、灰白色、暗灰色。分布没有规律，当分布靠近于试片边缘时，称为"皮下杂质"，其余则统称为"外来非金属夹杂"或"低倍夹杂"。有时夹杂已被浸蚀脱落，试片上只留下细小孔隙，此时应仔细观察分析，勿与疏松混淆。

夹杂对金属的影响很大，它破坏了金属的连续性，在热加工过程中易造成裂纹，若出现在制成的零件中则成为一隐患，日后极易引起疲劳断裂，或造成其他重大事故。故根据国家标准，夹杂属不允许存在缺陷。

（7）翻皮。翻皮如图 5-7 所示。翻皮是浇注操作不当而引起的。在下注法的浇注过程中，钢液上升速度控制不当、失稳，使钢锭模内上升的钢流冲破钢液表面半凝固的膜，并将膜卷入钢液里最后凝固在钢锭中。因为浇注时钢液表面氧化层和覆膜中，聚集着大量炉渣，夹杂，故翻皮处夹杂也特别严重。

翻皮的形态特征是：在横向试片上出现颜色和周围不同的、灰白色或暗黑色的、聚集着大量夹杂的不规则条带。有时条带上可以出现肉眼可见的炉渣或耐火材料夹杂。翻皮可以在钢锭的任何部位出现，也可以任何形状和大小存在。

　　由于翻皮破坏了钢材的连续性，且翻皮中集聚着大量夹杂，使钢材局部严重污染、材质大大下降，故属不允许存在缺陷。但翻皮完全是因为浇注不当而引起的缺陷，因此不能作为全炉报废的依据，应当分盘、分锭处理。

　　（8）皮下气泡。皮下气泡如图 5-8 所示，在横向试片上，呈现与表面大致垂直的裂缝，或出现单个的、成簇的纺锤形（棱形）小孔洞。经常出现的部位是距表皮几毫米或十几毫米处。它主要是由于炼钢材料不干燥、钢水去气不良、脱氧不充分或铸造系统不干燥、不清洁、铁锈未除尽等原因而引起的。又由于这些气泡壁被氧化，在锻轧过程中不能焊合，所以最后以小气泡或小裂缝的形式出现。

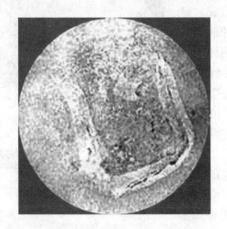　　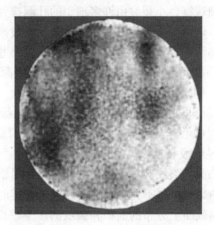

图 5-7　翻皮　　　　　　　　　　　图 5-8　皮下气泡

　　皮下气泡属不允许缺陷，因为它易于造成加工裂纹，或者成为机械零件的隐患。评定时，应注意皮下气泡距表皮的深度、数量，最后再评定。

　　针孔也是一种气泡，也是由于气体逸出而产生的，在横截面上，呈孤立的很圆的针头小孔；在纵截面上延伸成细管状，管壁未被氧化。针孔可分布在整个横截面上。

　　（9）白点。如图 5-9 所示，白点在横向试片上表现为锯齿状的裂缝，这些裂缝一般呈辐射状分布，或呈不规则分布。白点在淬火或调质状态的纵向端口上，呈圆形或椭圆形银色粗晶斑点，故称之为白点。白点一般集中在钢坯和锻件的内部，在距表皮 20 ~ 30mm 的表层很少发现。通常在 Cr、Ni、Mn 的合金钢中最易出现此缺陷。碳素钢中也时有出现。而奥氏体、铁素体、莱氏体钢中，均不出现白点。

　　白点产生的原因，至今说法各异。但大多数人的看法是由于氢气和组织应力共同作用的结果。当钢液中含氢较多，冷凝时氢从钢液中析出又来不及外逸，被固定在钢锭的微孔中，在以后的热加工过程中，尤其在快冷的条件下，氢不断脱溶，不断析集，在局部地区产生巨大的应力，结合其他

图 5-9　钢中白点

各种应力（如钢相变时产生的组织应力），最后的叠加应力超过了金属的强度极限，发生

穿晶断裂，形成了一条条细小的裂缝——白点。

凡出现白点的钢材，其塑性、冲击韧性都很低，淬火又易开裂，制造成的零件在使用过程中极易破断，故属不允许存在的缺陷。如果白点出现在还需进一步加工的钢坯上，可以根据试片上的裂缝的大小、条数的多少进行评级，以确定是否还有再进行热加工的价值，或者确定热加工时锻压比的大小。因为轻微的白点，在锻压等热加工过程中，有可能被焊合。当然，如果白点严重，无法在其后的热加工中消除，则只能判废。

（10）轴心晶间裂纹。如图 5-10 所示，轴心晶间裂纹的特征是在横向试片的轴心部位呈蛛网状或放射状的细小裂纹，裂纹沿枝状组织的各主、枝晶干间发展。仔细观察，小裂纹由许多细小的孔洞排列组成。显微观察，该裂纹处有较多氧化物夹杂。一般该种缺陷发生在枝晶组织严重的镍、铬钢大锻件和大尺寸钢坯中。

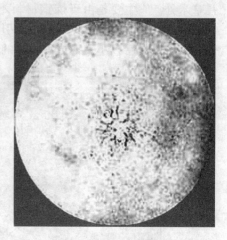

轴心晶间裂纹产生的原因，与钢锭冷凝时收缩应力有关。钢锭中心部位富集有较多的气体、夹杂。晶界是比较脆弱的，在钢锭冷凝的后期，边缘部位由于收缩而对中心产生很大的拉应力，使中心部位沿着脆弱的晶界形成裂纹。

轴心晶间裂纹破坏了金属的连续性，对钢材的质量有严重的影响，属不允许存在的缺陷。评定时，应根据裂纹在横截面上分布的面积和裂纹的多少、长短等，参照 GB/T 1979—2001 评级图片确定。

图 5-10　轴心晶间裂纹

（11）内裂。内裂一般包含两种。一种为铸造裂纹（见图 5-11），它是在冷凝过程中，由于某些原因，如导热性不同、冷却速度不同，产生较大的收缩应力，最后引起内部撕裂。这种裂纹在金属铸件中容易出现。另一种是锻造裂纹（见图 5-12）。原材料中的缺陷，如微裂纹、折叠、皮下气泡或严重的非金属夹杂物，均易引起锻轧开裂。另外，热加工时加热不匀，或加热温度过高，或终锻（轧）温度太低等原因，也会造成内部开裂。

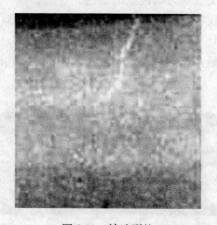

图 5-11　铸造裂纹

图 5-12　16Mn 钢锻造网状裂纹

内裂不允许存在，因为在使用过程中裂纹会进一步发展和扩大，造成断裂等严重事故。内裂的出现，破坏了金属的连续性，金属的强度也大大下降。因此，一旦发现，只有报废。

（12）折叠。折叠是一种表面缺陷，是由于钢坯上的表面疤痕，凹凸不平、尖锐棱角等缺陷，在轧制过程中，折附于钢材表面，或由于锻轧操作不当，将上一道工序生成的尖角、耳子，又压入金属的本体，与钢材叠合在一起，最后形成折叠。

折叠在横向试片上常呈与钢表面斜交的裂缝，裂缝附近有严重的脱碳。在酸洗试片上，裂缝周围呈灰白色，有时在裂缝中有明显的氧化皮存在。折叠在钢材表面，沿纵向出现一条很长的，甚至贯穿材料全长的裂缝。

折叠是存在于金属表面的一种缺陷，只要折叠裂缝深度不大，冷加工过程中能够切除，则材料仍可应用。若折叠很深，超过加工余量的范围，那么只有改小使用或者报废。所以评判时，应记录下折叠的条数、深度，供判定时作参考。

（13）晶粒粗大。晶粒粗大如图5-13所示。晶粒粗大在热酸浸试片上很容易辨认，由于各晶粒的取向不同，显示出不同的光亮，通常是局部晶粗。一般奥氏体、铁素体不锈钢中易出现晶粒粗大，结构钢中相对较少，尤其当锻造比足够时，结构钢中基本不出现粗晶。

晶粒粗大，一般是由于热加工不当，在轧制过程中，未能将粗大晶粒破碎所致。另外，加热温度过高、高温区停留时间过长、锻轧时变形量不够等原因，也会造成粗晶。

晶粒粗大对结构钢影响不大，因为在以后热处理过程中能够得以改善。奥氏体不锈钢的晶粒粗大，对材料的力学性能、抗晶间腐蚀的性能，也没有太大的影响。但铁素体不锈钢的晶粒粗大是不允许的，因为晶粒粗大对铁素体不锈钢的塑性指标影响较大，材料的伸长率和断面收缩率很低、很脆，故不能允许存在。铁素体不锈钢的晶粒粗大主要是终锻温度太高所致，应予以注意。

（14）表面脱碳。金属材料在空气或其他氧化气氛中加热时，表面发生氧化或脱碳。在横向酸洗试片上，一般在试片边缘呈灰白色的一圈，颜色较内部浅，此即脱碳层，如图5-14所示。折叠周围也常伴有脱碳现象，出现局部灰白区。

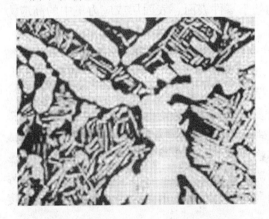

图5-13　晶粒粗大　　　　　　　　　　图5-14　表面脱碳

金属表面如果存在脱碳层，会在进行下一道冷变形加工的过程中，出现表面裂纹，或出现橘皮状皱褶。成品的表面脱碳会强烈地影响其疲劳极限。故应该力求避免。检验中发现有脱碳层时，应记录下区域和脱碳层深度，以供判定参考。

以上介绍了酸浸试样上常见的宏观缺陷。关于酸浸宏观缺陷，还有很多种，有一些只是出现在某些特殊的钢种或某种特殊的冶炼方法中。另外，生产实践中还会不断出现一些特殊的、一时难以判断的缺陷，还需要人们去摸索，此处就不一一介绍了。

5.2　钢中非金属夹杂物的金相检验

钢中存在非金属夹杂物是不可避免的，夹杂物主要来自于钢的冶炼及浇注过程。结构钢中非金属夹杂物主要有硫化物、氧化物、硅酸盐及氮化物等四大类。非金属夹杂物都以机械混合物形式存在于钢中，其含量一般都很少，但它们对钢的性能的危害作用却不可忽视。这种危害作用与非金属夹杂物的类型、大小、数量、形态及分布有关。因此，钢中非金属夹杂物的金相检验对于了解钢材的冶金质量及分析机械零件的失效原因具有十分重要的意义。非金属夹杂物的金相检验包括夹杂物类型的定性和定量评级（测定它们的大小、数量、形态及分布等）两方面内容。

5.2.1　非金属夹杂物对结构钢性能的影响

非金属夹杂物对钢的性能的影响主要表现在对钢的使用性能和工艺性能两方面。使用性能的影响主要表现在疲劳性能、冲击韧性和塑性等方面。

（1）非金属夹杂物对疲劳性能的影响。由于非金属夹杂物以机械混合物的形式存在于钢中，而其性能又与钢有很大的差异，因此它们破坏了钢基体的均匀性、连续性，还会在该处造成应力集中，而成为疲劳源（即疲劳裂纹的起始点）。在外力作用下，通常沿着夹杂物与其周围金属基体的界面开裂，形成疲劳裂纹。在某些条件下夹杂物还会加速裂纹的扩展，从而进一步降低钢的疲劳寿命。夹杂物的性质、大小、数量、形态、分布不同，对疲劳寿命的影响也不同。例如，氮化钛及二氧化硅等硬而脆的夹杂物，其外形呈棱角状时，对疲劳寿命的危害性较大；而较软、塑性较好的夹杂物（如硫化锰等）的影响则比较小；粗大的夹杂物对低周高应力疲劳有加速疲劳裂纹扩展的作用；当夹杂物聚集分布，数量较多时，对疲劳寿命的危害较大；当夹杂物处于零件表面、表面层或应力集中的高应力区时危害性则更大。

（2）非金属夹杂物对结构钢的韧性和塑性（主要指断面收缩率 ψ）的影响。夹杂物的存在对钢的韧性和塑性是有害的，其危害程度主要取决于夹杂物的大小、数量、类型、形态和分布。夹杂物愈大，钢的韧性愈低；夹杂物愈多，夹杂物之间的间距愈小，钢的塑性和韧性愈低。棱角状的夹杂物使韧性下降较多，而球状夹杂物的影响最小。在轧制时被拉长的夹杂物，对钢材横向的韧性和塑性的危害较明显。夹杂物呈网状沿晶界连续分布或聚集分布时则危害最大。夹杂物类型不同，其物理、力学、化学性能不同，对钢材性能影响也不同，如塑性较好，但与基体结合较弱的硫化锰，在变形时，易沿与金属基体的交界面开裂；而塑性较差，但与金属基体结合力稍强的氮化钛在变形时，应力集中到一定程度可使较粗的氮化钛碎裂。

（3）非金属夹杂物对钢的耐腐蚀性和高温持久强度也有危害作用。

（4）非金属夹杂物对结构钢工艺性能的影响也是不可忽视的。例如，由于夹杂物的存在，特别是当夹杂物聚集分布时，对锻造或冷变形开裂、淬火裂纹、焊接层状撕裂及零件磨削后的表面光洁度等都有较明显的不利影响。

5.2.2　钢中常见夹杂物的性能和特征

钢中常见夹杂物的性能、特征见表 5-1 ~ 表 5-5。

表 5-1　氧化物夹杂的性能和特征

夹杂物名称	晶系及在钢中析出的状态	分布情况	熔点/℃	相对密度	可锻性	抛光性	光学性能				化学性质	备注
							明场	暗场	偏光	岩相观察		
氧化亚铁	立方晶系大多数情况下呈球状（点状）	无秩序，有时沿晶界分布；有共晶组织	1360	5:7	稍变形	良好	灰色，并稍带褐色的色彩	不透明	各向同性	不透明、黑色圆球	在饱和 $SnCl_2$ 酒精溶液中蚀掉	与 MnO 形成连续固溶体
氧化亚锰	立方晶系常呈八面体形状，观察到的是不规则的晶体	成群聚集	1700	5:4～5:8	稍变形	良好	灰黑薄层，有绿宝石色，有时成树枝状	透明，绿宝石色	各向同性绿宝石色	薄层透明，绿宝石色	在饱和 $SnCl_2$ 酒精溶液中蚀掉	与 FeO 形成一系列固溶体
铁和锰的氧化物的固溶体	立方晶系常呈八面体形状，含 MnO 多时呈不规则的大晶粒，FeO 多时能呈小球（粒状）	成群及成行排列	1600～1670		稍变形	好	随 MnO 量增加由灰变玉紫红，本来颜色为血红色，由球状变到不规则	透明，随 MnO 量增加透明度增高，本来颜色为血红色，并带各种色彩	各向同性，透明橙黄到血红色，并有各种色彩	无色，异性	在饱和 $SnCl_2$ 酒精溶液中蚀掉	夹杂物中 Fe、Mn 含量很大范围内变化
二氧化硅	六方晶系，α 与 β 变态	无秩序		2:4	不变形	易磨掉	深灰色	透明，无色	各向异性	无色，异性		当其中含 Cr 时带绿色，含 Fe 时带亮黄色
氧化铝	六方晶系，呈细粒状，很少呈不规则的大晶粒状态	大多数情况下成群聚集，形变后成行排列	2050	4:2	不变形	易掉目出尾巴	暗灰带紫色，成群分布	透明，亮黄色	透明，各向异性	细小透明，不规则		
氧化铬	六方晶系，呈六面体形，三角形	无秩序	1900	5:2	不变形	易出尾巴	暗灰带紫色，六面体或不规则	薄层中带绿色，不透明	绿色，各向异性	不透明，薄层绿色	在饱和 $SnCl_2$ 酒精溶液中蚀掉	与 FeO 成固溶体

表 5-2　硫化物夹杂的性能和特征

夹杂物名称	晶系及在钢中析出的状态	分布情况	熔点/℃	相对密度	可锻性	抛光性	光学性能			岩相观察	化学性质	备注
							明场	暗场	偏光			
硫化铁 FeS	六方晶系	晶粒内任意分布或成沿晶网状	1170～1185	4:8	易变形	好	淡黄色，多沿晶界分布	不透明	各向异性不透明，浅黄色	不透明，各向异性	在碱性苦味酸钠溶液中变黑或蚀掉	与 MnS 形成固溶列一系列固溶体

续表 5-2

夹杂物名称	晶系及在钢中析出的状态	分布情况	熔点/℃	相对密度	可锻性	抛光性	光学性能			岩相观察	化学性质	备注
							明场	暗场	偏光			
硫化锰 MnS	立方晶系	任意	1620	3:9~4:0	易变形	好	灰蓝色	稍透明,灰绿色	同性,透明	透明,暗绿色,各向同性	在10%铬酸水溶液中蚀掉	与FeS固成形溶体
铁与锰的硫化物固溶体(高 MnS)FeS·MnS	主要呈球状共晶		>1600	4:0	易变形	好	随MnS量增加由灰黄变到灰蓝	不透明	不透明,各向同性	不透,明,各向同性	在10%铬酸水溶液中蚀掉	

表 5-3　硅酸盐夹杂的性能和特征

夹杂物名称	晶系及在钢中析出的状态	熔点/℃	相对密度	可锻性	抛光性	光学性能			岩相观察	化学性质	备注
						明场	暗场	偏光			
铁硅酸盐-铁橄榄石 2FeO·SiO₂	正交晶系,主要呈球状玻璃的形态	1205	4:0~4:2	稍变形	很好	暗灰色球形有环形状,反光中心有亮点	透明,从绿黄色到亮红色且有亮环	各向异性,透明	透明,绿黄到褐色	在HF中蚀掉	能用硅酸连续成形锰形成固溶体并可全部转变成硅酸盐
锰硅酸盐-锰橄榄石 2MnO·SiO₂	正交晶系,主要呈球形玻璃的形态	1300	4:0~4:1	易变形	好	深灰色,多呈球形	透明,玫瑰色到褐色	异性	透明,玫瑰色到褐色	在HF中蚀掉	与硅酸铁成固溶体,但不能全部变成硅酸铁
复杂的铁锰硅酸盐 nFeO·mMnO·pSiO₂	非晶体,大多数情况下呈玻璃形的形态			随SiO₂增高塑性减弱	好	随SiO₂增高,由灰至全褐形,基体上有时析出 MnO 或 FeO 或 SiO₂	大多数情况下透明,从亮红到黑色	各向同性,大多数透明,有黑十字	大多数情况下透,明,各向同性	在HF中蚀掉	
硅酸铝-莫来石 3Al₂O₃·2SiO₂	正交晶系,常结晶呈棱柱状和针状	1816		不变形	好	深灰色结晶呈棱柱式或针状	半透明	各向异性	透明,无色		

表 5-4　氮化物夹杂的性能和特征

夹杂物名称	晶系及在钢中析出时的状态	熔点/℃	相对密度	可锻性	抛光性	光学性能			岩相观察	化学性质	备注
						明场	暗场	偏光			
氮化钛 TiN	立方晶系，呈规则的晶体状	2950	5:4	不变形	易出尾巴	从浅黄到玫瑰色的规则方形或三角形	不透明	各向同性	各向同性，不透明		
碳氮化（钛）Ti（CN）	立方晶系，呈规则的晶体状			不变形	易出尾巴	随含碳量增高从紫玫瑰到淡紫色	不透明	各向同性	各向同性，不透明		
氮化钒 VN	立方晶系，呈规则的晶体状	2050		不变形	好	淡玫瑰色，形状规则	不透明	各向同性	各向同性，不透明	在1% FeCl₂溶液中蚀掉	
氮化铬 CrN	立方晶系，呈规则的晶体状	2985		不变形	好	柠檬黄色的方块	不透明	各向同性	各向同性，不透明	在碱性苦味酸钠和20% HF中变黑	
氮化铝 AlN	六方晶系，呈规则的晶体状	2150~2200	3:5	不变形	不好	暗灰色，呈六边矩形等规则形状	透明，亮黄色	强异性，五彩	透明，无色强异性（颜色丰富）	在碱性试剂中有作用	在20% NaOH溶液中蚀掉

表 5-5　稀土夹杂物的性能和特征

夹杂物名称	晶系及在钢中析出时的状态	熔点/℃	相对密度	可锻性	抛光性	光学性能			岩相观察	化学性质
						明场	暗场	偏光		
二氧化铈 CeO₂	立方晶系	>2600	7:13	不变形	好	中灰圆球，中心发红	半透明，发红	各向同性，发红	球状，中心黄色，局部异性	在SnCl₂饱和溶液中大部分蚀掉，在5% HCl酒精中全部蚀掉
硫氧化铈 Ce₂O₂S	六方晶系		5:99	不变形	好	灰、细小、成群分布	透明，红、绿、黄色	各向异性，红、绿、绿点		

续表 5-5

夹杂物名称	晶系及在钢中析出的状态	熔点/℃	相对密度	可锻性	抛光性	光学性能			岩相观察	化学性质
						明场	暗场	偏光		
硫氧化镧	正方晶系		5:81	不变形	好	灰色，形状不规则，聚集成群	透明，金黄带灰色	各向异性，金黄带红的小点组成	呈网状带红色，在偏光中各向异性，带末红色	在 $SnCl_2$ 饱和酒精溶液中大部分蚀掉，在 5% HCl 酒精中全部蚀掉
硫化铈						浓黄色，聚集成堆，有的呈球状	不透明	各向同性		在铬酸中变深，在饱和 $SnCl_2$ 酒精溶液中蚀掉
硫化镧				不变形	好	枣红色，聚集成堆	局部透明	部分异性效应明显，成红和绿色		在饱和 $SnCl_2$ 酒精溶液中表面受蚀，在 HCl 中全部蚀掉

第2篇 电 镀

6 电镀基本知识

6.1 概论

电镀是用电化学方法在固体表面电沉积一薄层金属、合金或金属与非金属粉末一起形成复合电沉积层，从而改变材料表面特性的过程。

通常对电镀层特性的基本要求是：镀层结构致密、厚度均匀、镀层与基体结合牢固并能够耐受一定环境条件下的腐蚀（指镀层对基体的防护特性）。在某些情况下，还要求镀层内应力小、柔韧性好、有较高的硬度、色彩、光亮或均匀沙面等。对于功能性镀层，根据其具体使用目的，要求镀层可耐高温氧化、耐潮湿环境腐蚀、耐海洋性气候腐蚀等。

电镀层可从不同的角度进行分类。

（1）电镀层按用途分类。

1）防护性镀层。防护性镀层用途最广，其主要目的是对基体进行耐磨、防腐等的防护。例如，罐头盒内表面镀锡、轴类零件镀硬铬、电器零件镀锌彩色钝化、电杆上的横铁杆镀锌白钝化、水管热镀锌等。

2）防护-装饰性镀层。大多数情况下镀层不仅需要对基体进行防护，同时还要求有一定的装饰功能，即这种镀层兼有防护和装饰双重功能，且装饰为主要目的。例如，自行车轮镀铜镍铬、吊灯等灯具电镀仿金镀层或仿银镀层、仪器仪表盘装饰性电镀缎面镍。

3）功能性镀层。功能性镀层是指具有特定功能和特定意义的镀层，通常是只对某一种零件和某一种特殊使用条件下所要求的特殊功能，因此功能性镀层包括的项目较多，而且随着技术的发展和应用，今后还会越来越多。功能性镀层又有耐磨镀层、减磨镀层、热处理镀层、导电性镀层等多种类型。

（2）电镀层按性质分类。

1）阳极性镀层。镀层与基体金属形成腐蚀电池时，镀层首先腐蚀溶解，此时镀层为阳极性镀层。阳极性镀层不仅能对基体起到机械保护作用，更主要的是能起到电化学保护作用。例如铁上镀锌，锌镀层为阳极：

$$E_0(Zn^{2+}/Zn) = -0.76V$$

$$E_0(Fe^{2+}/Fe) = 0.44V$$

2）阴极性镀层。当镀层与基体金属形成腐蚀电池时，镀层为阴极。阴极性镀层不能起到电化学保护作用，只能对基体起到机械保护作用。例如铁上镀锡，锡镀层为阴极：

$$E_0(Sn^{2+}/Sn) = -0.14V$$

$$E_0(Fe^{2+}/Fe) = 0.44V$$

必须指出的是，金属的电位是随着介质发生变化的，因此，镀层是属于哪一类也应根据具体情况而定。如在空气中铁基体上的 Zn 是阳极性镀层，而在 70℃ 热水中，Zn 的电位变得比 Fe 还正，故此时 Zn 应为阴极性镀层。又如铁基体上的 Sn 在一般条件下是阴极性镀层，但在有机酸中却变成了阳极性镀层。

另外镀层是否具有保护作用，还应看使用环境，如果镀层在环境介质中不稳定，则不能对金属起到应有的保护作用。如 Zn 在海洋性气候中，由于有大量的 Cl^- 存在而不稳定，因此应使用镀镉镀层。

6.2　电镀工艺

6.2.1　金属零件镀前的表面准备

电镀过程是在金属零件与电解液接触的界面上发生的，只有二者良好地接触，电化学反应才能顺利进行。当金属表面附着油污、锈及氧化皮时，该处就没有电化学反应发生，因此，也不会形成镀层，结果，在零件表面形成的镀层将是不连续的。当零件表面有局部的点状油污或氧化物时，则镀层不致密，而且多孔，零件受热时镀层会出现小气泡，甚至"鼓泡"。当零件表面黏附极薄的甚至肉眼看不见的油膜或氧化膜时，虽然也能得到外观正常、结晶致密的镀层，但出于油膜或氧化膜存在，镀层与基体的结合不牢固，零件在使用过程中因受弯曲、冲击或冷热变化，镀层将会脱落和开裂。在这种情况下，镀层似乎正常，不容易检查内部的隐患，但零件工作的可靠性大大降低，甚至会发生危险。

镀层与基体的结合主要有三种方式：由于基体表面的微观不平而产生机械附着；基体金属与沉积金属分子间的作用力；沉积金属延续基体金属金相结构或扩散入基体金属中的金属间力的作用。只有当镀层与基体金属发生分子间力和金属间力的结合时，镀层与基体的结合才是牢固的。

金属零件表面粗糙不平，以及气孔、砂眼、裂缝等缺陷，也会影响镀层的质量。这样的表面状态将使污物容易存留，例如，当零件在镀前表面准备及电镀时，各种酸碱和电解液容易存留在小孔、裂缝和低凹处，结果在电镀后渗出，腐蚀镀层，使镀层出现"黑斑"或泛"白点"；此外，存留的酸溶液与基体金属作用放出氢气，使镀层产生"鼓泡"。而且，粗糙或有加工缺陷的零件表面，也永远不会镀出平滑和光亮的镀层。

金属零件镀前的表面准备工艺包括粗糙表面的整平、除油和浸蚀三个方面。

6.2.1.1　粗糙表面的整平

粗糙表面的整平一般包括磨光、机械抛光、电抛光、滚光、喷砂处理等工序。

A　磨光

磨光的主要目的是使金属零件粗糙不平的表面变平坦、光滑；此外，它还能除去金属零件表面的毛刺、氧化皮、锈以及砂眼、沟纹、气泡等。

磨光所用的磨料通常为人造刚玉（含氧化铝 90%～95%）和金刚砂。一般情况下，磨料的粒度与磨料的号码有关。磨料的号数越大，颗粒越细；号数越小，则颗粒越粗。

在生产中，根据金属零件的表面状态和加工后的表面质量要求，来选用磨料的粒度。当被加工的零件表面原始状态很粗糙时（如铸锻件），则宜用 20～80 号的磨料进行粗磨，然后依次加大磨料号码进行中磨（磨料粒度为 200～240 号）和细磨（磨料粒度为 280～320 号）。

如果表面的平整度无特殊要求，就进行到中磨为止；如果要求表面平整度高时，则需进行细磨。当零件表面原始状态较好时，则不需要粗磨，而直接从中磨开始加工。细磨可用于镀后需要抛光的零件镀前的表面准备。

磨光效果还与磨轮旋转的圆周速度有密切关系。当被磨光的金属材料越硬，加工表面的粗糙度要求越低时，磨轮圆周速度应该越大。圆周速度过低，生产效率低；圆周速度过高，磨轮损坏快，使用寿命短。所以，磨轮的圆周速度应选择适当。

B　机械抛光

机械抛光的目的是为了消除金属零件表面的微观不平，使它具有镜面般的外观。它可用于零件镀前的表面准备，也可用于镀后的精加工。

机械抛光是用装在抛光机上的抛光轮来完成的。抛光效果，一方面取决于被加工表面从前的加工特性，即金属零件磨光的平整程度；另一方面取决于抛光过程中使用抛光材料的种类和特性。

抛光膏是用金属氧化物粉末与硬脂、石蜡等混合，并制成软块。抛光时，抛光轮的圆周速度应比磨光的速度高，并且，对不同金属材料采用不同的圆周速度：抛光生铁、钢、镍和铬时采用 30～35m/s；抛光锌、铅、铝及铝合金时采用 18～25m/s；抛光银、铜及其合金时采用 22～30m/s。一般抛光轮的平均转速为 2000～2400r/min。

C　滚光

滚光常用作大批量小零件镀前的表面准备或镀后的表面修饰。滚光就是将零件和磨料一起放在滚筒机或钟形机中进行滚磨，以除去零件表面的毛刺、粗糙和锈蚀产物，并使表面光洁的一种加工过程。滚光时除了加入磨料外，还经常加入一些化学试剂，如酸或碱等。因此，滚光过程的实质是零件和磨料一起滚翻时发生碰撞和摩擦以及化学试剂的作用，从而将毛刺、粗糙和锈除去。它可以代替磨光和抛光。

滚筒的直径，可根据被加工零件的大小来选择，零件较大时用大直径的滚筒。滚筒的直径一般为 300～800mm，长度为 600～800mm 或更长一些。

滚筒转速一般在 40～60r/min，滚筒直径较大的应选用较小的转速。在滚光时，当零件表面有大量油污和锈时，应当事先进行除油和浸蚀。

D　喷砂处理

喷砂处理是为了除掉金属零件表面的毛刺、氧化皮及铸件表面的熔渣等杂质。在电镀生产中用于铸件的镀前处理，它可以打掉翻砂时遗留在铸件上的砂土及高含钙层，保证电镀易于进行。各种铸件镀硬铬时需要使用喷砂作为预处理。一些机床零件镀乳白铬前也多用喷砂来消光。另外，用喷砂来清理焊接件的焊缝，对保证组合件电镀层质量也有很大意义。

喷砂是用净化的压缩空气将干砂流强烈地喷到金属零件表面上从而将污物除去。喷砂处理所用的砂粒，一般采用石英砂，也可采用金刚砂和钢丸（相应称为"喷丸"），应根据零件的表面状态和加工要求来选择砂粒的种类和尺寸。同时，砂子必须干燥，否则喷砂表面易生锈。为了防止油污粘附砂粒、污染加工表面和堵塞喷嘴，表面油污过多的零件，在喷砂前应事先除油和干燥，送入喷砂机中的压缩空气也应该加以过滤净化。

6.2.1.2　除油

常用的除油方法有：有机溶剂除油、化学除油、电化学除油以及上述方法的联合使用。在超声波场中，可以提高有机溶剂化学除油的速度，效果较好。

A　有机溶剂除油

有机溶剂除油是可皂化油和不可皂化油在有机溶剂中的溶解过程。这种除油方法的优点是除油速度快、对金属无腐蚀（特殊例外），故在近代获得广泛应用。

有机溶剂除油的缺点有：

（1）油污不能彻底除去。因为当附着在金属零件表面上的溶解油脂的有机溶剂挥发后，油污不能挥发掉，就会留下一层油污，所以，用有机溶剂除油后，往往还要进行化学或电化学补充除油。因此，有机溶剂除油多用于表面油污严重的金属零件的预先除油。

（2）有机溶剂价格较贵，所以有机溶剂除油成本较高。

（3）易燃和有毒性。除油时常用的有机溶剂有煤油、汽油、苯、甲苯、丙酮、三氯乙烯、四氯乙烯、四氯化碳等。其中煤油、汽油、苯类、丙酮等属于有机烃类溶剂，对大多数金属无腐蚀作用，但都是易燃液体，其蒸气在空气中达到一定浓度时，遇火即能爆炸。

三氯乙烯除了能进行浸渍除油外，还可以进行蒸气除油。三氯乙烯除油若采用浸渍-蒸气联合处理，或浸渍喷淋-蒸气联合处理，则除油效果更好。

B　碱性除油

目前生产上大量使用的除油方法是在碱性溶液中化学除油。虽然这种方法的除油时间要比有机溶剂除油长一些，但是，介质无毒，不会燃烧，所需设备简单，操作简便，价格便宜。

这种方法除油的实质是靠皂化和乳化作用，前者可以除去动植物油，后者可以除去矿物油。

皂化作用就是可皂化油与碱溶液发生化学反应而生成肥皂的过程，其反应通式如下：

$$(RCOO)_3C_3H_5 + 3NaOH === 3RCOONa + C_3H_5(OH)_3$$
$$（油脂）\qquad（碱）\qquad（肥皂）\qquad（甘油）$$

当 R 是含 17～21 个碳原子的烃基时称为硬脂，硬脂发生皂化反应的生成物就是普通肥皂（硬脂酸钠）：

$$(C_{17}H_{35}COO)_3C_3H_5 + 3NaOH === 3C_{17}H_{35}COONa + C_3H_5(OH)_3$$
$$（硬脂）\qquad（碱）\qquad（硬脂酸钠）\qquad（甘油）$$

当带有油污的零件放入碱性除油溶液中时，可皂化油与碱发生皂化反应，反应的生成物肥皂和甘油都能很好地溶解在水中，所以，只要有足够的碱和具有使油污表面更新的条件（溶液的运动），可皂化油就可以从零件表面完全清除掉。

乳化作用就是两种互不相溶的液体形成乳浊液的过程。靠乳化作用除油，除油液中必须加入乳化剂。除油液中常用的乳化剂有水玻璃、肥皂、OP（烷基芳基聚乙二醇醚）等。

碱性化学除油溶液通常含有下列组分：氢氧化钠、碳酸钠、磷酸三钠和乳化剂。氢氧化钠是保证皂化反应进行的重要组分。当氢氧化钠含量低、溶液 pH 值小于 8.5 时，皂化反应几乎不能进行，而且，在 pH 值小于 10.2 时肥皂将发生水解。氢氧化钠含量过高时，肥皂的溶解度反而降低，而且会使金属表面发生氧化。一般除油溶液的 pH 值不能低于

10。对黑色金属，除油液的 pH 值应保持在 12 ~ 14 的范围内，对有色金属和轻金属，pH 值为 10 ~ 11 最适宜。除油溶液中的碳酸钠和磷酸三钠主要起缓冲作用，保证在除油过程中溶液的 pH 值维持在一定范围内。

$$Na_2CO_3 + H_2O =\!\!=\!\!= 2NaOH + CO_2\uparrow$$

$$NaPO_4 + H_2O =\!\!=\!\!= 3NaOH + H_3PO_4$$

6.2.1.3 浸蚀

将金属零件浸入酸、酸性盐（或碱）溶液中，以除去金属表面的氧化膜、氧化皮及锈蚀产物的过程称为浸蚀或酸洗。根据清除氧化物的方法不同，可将浸蚀分为化学浸蚀和电化学浸蚀。靠浸蚀剂的化学作用将锈、氧化物除去的方法称为化学浸蚀。将被浸蚀零件通以直流电的浸蚀过程称为电化学浸蚀。浸蚀方法和浸蚀剂的组成，应根据金属件的材料、氧化物的性质及表面处理后的要求而加以选择。欲浸蚀的零件事先必须除油，否则达不到预期的效果。

A 化学浸蚀

（1）碳素钢的浸蚀。碳素钢就是指普通的低碳钢、中碳钢和高碳钢，这类钢表面的氧化皮主要是铁的氧化物，最外层是 Fe_2O_3，中间层是 Fe_3O_4（又称磁性氧化铁），靠近金属的是 FeO，它们分子中氧的含量是依次降低的。由于热处理条件不同，每一层厚度也各有不同。生成的氧化皮不是完整无缺的，中间有孔隙，去掉它们可用硫酸、盐酸，也可用二者的混酸。

其反应式如下（硫酸）：

$$Fe_2O_3 + 3H_2SO_4 =\!\!=\!\!= Fe_2(SO_4)_3 + 3H_2O$$

$$Fe_3O_4 + 4H_2SO_4 =\!\!=\!\!= Fe_2(SO_4)_3 + FeSO_4 + 4H_2O$$

$$FeO + H_2SO_4 =\!\!=\!\!= FeSO_4 + H_2O$$

硫酸还可以穿过氧化皮的孔隙与辊化皮中的铁屑或铁基体发生反应：

$$Fe + H_2SO_4 =\!\!=\!\!= FeSO_4 + H_2\uparrow$$

硫酸浓度及温度对浸蚀速度有很大的影响。硫酸含量为 15% ~ 40% 时有较快的浸蚀速度，而且硫酸浓度为 25% 时浸蚀速度最高。但是，随着硫酸浓度增加铁基体的腐蚀也加速，为避免基体金属强烈腐蚀，一般采用 20% 的硫酸最适宜。温度升高可以加快浸蚀速度，但温度一般不应超过 60℃。

（2）合金钢的浸蚀。合金钢较碳素钢难去除氧化皮。对含有镍铬及其他元素的合金钢，可用下列成分的混酸进行浸蚀：

盐酸	13%
硫酸	4%（可用磷酸代替）
硝酸	9%
水	74%
温度	85℃

目前铬镍不锈钢浸蚀时，混酸中常含有氢氟酸，生产的配方为：

H_2SO_4	80 ~ 100g/L
HNO_3	60 ~ 90g/L
HF	40 ~ 50g/L

　　　　硫化煤　　　　　　　　　　　　1 ~ 15g/L
　　　　浸蚀时间　　　　　　　　　　　40 ~ 60min

　　（3）铝及其合金的浸蚀。轻金属零件的浸蚀可以用酸也可以用碱，当使用苛性钠进行浸蚀时，其反应如下：

$$Al_2O_3 + 2NaOH =\!=\!= 2NaAlO_2 + H_2O$$

$$2Al + 2NaOH + 2H_2O =\!=\!= 2NaAlO_2 + 3H_2 \uparrow$$

　　轻金属浸蚀广泛采用碱性溶液，因为它的浸蚀速度快，而且，当零件表面油污较少时，甚至可不经除油而直接进行碱液浸蚀。目前，含有乳化剂的碱性除油浸蚀"一步法"，也开始在生产中应用。然而，油污过多时仍需事先进行初步除油，而后再用"一步法"工艺效果才好。

　　碱性浸蚀一般是在 50 ~ 80℃ 下 10% ~ 20% 的氢氧化钠溶液中进行的，浸蚀时间约为 2min。在浸蚀时，氢的强烈逸出，也促使油污离开金属表面。为了改善零件浸蚀后的外观，常常在浸蚀液中加入 20 ~ 30g/L NaCl 或 NaF。

　　B　电化学浸蚀

　　黑色金属的电化学浸蚀，既可在阳极上又可在阴极上进行。当进行阳极浸蚀时，氧化皮的去除是靠电化学和化学溶解，以及金属上析出氧气泡的机械剥离作用；当进行阴极浸蚀时，氧化皮的去除是靠大量析氢还原氧化物及机械剥离作用。

　　电化学浸蚀的优点是浸油速度快，酸量消耗少，以及使用寿命长，并可浸蚀合金钢。其缺点是耗费电能，并且电解液的分散能力差，对复杂零件效果较差。阴极容易引起"氢脆"，目前，国内生产主要采用阳极浸蚀。

　　黑色金属阳极浸蚀常用的电解液是 10% ~ 15% 的 H_2SO_4 溶液，有时也用含 H_2SO_4 1% ~ 2%、$FeSO_4$ 20% ~ 30%、NaCl 3% ~ 5% 的混合溶液，这种溶液能加速浸蚀过程。对具有大量氧化皮和锈的金属零件，这两种溶液都通用。阳极浸蚀多在室温下进行，升高温度固然使浸蚀速度加快，但它不像对化学浸蚀影响那么大。随着电流密度提高，浸蚀速度加快，但是，电流密度也不能无限地增加，电流密度过高，基体金属容易钝化，此时基体金属的化学和电化学溶解都可能停止，只剩下氧气的机械剥离作用，因此浸蚀速度增加很少。通常阳极电流密度采用 5 ~ 10A/dm²。

　　C　弱浸蚀

　　弱浸蚀是金属零件进行电镀前的最后一道处理工序。弱浸蚀的目的是除去金属零件表面形成的氧化膜，并使表面呈现出金属的结晶组织。金属零件经过弱浸蚀后，应该立即清洗并转入电解槽进行电镀。

　　弱浸蚀的特点是浸蚀溶液的浓度低，浸蚀时间也很短（数秒至 1min），多数是在室温下进行的。

6.2.2　镀锌工艺与方法

　　锌是一种灰白色金属，它的标准电极电位为 -0.76V，易溶于酸，也溶于碱，是典型的两性金属。

　　镀锌层对钢铁基体来说是典型的阳极镀层，它对基体金属起电化学保护作用。另外，由于它在空气中比较稳定，而且成本较低，目前多用作大气条件下黑色金属的防护层，在机械、电子、仪表和轻工等方面已得到广泛的应用。

镀锌是应用最广泛的一个镀种，占总电镀量的 60% 以上。1971 年全世界锌的消耗是 400 万吨，其中 1/3 用于镀锌和浸锌。

镀锌层经钝化处理后，其防护性能大大提高。镀锌溶液分为氰化和无氰两大类。氰化物镀锌可分为高氰、中氰和低氰；无氰镀锌可分为酸性和碱性等若干类型。

A 弱酸性镀锌（铵盐镀锌）

酸性镀锌电解液的主盐是硫酸锌或氯化锌。硫酸锌在水中的溶解度非常高，即便在室温下，也可得到浓度超过 2.25mol/L 的溶液。这种溶液的主要优点是成分简单、无毒性、成本低廉、维护容易和电流效率高（接近 100%）。但阴极极化小，镀层结晶粗大，且分散能力较差，只适用于形状比较简单的零件。

目前国内主要使用的有氯化铵型、氯化铵-氨三乙酸型、氮化铵-柠檬酸型和氯化钾型。

氯化铵型镀锌，溶液成分简单，比较稳定，使用方便，容易维护，电流效率高，沉积速度快，镀层比较细致。缺点是分散能力和覆盖能力较低，适用于几何形状简单的工件。另外，这类溶液对钢铁设备腐蚀比较严重。在 pH 值较高的条件下，用洋茉莉醛作光亮剂，该溶液适于滚镀。

氯化铵-氨三乙酸型电解液的分散能力和覆盖能力好，适用于较复杂零件的电镀，电流效率高，沉积速度快，镀层结晶细致。但这类电解液对钢铁设备有严重腐蚀作用，零件在储存期间，特别在高温高湿气候条件或在有机气氛中容易长"白毛"或发生钝化。

柠檬酸型电解液稳定，镀层细致，电流较高，沉积速度快。其阴极极化和极化度小于氨三乙酸型，大于氯化氨型；有较好的分散能力和覆盖能力；对钢铁设备有严重腐蚀作用。

B 碱性锌盐镀锌

碱性锌酸盐镀锌电解液主要由氧化锌、氢氧化铀、少量表面活性剂和光亮剂组成，应用范围极广。

该工艺的主要优点是：镀液成分简单、稳定，使用工艺范围较宽，分散能力和覆盖能力较好，使用方便，维护容易；镀层结晶细致有光泽，容易钝化处理；电镀废液毒性小，易处理，有利于环境保护；电解液对钢铁设备的腐蚀性小，有利于机械化或自动化生产。但镀层较厚（超过 $25\mu m$）时，有明显的脆性。

在碱性无氰溶液中，选择和合成各种不同类型的添加剂，对发展和促进碱性无氰镀锌有着关键的作用。目前，我国使用的添加剂多是有机胺和环氧氯丙烷（或环氧丙烷）的缩合产物，如 DE 为二甲胺与环氧氯丙烷的缩合物；DPE-1 为二甲基氨基丙胺与环氧氯丙烷的缩合物。

a 电解液中各成分的作用

（1）氧化锌（ZnO）。氧化锌是碱性镀锌的主要成分，它的浓度和含量必须与溶液中其他成分相适应。氧化锌和氢氧化钠作用生成锌酸盐，其反应如下：

$$ZnO + 2NaOH \longrightarrow Na_2ZnO_2 + H_2O$$

锌酸盐电离并水化为：

$$Na_2ZnO_2 \longrightarrow 2Na^+ + ZnO_2^{2-}$$

$$ZnO_2^{2-} + 2H_2O \Longrightarrow [Zn(OH)_4]^{2-}$$

溶液中氢氧化钠过量，$[Zn(OH)_4]^{2-}$较稳定。因此，溶液中游离的锌离子含量是很少的。当溶液中锌的含量过高时，镀层粗糙，光亮性差，分散能力降低。若含量过低，阴极电流效率下降，沉积速度减慢，使氢气析出增加，同时在高电流密度区出现烧焦现象。

（2）氢氧化钠（NaOH）。在碱性镀锌液中，氢氧化钠是主要络合剂。一般希望氢氧化钠含量稍高些，这有利于络合离子的稳定，提高阴极极化和获得细致的结晶。氢氧根导电性好，有利于提高溶液的导电性。若含量过高，使阳极溶解太快，造成电解液不稳定，镀层结晶粗糙。但也不能过低，否则发生水解反应：

$$ZnO_2^{2-} + 2H_2O \Longrightarrow Zn(OH)_2 \downarrow + 2OH^-$$

生成氢氧化锌沉淀，也会影响镀层质量。在生产上一般控制 ZnO/NaOH = 1/（10 ~ 14）为宜。

（3）添加剂。DE 和 DPE 都是水溶性表面活性物质。在电镀过程中，能吸附在阴极表面，阻滞锌络离子的放电速度，提高阴极极化，使镀层结晶细致。这类添加剂的优点是吸附电位范围较宽，在镀层中夹杂较少，对镀层性能没有显著的不良影响。但含量不宜过多，否则阳极溶解较差，脆性增大，甚至镀层起泡。

（4）光亮剂。为了改善碱性无氰镀锌的光亮性，常加入少量光亮剂，如香草醛、香豆素等。EDTA（乙二胺四乙酸）本身不是光亮剂，但同香草醛配合使用，可显著增加光亮效果和延长光亮剂寿命。使用时香草醛先溶于酒精，然后加入电解液中。光亮剂含量应适宜，含量过高，容易夹杂在镀层中，使镀层脆性增大。因此，光亮剂的加入常采用少加与勤加的方法。当补充光亮剂效果不显著时，表明金属杂质离子超过允许量，应先除去金属杂质，然后补充光亮剂。

b　电极反应

（1）阴极反应：主反应是碱式锌络离子的还原，电沉积出锌，同时发生析氢副反应。

$$Zn(OH)_4^{2-} + 2e \Longrightarrow Zn + 4OH^-$$

$$2H_2O + 2e \Longrightarrow H_2 \uparrow + 2OH^-$$

（2）阳极反应：主要是锌阳极的电化学溶解。

$$Zn + 4OH^- - 2e \Longrightarrow Zn(OH)_4^{2-}$$

在电流密度较高时，阳极电位变得较正，或发生钝化，此时，OH^-放电析出氧气。

$$4OH^- - 4e \Longrightarrow O_2 \uparrow + 2H_2O$$

c　工艺条件及电解液的维护

（1）温度的影响。碱性锌酸盐镀锌有较宽的工作温度范围，一般在 10 ~ 45℃ 之间。随着温度升高，阴极电流效率增加，应用的电流密度范围上移，沉积速度增加，生产效率提高，但电解液分散能力有所下降，锌阳极的自溶速度加快，溶液不稳定。

（2）电流密度的影响。碱性镀锌具有较宽的电流密度范围，一般在 $1 ~ 5A/dm^2$ 之间。当电解液的成分和温度一定时，希望保持较高的电流密度，以在一定程度上改善电解液的分散能力，提高阴极极化，有利于得到优良镀层。但是电流密度过高，镀层结晶粗大而无光泽，镀件边角有"烧焦"的危险。

（3）杂质的影响。杂质的引入和大量存在，部分阴离子会降低阴极电流效率，使低电流密度区镀不上，如 NO_3^- 和 CrO_4^{2-}；金属离子会降低镀层质量，如 Fe^{2+}、Cu^{2+} 和 Pb^{2+}。

6.2.3　镀镍工艺与方法

6.2.3.1　镀暗镍工艺规范

电镀暗镍又称普通镀镍或无光泽镀镍，是最基本的镀镍工艺，该工艺镀层结晶细密、易于抛光、韧性好、耐蚀性高，主要用于防护-装饰镀层的底层或中间层。按其使用目的，暗镍分为预镀镍和常规镀镍。

预镀镍主要为了保护镀层与基体的结合力，用于钢铁、不锈钢、锌合金、铝合金等基体的打底镀层。例如，钢铁通过弱酸性或中性介质预镀镍，是代替氰化镀铜工艺的重要途径之一；不锈钢等难镀金属，通过预镀镍得到活化；锌铝合金等活泼金属基体通过预镀中性镍提高镀层结合力。

A　常规镀镍镀液中各成分及操作条件对镀层性能影响

（1）主盐。硫酸镍（$NiSO_4 \cdot 7H_2O$）是镀镍液的主盐，浓度范围一般在 $100 \sim 350g/L$。硫酸镍铵 [$NiSO_4 \cdot (NH_4)_2SO_4 \cdot 6H_2O$] 也可用作产生镍离子的主盐，但硫酸镍铵含镍量较低（15%），溶解度较小，不能得到高浓度溶液，因而该溶液不能用于高电流密度电镀，所以应用很少。但当电镀中含有铵离子时，所得镍层坚硬，因此复盐硫酸镍铵电解镀有时用来制取硬度较高的镍层。

（2）活化剂。由于镍阳极容易钝化，因此电镀镀液中必须加入阳极活化剂，保证镍阳极正常溶解。最常用的阳极活化剂是氯化物，如氯化镍、氯化钾、氯化钠及氯化铵等。在这些氯化物中，Cl^- 通过在镍阳极的特性吸附，驱除氧、羟基离子及其他能钝化镍阳极表面的异种粒子，从而保证镍阳极的正常溶解，同时活化剂能提高镀液电导率和阴极分散能力。

考虑到价格和货源的情况，通常使用氯化钠作为阳极活化剂，用量一般在 $7 \sim 15 g/L$。氯化钠含量过多，阳极溶解迅速，甚至直接使镍的金属微粒从阳极分离，沉积于槽底，或被吸附在阴极上，造成镀层堆镍，同时由于镀液中钠离子浓度增加，使镀层发脆，光泽度降低；氯化钠含量过低，阳极发生钝化，导致镀层质量低劣。

氯化镍既能提供镍离子，又能提供氯离子，同时又不增加其他金属离子，因此可代替 NaCl 及部分主盐如 $NiSO_4 \cdot 7H_2O$，起到阳极活化剂作用，是较为理想的活化剂。

在含镍铵复盐的电解槽中，可用氯化铵作活化剂。

（3）导电盐。单纯从电导率来看，以硫酸钾和硫酸铵较好，硫酸镁稍差。但硫酸钾和硫酸铵一样，能与硫酸镍形成复盐（$NiSO_4 \cdot K_2S_4 \cdot 6H_2O$），此复盐溶解度不大，容易结晶析出，因此生产中常用硫酸钠和硫酸镁作导电盐。

加入硫酸钠（$Na_2SO_4 \cdot 10H_2O$）和硫酸镁（$MgSO_4 \cdot 7H_2O$）能提高镀液导电性和分散能力，降低施镀温度，硫酸镁还能使镀镍层白而柔软（不能消除其他因素引起镍层发暗的弊病）。$Na_2SO_4 \cdot 10H_2O$ 用量一般在 $80 \sim 100g/L$，$MgSO_4 \cdot 7H_2O$ 用量一般为 $20 \sim 40 g/L$。

（4）缓冲剂。由于电镀镍中阴、阳极电流效率不等，为防止生产中镀液酸度的急剧变化，常加入硼酸作缓冲剂，控制 pH 值为 $5 \sim 6$。硼酸浓度一般控制在 $40 \sim 50 g/L$，光亮镀镍中稍高。但硼酸含量过高，镀液温度较低时会结晶析出（硼酸在常温下的溶解度仅为 $40 g/L$）。

硼酸具有缓冲剂作用的同时，还能改善镀镍层与基体金属的结合力，提高阴极极化和镀液的导电性，使烧焦电流密度提高。

（5）防针孔剂。电镀镍过程中，由于阴极表面析出的氢气在电极表面滞留，极易在镀层中形成肉眼可见的微小针孔和麻点（严格来说针孔是肉眼可见的深入基体的微小孔洞；而麻点为肉眼可见的不深入到基体的微小孔洞）。为减小针孔的形成，需向镀液中加入防针孔剂。

普通镀镍可采用双氧水、过硼酸钠等氧化剂作为防针孔剂，降低或消除阴极上析出的氢量，从而消除针孔。双氧水分解产物是水和氧气，无副产物生成，各厂普遍使用，一般每班用量在 0.1~0.2ml/L（30% 的双氧水）。

（6）润湿剂。在镀镍溶液中，常采用阴离子型有机表面活性剂降低电极与镀液界面张力，使形成的氢气难以在电极表面滞留，以防止产生针孔和麻点。生产中常用润湿剂为十二烷基硫酸钠等，其用量约在 0.025~0.10 g/L 之间。用量过低，效果不显著；用量过高，泡沫多，不易清洗。十二烷基硫酸钠缺点是易起泡，因此在有空气搅拌时，可采用 2-乙基己基硫酸钠或锌基硫酸钠等低泡表面活性剂。

（7）酸度（pH 值）。正常生产情况下，镀镍液 pH 值是缓慢上升的，如果 pH 值反复不定或不断下降，说明电镀液工作不正常。

pH 值低时，阴极上大量析出氢气，电流效率降低。当 pH 值低于 3 时，会猛烈放出氢气，甚至电流效率为 0。但当 pH 值超过 6 或者接近于中性时，又会生成氢氧化镍沉淀，夹杂于镍层中使镀层剥落、发脆、深孔难以沉积等。

pH 值发生变化应及时调整。pH 值高时，用 3% 的硫酸溶液调整；pH 值低时，可加入 3% 的氢氧化钠调整。添加氢氧化钠时，易产生沉淀，应在不断搅拌下缓慢加入。用碳酸镍代替氢氧化钠效果更好。调整时，先做小槽实验，而后大槽调整。若调整 pH 值的数值较小，如在 0.2~0.4 范围内，可采用通道处理，但时间较长。如果需降低 pH 值，可采用小面积阳极、大面积阴极；提高 pH 值时，应采用大面积阳极、小面积阴极。两种处理方法，都采用低电压、小电流。

（8）搅拌。通过搅拌可增大电流密度，提高光亮度，减少毛刺，并使阴极表面的氢气易于逸出，减少针孔和麻点。

搅拌方式有阴极移动、压缩空气搅拌、连续循环过滤搅拌或三者相结合。阴极移动的速度，常采用 15~20 次/min，行程 100mm 左右。随着过滤设备性能的提高，连续循环过滤搅拌方式使用量在扩大，尤其对高质量电镀，该方式对保证镀液清洁度、减少镀层弊病有重要作用。过滤机可以采用滤芯式或滤袋式，过滤速度一般 2~8 次/h，过滤精度 5~10μm。

（9）电流密度。施镀电流密度与镀液的温度、镍离子浓度、酸度及添加剂等有密切关系。常规镀镍都是在常温和稀溶液条件下进行，其电流密度可取 0.5~1.5A/dm²；光亮、快速镀镍是在加温和浓溶液的条件下操作，所采用的电流密度为 2~3 A/dm²，甚至更高。

（10）温度。温度对镀层内应力影响很大。当温度由 10℃ 升至 35℃ 时，镍层内应力迅速降低；而温度由 35℃ 升到 60℃ 时，内应力降低较慢。当温度进一步升高，内应力则几乎不变。加温还可以使电镀液中各成分的溶解度增大，进而可以采用镀镍液；同时，温度升高，镀液的电导率增加，电流效率提高，但阴极与阳极的极化作用均降低；温度升高使盐类的水解及生成氢氧化物沉淀的趋势增加，特别是铁杂质的水解，易形成针孔，镀液的分散能力低。

目前生产中常规镀镍液的温度控制在 20～40℃ 之间；光快速镀镍一般控制在 40～60℃ 之间。

（11）阳极。常规镀镍均采用可溶性镍阳极，为保证阳极均匀溶解，不产生杂质，不形成任何残渣，阳极材料的成分及结构都有严格的要求。常用的阳极材料有电解镍、铸造镍、含硫镍等。含硫镍是一种活性镍阳极，在精炼过程中加入少量的硫，即使在没有氯化物的溶液中，阳极效率也接近 100%。从形状上看，阳极材料有（200～250）mm ×（200～250）mm ×15mm 镍板、ϕ6～12mm 镍球、ϕ10～30mm 纽扣状镍饼等。使用时经常将镍球、镍饼等装入钛篮，以保证足够大且稳定的电极表面积，为防止阳极泥进入镀液，钛篮应包括在双层聚丙烯材料织成的布袋内。

使用时应注意：钛篮网目一般为 10mm×3mm，钛篮底部应高出槽底 50～70mm，钛篮长度应略低于挂具长度，以避免阴极边缘因电力线过于集中而使镀镍层烧焦；生产中应定期向钛篮中补充阳极材料并防止"架空"；镍球装载密度一般为 5.4～6.0kg/dm³，镍饼为 4.6kg/dm³；阳极袋口应高出液面 30～40mm，内袋要紧，外袋要松。

B 普通镀镍常见缺陷、产生原因及消除方法

普通镀镍常见缺陷、产生原因及消除方法见表 6-1。

表 6-1 普通镀镍常用缺陷、产生原因及消除方法

序 号	现 象	产生原因	消除方法
1	镀层起皮、脱落	（1）pH 值太高； （2）镀前处理不良； （3）有机杂质过多	（1）调整 pH 值至工艺范围； （2）加强镀前处理； （3）除去有机杂质
2	镀层边缘粗糙	（1）阴极和阳极距离太近； （2）电流密度过大； （3）溶液太脏	（1）增加辅助阴极，调整两极距离； （2）降低电流密度； （3）处理电镀液
3	零件局部烧伤并开裂	（1）镀液被铁杂质污染； （2）电流密度过大，形成淡绿色氢氧化镍附于零件上	（1）增大两极距离或控制辅助阳极电流密度； （2）降低电流密度
4	镀层有针孔、麻点	（1）镀液被杂质污染； （2）镀液被有机杂质污染； （3）温度低，pH 值与工艺条件不适应	（1）加入 6% 双氧水 3～6mL/L 并对溶液进行处理； （2）加入十二烷基硫酸钠或处理溶液； （3）加温，调整 pH 值到工艺范围
5	阴极猛烈析出气体，不沉积镍	溶液酸度过大	调整 pH 值到工艺范围
6	镀层发暗，呈灰色	镀液中有铜杂质，其含量超过 0.02g/L	低电压（0.5V）小电流（d_k =0.1～0.3 A/dm²）处理，或用化学法
7	镀层有黑色条纹	镀液含有锌杂质	用化学法或者电解法除去
8	阳极钝化	（1）氯化钠含量太少； （2）阳极电流密度太大	（1）加氯化钠至工艺范围； （2）增加阳极面积或减小电流密度

序　号	现　象	产生原因	消除方法
9	溶液分散能力降低，镀层发黑，结合力不良，镀层不易沉积，阳极上气泡很多	镀液中含有铬杂质	一般是用还原剂连二亚硫酸钠或硫酸亚铁把 Cr^{6+} 还原成 Cr^{3+}，然后提高 pH 值使之形成氢氧化铬沉淀而过滤除去
10	镀镍层出现局部点状露铜	(1) 零件有死角； (2) 零件表面有点状污垢； (3) 基体金属上有非金属杂质	采用阴极移动，增加镀前检验

6.2.3.2　杂质对镀层影响及消除方法

电镀过程中，由于阳极泥渣、水质及操作过程中带入杂质等因素，容易造成溶液中杂质积累，对镀层质量产生影响。生产中应及时发现并进行适当的处理，避免产生废品。

(1) 铁离子的影响及消除方法。铁杂质在镀液主要以 Fe^{2+} 存在，溶液形成极小氢氧化亚铁胶体，胶体吸附 Fe^{2+} 离子而形成 $[nFe(OH)_2]Fe^{2+}$ 微粒，向阴极移动，破坏镀镍层致密和连续性，夹杂在镀镍层中，使镀镍层孔隙增加，抗腐蚀性降低。在测量孔隙时，出现蓝色的假象斑点，会混淆对镀层质量的判断，同时还会产生纵向裂纹，导致脆性，特别是当铁含量大于 0.1g/L 时，这种现象尤为严重，溶液浑浊，阳极白色布变黄，镀层呈暗灰色，孔隙成倍增加。

生产中可在 pH 值约小于 3 时，用 0.05 ~ 0.1 A/dm^2 电流电解处理，也可用双氧水-活性炭法。即先将 pH 值调至 3 ~ 3.5，用 6% 双氧水 5 ~ 10mL/L 将低价铁氧化成高价铁，同时将有机杂质部分分解，再加热至 65 ~ 70℃，保持 2h，使多余双氧水分解，以碱式碳酸镍（必要时可用 NaOH 溶液）调节 pH 值至 5.5 ~ 6 以上，使氧化后的高价铁等最大限度地形成沉淀；加入粉状活性炭 0.5 ~ 1g/L，搅拌 2h，静置过滤；调整 pH 值为 3 左右，挂入清理过的阳极，以 0.1 ~ 0.5 A/dm^2 电流电解 4 ~ 8h，直至瓦楞型阴极上镀层颜色均匀一致；分析并调整镀液成分、酸度，通过赫尔槽实验检验处理的效果，并补加开缸量 1/2 ~ 1/3 添加剂和开缸量的润湿剂。

还可采用高锰酸钾-活性炭法：预测 pH 值为 2.5 左右，在搅拌下加入 5% 高锰酸钾溶液，至微红色；加热至 65 ~ 70℃，保温 2h，以碱式碳酸镍（必要时可用 NaOH 溶液）调节 pH 值至 5.5 ~ 6 以上，用 6% 双氧水还原多余的高锰酸钾，并使锰沉淀为二氧化锰，加热至 65 ~ 70℃除去多余的双氧水，其余同双氧水-活性炭法。

(2) 铜离子的影响及消除。镀液中铜离子除因化学材料、镍阳极含微量的铜而带进之外，大部分来源于铜挂具在镀液中溶解。因此，阳极的铜挂钩不能浸入镀液，并应在带电情况下挂入镀件。

铜的电位比镍正，电镀时以金属铜或合金的形式沉积出来，致使镍镀层疏松成海绵状，色泽灰暗，条纹、孔隙较多；严重时工件出现置换铜，造成结合力不良。赫尔槽实验低电流密度区镍镀层发暗、发黑。因此，镍镀液中铜含量应小于 0.01g/L。

生产中可用铁板阴极，采用 0.1 ~ 0.3 A/dm^2 小电流长时间电解处理；也可采用化学法去铜，如加入铜含量两倍左右的喹啉酸，可使铜含量降至 1mg/L 以下，也可加入 2-硫基苯并噻唑等与 Cu^{2+} 反应生成沉淀的物质而过滤除去；或在不断搅拌下缓缓加入 1 ~ 2 mL/L 的 QT 或 CF 除铜剂，搅拌反应 1 ~ 2h 后，过滤去除。

（3）锌离子的影响及消除。微量锌即可使镀镍层呈白色，量增加可使镀层产生黑色、褐色条纹或全部黑色。pH 值较高的镀液，锌存在使镀层出现针孔。

可采用瓦楞型铁板作阴极，搅拌下以 0.2 ~ 0.4 A/dm² 电流电解；含量较高时，可调整 pH 值为 6.0 ~ 6.2，利用细碎的白垩粉或碳酸钙 5 ~ 10g/L，加热至 70℃，搅拌 1 ~ 2h，使锌以碱式碳酸锌形式沉淀，镀液静止 24h 过滤。经过这样的处理，铜离子也可部分被除去。正常生产中，锌离子含量不大于 0.02g/L。

（4）铬离子的影响及消除。铬离子主要来源于铬雾散落及挂具带入。镀液对铬酸也是极其敏感的。微量铬酸的存在会使溶液的分数能力降低，镀层发黑，结合力不良；少量铬酸存在，则镀层不能沉淀，阴极上大量析出气体。当铬含量 0.01g/L 时，阴极电流密度下降 5% ~ 10%，0.1g/L 时使镍停止沉积。

通常用还原剂连二亚硫酸钠（$Na_2S_2O_4$，俗称保险粉）先将铬酸还原成三价铬。

$$2CrO_4^{2-} + S_2O_4^{2-} + 8H^+ \longrightarrow 2SO_4^{2-} + 4H_2O + 2Cr^{3+}$$

具体过程是：先用 3% 的硫酸将镀液酸化到 pH 值为 3，加入连二亚硫酸钠 0.2 ~ 0.4 g/L，并充分搅拌；将镀液用 3% 的氢氧化钠碱化到 pH 值为 6.2，加热到 70℃左右；搅拌 1 ~ 2h，再测 pH 值，如有变化再调高至 6.2；静止 2 ~ 3h，过滤，在镀液中加入 6% 的双氧水 1 ~ 2 mL/L，除去过量的连二亚硫酸钠；最后用 3% 的稀硫酸调整 pH 值到正常范围，通电电解一段时间后即可试镀。

（5）有机杂质的影响及消除。有机物的来源是多方面的，除化学材料外，还有空气中飘浮的抛光尘埃、吊车上滴下的油、有机光亮剂的分解产物等。

有机杂质易吸附于阴极表面并与重金属离子结合，改变阴极电位，增加氢气在阴极表面的吸附和析出。同时，它也可能吸附在金属晶粒的棱角上，在电流较大的情况下阻止晶体生长，产生钝化或局部沉积不上镍，使镀层出现雾状、发暗或出现麻点、针孔等。

有机杂质的除去通常是附带进行的，如处理铁杂质时，采用氧化-吸附联合法，有机物和铁同时被氧化除去。有机杂质较少时，也可采用在镀液中加入 1 ~ 2g/L 活性炭，用铅作阳极，在 1.5 ~ 3 A/dm² 高电流密度下阳极电解氧化除去。

如镀液中带入了动物胶，则可往镀液中加入 0.03 ~ 0.05g/L 的单宁酸，静置一昼夜，再用活性炭吸附过滤，可除去其中的 75% ~ 85%。经过这样处理的溶液，开始略带黄绿色，镀层产生脆性，通电处理一段时间，即可恢复正常。

（6）硝酸根离子的影响及消除。硝酸根离子在电镀过程中，有向两极运动的倾向。在阴极上硝酸根还原产生氨气，近阴极区域碱性增强，形成金属氢氧化物，其量随硝酸根离子浓度及电流密度的加大而增加。因此，即使在 pH 值较低时，也会影响海绵状沉淀或使镀层开裂，一般情况下镀层也会出现亮带或变暗，沉积速度减慢，镀层孔隙增多。

通电处理对硝酸根的去除比较有效。一般每 0.1g/L 硝酸根通 1A·h 的电流即可去除。通常在前 5 ~ 6h，以 $D_k = 0.5 ~ 1.0$ A/dm² 处理，然后降至 0.1 ~ 0.3 A/dm² 处理至正常镀层。

（7）磷酸根的影响及消除。磷酸根会导致镀层出现斑点、污块，有时生成粉末沉淀，应控制在 1g/L 以下。欲除去可在充分搅拌下用碳酸镍调整 pH 值为 5 ~ 6，使生成磷酸镍沉淀过滤除去。

6.2.4　镀铬工艺与方法

6.2.4.1　防护-装饰性镀铬

防护-装饰性镀铬不仅要求在大气中具有很好的耐蚀性，而且要有美丽的外观。这类镀层也常用于非金属材料的电镀。

防护-装饰性镀铬可分为一般防护装饰镀铬与高耐蚀性防护装饰镀铬。表 6-2 列出防护装饰性镀铬的工艺规范。

表 6-2　防护装饰性镀铬的工艺规范

镀液组成及工艺条件	一般防护装饰性镀铬			高耐蚀防护装饰性镀铬				
	配方1	配方2		单层微裂纹铬			双层微裂纹铬 第一层	第二层
组成								
铬酐（CrO_3）/g·L^{-1}	230~270	300~350		250	180~220	250	300	195
硫酸（H_2SO_4）/g·L^{-1}	2.3~2.7	0.3~0.6		2.5	1.0~1.7	1.5	3	
三价铬（Cr^{3+}）/g·L^{-1}	2~4					2~4		
硒酸钠（$Na_2SeO_4 \cdot 10H_2O$）/g·L^{-1}				0.013		0.015		
硒酸（H_2SeO_4）/g·L^{-1}					1.5~3.5			
氟硅酸钠（Na_2SiF_6）/g·L^{-1}		5~6				0.75		
氟硅酸（H_2SiF_6）/g·L^{-1}								36.5
重铬酸钾（$K_2Cr_2O_7$）/g·L^{-1}								4.5
铬酸锶（$SrCrO_4$）/g·L^{-1}								10.5
氟硅酸钾（K_2SiF_6）/g·L^{-1}								6.0
工艺条件								
温度/℃	48~53	45~50	25~35	40~45	45~50	45~48	49	49
阴极电流密度/A·dm^{-2}	15~30	10~20	(200~250)	20	10~20	14~18	15	13.5
电镀时间/min			20~30		8~12		5~6	>6
滚筒转速/r·min^{-1}			3~5					

装饰性镀铬的工艺条件也取决于欲镀的基体金属材料。可根据基体材料的不同适当调整工作温度和阴极电流密度。

A　一般防护装饰性镀铬

一般防护装饰性镀铬采用中、高浓度的普通镀铬液，适用于室内环境使用的产品。钢铁、锌合金和铝合金镀铬必须采用多层体系，主要工艺流程如下。

（1）钢铁基体。铜/镍/铬体系工艺流程为：

除油→水洗→浸蚀→水洗→闪镀氰铜或闪镀镍→水洗→酸铜→水洗亮镍→水洗→镀铬→水洗干燥

多层镍/铬体系工艺流程为：

除油→水洗→浸蚀→水洗→镀半光亮镍→水洗→光亮镍→水洗→镀铬→水洗→干燥

　　　　　　　　　　　　　　　　↓　　　↑

　　　　　　　　　　高硫冲击镍（1μm）

（2）锌合金基体。其工艺流程为：

弱碱化学除油→水洗→浸稀氢氟酸→水洗→电解除油→水洗→闪镀氰铜→水洗→光亮镀铜→光亮镍→水洗→镀铬→水洗→干燥

（3）铝及铝合金基体。其工艺流程为：

弱碱除油→水洗→电解除油→水洗→一次浸锌→溶解浸锌层→水洗→二次浸锌→水洗→闪镀氰铜（或预镀镍）→水洗→光亮镀铜→水洗→光亮镀镍→水洗→镀铬→水洗→干燥

B 高耐蚀装饰性镀铬

高耐蚀装饰性镀铬是采用特殊工艺改变镀铬层的结构，从而提高镀层的耐蚀性，该镀层适用于室外条件要求苛刻的场合。

在防护装饰性镀铬体系中，多层镍的应用显著提高了镀层的耐蚀性，研究发现，镍、铬层的耐蚀性不仅与镍层的性质及厚度有关，同时在很大程度上还取决于铬层的结构特征。从标准铬溶液中得到的普通防护装饰性镀铬层虽只有 $0.25 \sim 0.5\mu m$，但镀层的内应力很大，使镀层出现不均匀的粗裂纹。在腐蚀介质中铬镀层是阴极，裂纹处的底层是阳极，因此，遭受腐蚀的总是裂纹处的底层或基体金属。由于裂纹处暴露出的底层金属面积与镀铬层面积相比很小，因而腐蚀电流很大，腐蚀速度很快，而且腐蚀一直向纵深发展。由于裂纹不可避免，如果改变微裂纹的结构，使腐蚀分散，那么就可减缓腐蚀。在此构思下，20 世纪 60 年代中期开发出了高耐蚀性的微裂纹和微孔铬新工艺。这两种铬统称为"微不连续铬"。由于形成的铬层具有众多的微孔和微裂纹，暴露出来的镀镍面积增大但又很分散，因此镍层表面上的腐蚀电流密度大大降低，腐蚀速度也大为减缓，从而提高了组合镀层的耐蚀性，并且使镍层的厚度减小 $5\mu m$ 左右。

（1）微裂纹铬。在光亮镍层上施镀一层 $0.5 \sim 3\mu m$ 高应力镍，再镀 $0.25\mu m$ 普通装饰铬，由于高应力镍层的内应力和铬层内应力相叠加，就能在每平方厘米上获得 $250 \sim 1500$ 条分布均匀的网状微裂纹铬。

研究发现，普通镀铬电解液中加入少量的 SeO_4^{2-}，可得到内应力很大的镀铬层。在添加 SeO_4^{2-} 的镀液中得到的铬镀层带有蓝色。SeO_4^{2-} 含量越高，镀层的蓝色越重。

采用双层镀铬法也可获得微裂纹铬镀层。工艺为先镀覆一层覆盖力好的铬镀层，然后在含氟化物的镀铬溶液中镀覆一层微裂纹铬层。双层法的缺点是需要增加设备、电镀时间长、电能消耗多，故目前已用单层微裂纹铬代替。但单层微裂纹铬也存在氟化物分析困难及微裂纹分布不均匀等缺点。

（2）微孔镍。目前使用最多的电镀微孔铬的方法是在光亮镀镍上镀覆厚度不超过 $0.5\mu m$ 的镍基复合镀层（镍封闭），再镀光亮铬层，使得到微孔铬层。

镍基复合镀层中均匀弥散的不导电微粒粒径在 $0.5\mu m$ 以下，在镀液中的悬浮量为 $50 \sim 100g/L$，微粒在复合镀层中含量为 $2\% \sim 3\%$。常用的微粒有硫酸盐、硅酸盐、氧化物、氰化物和碳化物等。由于微粒不导电，在镀铬过程中微粒上没有电流通过，其上面也就没有金属铬沉积，结果就形成了无数微小的孔隙，密度可达 1×10^4 个$/cm^2$ 以上。

C 防护装饰性电镀注意事项

（1）较大零件入槽前要通过热水冲洗预热，切勿在镀液中预热，否则会腐蚀高亮度的底层表面。

（2）小零件需采用滚镀铬工艺，滚镀铬镀液中应加入氟硅酸，防止零件滚镀时瞬间不接触导电而致表面钝化。

（3）零件带电入槽，对于复杂零件采用冲击电流，或增大阴、阳极距离。

（4）每一电镀层都要抛光，提高光洁程度，减少孔隙，防蚀。

（5）在镍上镀铬时，如镍钝化，可用酸浸法活化，然后镀铬。活化方法为：在30%～50%（体积分数）的盐酸中浸30～60s；在20%（体积分数）的硫酸中浸蚀约5min；在5%（体积分数）的硫酸中阴极处理15s左右，再镀铬，就可得到结合力良好的镀铬层。

（6）电源宜采用全波电流。

（7）采用高浓度铬酐镀液时，可安装回收槽以节约铬酐，降低成本，减少废水处理量。

6.2.4.2　滚镀铬

需要镀铬的细小零件，如果采用通常的挂镀，不仅效率低，而且镀件上常留下夹具的痕迹，不能保证镀层的质量。滚镀铬多用于体积小、数量多、难以悬挂零件的装饰性多层电镀，如铜/光亮镍/铬或光亮低锡青铜/铬。此法可提高生产效率、降低成本。但它只适用于形状简单、具有一定自重的镀件，不适用于扁平片状、自重小以及外观要求较高的零件电镀。

滚镀铬时应注意的事项如下：

（1）滚镀铬溶液用蒸馏水或去离子水配制，注意清洁，严防杂质带入，特别注意不要带入 Cl^-。

（2）硫酸根应控制适宜，不宜过高，以免零件表面发黄或镀不上铬，过量的硫酸可用碳酸钡除去。

（3）氟硅酸对镀层有活化作用，并能扩大光亮范围，不可缺少，但也不宜过量。

（4）带电入槽，开始使用冲击电流，约1～2min 即可。

（5）零件装入滚筒前，必须将筒内的铬酸液清洗净，以防零件被铬酸腐蚀发花。

（6）滚筒使用一段时间后，用盐酸处理，以除去滚筒网上的铬层。

（7）零件小，温度可稍微低些，为避免镀液温度升高最好用冷却装置。

6.2.4.3　镀硬铬

硬铬又称耐磨铬，硬铬镀层不仅要有一定的光泽，而且要求底层的硬度高、耐磨性好并与基体结合牢固。

镀层厚度根据使用场合不同而异。在机械载荷较轻和一般性防护时，厚度为10～20μm；在滑动载荷且压力不太大时，厚度为20～25μm；在机械应力较大和抗强腐蚀作用时，厚度高达150～300μm；修复零件尺寸厚度可达800～1000μm。

耐磨镀铬一般采用铬酐浓度较低（$CrO_3$150～200g/L）的镀液，有的工厂也采用标准镀铬液。工艺条件上宜采用较低温度和较高的阴极电流密度，应视零件的使用条件和对铬层的要求而定。表6-3列出了获得最大硬度镀铬层的适宜温度和电流密度关系。生产上一般采用50～60℃（常用55℃）的温度和25～75 A/dm²（多数为50 A/dm²）的阴极电流密度。工艺条件一经确定，在整个电沉积过程中，尽可能保持工艺条件的恒定，特别是温度，变化不要超过±1℃。

表6-3 获得最大硬度镀铬层温度和电流密度关系

温度/℃	40~48	50~54	52~55	54~56	55~57
阴极电流密度/ $A \cdot dm^{-2}$	22	33	40	66	110

镀硬铬应注意如下问题。

（1）欲镀零件无论材质如何，只要工件较大，均需预热处理，因为镀硬铬时间较长，镀层较厚，内应力大且硬度高，而基体金属与铬的热膨胀系数差别较大。如不预热就施镀，基体金属就容易受热膨胀而产生"暴皮"现象，预热时间根据工件大小而定。

（2）挂具用材料必须在热的铬酸溶液中不溶解，也不发生其他化学作用。夹具还应有足够的截面积，且与导电部件接触良好，否则因电流大，槽电压升高，局部过热。

应按照各种材料的电导率选择夹具的截面积，常见的几种材料允许使用电流为：

紫铜——3A/mm²，黄铜——2.53 A/mm²，钢铁——2A/mm²

夹具结构应尽量采用焊接形式连接；夹具非工作部分应用聚氯乙烯塑料或涂布耐酸胶绝缘。

（3）装挂具时应考虑便于气体的逸出，防止"气袋"形成，造成局部无镀层或镀层不均匀。

（4）复杂零件镀铬应采用象形阳极，圆柱形零件两端应加阴极保护，避免两端烧焦及中间镀层薄的现象；带有棱角、尖端的零件可用金属丝屏蔽。

（5）为提高镀层的结合力，可进行反电、大电流冲击及阶梯式给电。反电时间为 $0.5 \sim 3min$，阴极电流密度为 $30 \sim 40 \ A/dm^2$；大电流冲击为 $80 \sim 120 \ A/dm^2$，时间为 $1 \sim 3min$。

（6）对于易析氢的钢铁部件，应在镀后进行除氢处理。

6.2.4.4 镀松孔铬

松孔铬镀层是具有一定疏密程度和深度网状沟纹的硬铬镀层，具有很好的储油能力。工作时，沟纹内储存的润滑油被挤出，溢流在工件表面上，由于毛细管作用，润滑油还可以沿着沟纹渗到整个工件表面上，从而改善整个工件表面的润滑性能。

获得松孔的方法有机械、化学、电化学法。

（1）机械法：在欲镀铬零件表面用滚压工件将基体表面压成圆锥形或角锥形的小坑或相应地车削成沟槽，然后镀铬、研磨。此法简单，易于控制，但对润滑油的吸附性能不太理想。

（2）化学法：利用镀铬层原有裂纹边缘具有较高活性的特点，在稀盐酸或热的稀硫酸中浸蚀，裂纹边缘处的铬优先溶解，从而使裂纹加深加宽，达到松孔的目的。此法铬的损耗量大，溶解不均匀，质量不易控制。

（3）电化学法：在镀硬铬并经除氢、研磨后，再在碱液、铬酸、盐酸或硫酸中进行阳极松孔处理。由于铬层裂纹处的电位低于平面电位，因此裂纹处的铬优先溶解，从而使裂纹加深加宽。处理后的松孔深度一般为 $0.02 \sim 0.05 \mu m$。

阳极浸蚀时，裂纹的加深、加宽速度用通过的电流量（浸蚀强度）来控制。在适宜的浸蚀强度范围内，可以选择任一阳极电流密度，只要相应地改变时间，仍可使浸蚀的强度不变，浸蚀强度根据镀铬层原来的厚度确定。厚度为 $100 \mu m$ 以下的铬镀层，浸蚀强度为

$320A \cdot min/dm^2$；厚度为 $100 \sim 150\mu m$ 的铬镀层，浸蚀强度为 400 A $\cdot min/dm^2$；厚度在 $150\mu m$ 以上的铬镀层，浸蚀强度为 480 A $\cdot min/dm^2$。对于尺寸要求严格的松孔铬镀件，为控制尺寸，最好采用低电流密度进行阳极松孔；当要求网纹较密时，可采用稍高的阳极电流密度；当零件镀铬后经过研磨再阳极松孔时，浸蚀强度应比上述数值少 $1/3 \sim 1/2$。

松孔铬层的网状裂纹密度取决于硬铬镀层原有裂纹密度。因此镀铬工艺对松孔镀铬的影响很大，必须严格控制。根据实践经验，采用表6-4所列工艺镀铬，可获得质量比较稳定的松孔镀铬层。

表 6-4　阳极松孔处理的工艺规范

组成及工艺条件		配　方			
		1	2	3	4
组成	铬酐（CrO_3）/g·L^{-1}	$240 \sim 260$	250	150	180
	硫酸（H_2SO_4）/g·L^{-1}	$2.0 \sim 2.2$	$2.3 \sim 2.5$	$1.5 \sim 1.7$	1.8
	CrO_3/H_2SO_4	120/1	$(100 \sim 110)/1$	$(89 \sim 100)/1$	100/1
工艺条件	温度/℃	60 ± 1	51 ± 1	57 ± 1	59 ± 1
	阴极电流密度/ A·dm^{-2}	$50 \sim 55$	$45 \sim 50$	$45 \sim 55$	$50 \sim 55$

电解液中 CrO_3/SO_4^{2-} 的比值增大，镀铬层的网状密度减小，但网纹的宽度和深度增加。当比值不变，而提高 CrO_3 的浓度时，也使网状裂纹密度减小，网纹的宽度和深度增加。另外镀液温度对镀层的影响很大，温度升高，网纹变稀；阴极电流密度的影响则越小。

6.2.4.5　镀黑铬

黑铬镀层在色泽均匀性、装饰性、耐蚀性、耐磨性、耐热性和太阳能选择吸收等方面均比其他化学和电化学方法获得的黑色覆盖层优越，因此在航空、汽车、仪器仪表等需要消光的装饰性镀层以及太阳能吸收层方面获得广泛应用。黑铬镀层的黑色是由镀层的物理结构所致，它不是纯金属铬，而是由铬和三氧化二铬的水合物组成，呈树枝状结构，金属铬以微粒形式弥散在铬的氧化物中，形成吸光中心，使镀层呈黑色。通常镀层中铬的氧化物含量越高，黑色越深。黑铬镀层的耐蚀性优于普通铬镀层。黑铬镀层硬度虽只有 $130 \sim 350HV$，但耐磨性与普通铬层相当。黑铬镀层的热稳定性高，加热到 480℃，外观无明显变化，与底层的结合力良好。

电镀黑铬工艺的配方很多，较常用的见表6-5。

表 6-5　电镀黑铬溶液的组成及工艺条件

溶液组成及工作条件		配　方						
		1	2	3	4	5	6	7
组成	铬酐（CrO_3）/g·L^{-1}	$300 \sim 350$	$200 \sim 250$	$250 \sim 300$	300	$200 \sim 300$	$250 \sim 400$	$250 \sim 300$
	硝酸钠（$NaNO_3$）/g·L^{-1}	$7 \sim 12$		$7 \sim 11$	$7 \sim 11$			
	硼酸（H_3BO_3）/g·L^{-1}	$25 \sim 30$		$20 \sim 25$	$30 \sim 52$			
	醋酸（HAc）/g·L^{-1}		$6 \sim 6.5$			$20 \sim 180$	3	
	氟硅酸（H_2SiF_6）/g·L^{-1}			0.1				$0.25 \sim 0.5$

续表6-5

溶液组成及工作条件		配方						
		1	2	3	4	5	6	7
组成	醋酸钡（Ba(Ac)$_2$）/g·L^{-1}					3~7		
	尿素［CO(NH$_2$)$_2$］/g·L^{-1}						3	
工艺条件	温度/℃	<40	<40	18~35	5~30	20~40	25	13~35
	阴极电流密度/A·dm^{-2}	35~60	50~100	35~60	40~50	25~60	50	30~80
	时间/min	10~20	10~20	15~20		10~20		15~20

铬酐是镀液中的主要成分，其含量在150~400g/L范围内均可获得黑铬镀层。铬酐浓度低，镀液分散能力差；浓度高，虽然镀液的分散能力有所改善，但镀层的抗磨性能下降。因此铬酐浓度一般在200~350g/L之间选用。

硝酸钠、醋酸是发黑剂，含量过低时，镀层不黑，镀液电导率低，槽电压高；浓度过高，镀液的深镀能力和分散能力差。通常硝酸钠控制在7~12g/L，醋酸控制在6~7g/L之间。在以硝酸钠为发黑剂的镀液中，没有硼酸时，镀层易起"浮灰"，尤其是在高电流密度下更为严重。加入硼酸可以减少浮灰。硼酸达到30g/L时，可以完全消除浮灰。硼酸的加入还可以提高镀液的深镀能力，并使镀层均匀。

镀液温度和阴极电流密度对黑铬镀层的色泽和镀液性能影响大。最佳条件是温度低于25℃，电流密度大于40 A/dm^2。阴极电流密度过小，镀层呈灰黑色，甚至出现彩虹色；但也不宜过大，当大于80 A/dm^{2}时镀层易烧焦，而且镀液温度升温严重；当温度高于40℃时，镀层表面产生灰绿色浮灰，镀液深镀能力降低，因此，在电镀黑铬过程中，必须采取降温措施。SO$_4$$^{2-}$和Cl$^-$在镀黑铬电解液中都是有害杂质，SO$_4$$^{2-}$使镀层呈淡黄色而不黑，可用BaCO$_3$或Ba(OH)$_2$沉淀除去；Cl$^-$使镀层出现黄褐色浮灰，因此配制溶液时应使用去离子水，并且在生产过程中严格控制有害杂质的带入。挂具和阳极铜钩应镀锡保护。

黑铬镀层可以直接在铁、铜、镍和不锈钢上进行施镀，也可以先镀铜、镍或铜锡合金做底层以提高抗腐蚀性和耐磨性。对形状复杂的零件应使用辅助阳极，阳极材料采用含锡7%的铅锡合金或高密度石墨。

镀完黑铬的零件，烘干后进行喷漆或浸油处理，可以提高光泽性和抗腐蚀能力。

6.2.4.6 镀乳白铬

乳白铬一般厚度在30~60μm，抗蚀性能良好，但硬度较低，光泽性差。镀乳白铬的工艺、镀前准备和镀后处理，基本与镀铬相同。其主要的不同点是：要求温度较高（65~75℃），阴极电流密度较低（25~30 A/dm^2）。

6.3 电镀工艺设备

电镀车间所进行的生产工艺可分为三个环节，即镀前表面处理、电镀处理和镀后处理。电镀工艺设备一般是指上述直接对零件进行加工处理的生产设备。

镀前处理工艺中，所用的主要设备有磨光机、抛光机、刷光机、喷砂机、滚光机和各类固定槽。

电镀处理过程中所用的设备主要有各类固定槽、滚镀槽、挂具、吊篮等。

镀后处理常用设备主要有磨光机、抛光机、各类固定槽等。

6.3.1　镀前表面处理设备

6.3.1.1　磨光、抛光和刷光设备

磨光的目的是把粗糙不平的基体表面磨平。抛光的目的是进一步把磨光以后的磨粒痕迹或细小的粗糙不平加以平整，使其达到光亮的程度。有些已镀件也要再抛光，使镀层光亮美观。刷光的目的则是清除镀件表面上黏附的氧化膜薄层、细泥和污垢等。磨光、抛光、刷光的机械设备基本相似，这里仅介绍磨光机、抛光机。

手工操作的磨光机、抛光机有标准定型产品，一般都是双工位的，磨光轮或抛光轮直接安装在水平主轴两端的锥形螺纹上。为保证安全和延长轮子的使用寿命，严禁轮轴反转，否则容易造成事故。

通常，磨光机、抛光机可分为不带吸尘装置的磨光机、抛光机和自带吸尘装置的磨光机、抛光机两种。

6.3.1.2　滚光设备

体积较小的零件，用滚光的方法来进行表面清理（除油、除锈、滚亮等），是既经济方便，又具有较高生产效率的好办法，故在电镀工业中得到广泛应用。对尺寸要求不高的小零件，可用滚光来代替磨光、抛光。所以，滚光不仅适用于镀前表面处理，而且也可用于镀后表面处理。

清理滚筒有支架式和落地式两种。当产量不大、台数不多时常采用支架式清理滚筒，如图 6-1 所示。它的特点是装卸零件方便，结构简单，不需要单独配置吊车。产量不大、台数较多时应采用托轮摩擦传动落地式清理滚筒，如图 6-2 所示。它的特点是滚筒可以被吊车吊离地面，进行集中装卸料，从而提高工作效率，降低劳动强度。清理滚筒主要用于滚磨各种大批量的小零件，最适合形状比较简单、带有平面的零件的滚光。

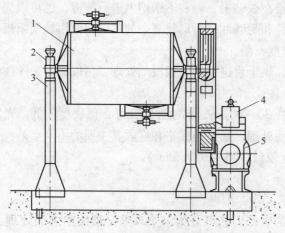

图 6-1　支架式清理滚筒

1—滚筒；2—轴承座；3—机架；4—减速器；5—电动机

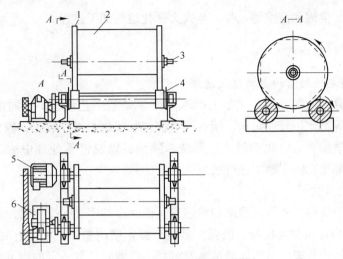

图 6-2　落地式清理滚筒

1—滚筒；2—筒身；3—短轴头；4—托轮；5—电动机；6—减速器

不同的金属材料滚光时磨料的配比见表 6-6。

表 6-6　不同金属材料滚光时磨料的配比　　　　　　　　　　　　　g/L

磨料配方及其含量	被磨材料		
	钢　铁	铜及其合金	锌及其合金
硫　酸	1.5~2.5	5~10	0.5~1.0
皂荚粉	3~10	2~3	2~5
硅　砂	30~50	10~20	5~10
滚光时间	1~3	2~3	2~4

6.3.1.3　超声波设备

超声波清洗主要用于一般方法无法清洗的零件及形状特别复杂的零件（如仪器、仪表及钟表等精密机械零件）；也用于清洗零件小孔或盲孔中的抛光膏以及不锈钢零件的油污和氧化皮等。超声波电镀用于一般电镀难以达到的、有较高的均度和深度要求的零件（如有相当深度的盲孔或小孔零件，要求孔内镀层均匀，并有良好的结合力等）的电镀。

超声波设备由超声波发生器所发出的高频振荡信号，通过换能器转换成高频机械振荡而传播到介质——相应的冲洗溶剂中，超声波在冲洗液中疏密相间地向前辐射，使液体流动而产生数以万计的微小气泡，这些气泡在超声波纵向传播形成的负压区形成、生长，而在正压区迅速闭合，当超声波中交变压力的峰值大于大气压力时，便发生空穴。空穴是超声波在电镀及清洗等溶液中利用的主要效应。压力的迅速变化在液体中产生了充满气体或蒸汽的空穴，在空穴效应的过程中，气泡闭合可形成超过 1000 个大气压（101.325MPa）的瞬间高压，就像一连串小"爆炸"，不断地冲击物体表面，产生的强烈冲击波可以使处于溶液中的零件表面的污垢和油膜被穿透。由于强烈冲击，足以削弱污垢和油类微粒与基体金属表面的附着力，使零件表面清洁而与溶液全面接触。超声波的强烈冲击波，还可以使电镀过程中阴极附近的传质过程得以改善，使溶液在槽内各部位的浓度更加均匀，超声波设备引入除油、电镀和清洗等过程，会大大强化这些加工过程。

6.3.2　固定槽及挂具设计

6.3.2.1　固定槽的结构、类型及选择

固定槽是储存溶液的容器，它是电镀车间中主要的工艺设备。不同的电镀方式如挂镀、滚镀和浸镀等都离不开固定槽。所有的电镀工艺如化学镀、氧化、磷化和镀前处理的清洗、中和、化学抛光、电化学抛光、酸洗、除油，以及镀后处理中的出光、钝化、着色、清洗等，也都是在固定槽中进行的。

A　固定槽的结构

固定槽结构主要包括槽体、槽液加热装置、槽液冷却装置、搅拌装置和导电装置等。

（1）槽体。槽体也称为槽身或槽壳，是整个固定槽的主体。槽体有时直接盛装溶液，有时做衬里的基体或骨架。对槽体的基本要求是不渗漏并具有一定的刚度和强度，以免由于槽体变形过大造成衬里层的破坏。制作槽体的材料可用钢板、硬聚氯乙烯板、聚丙烯板等，也有的使用钛板，小型槽体还可以用有机玻璃板制作。具体使用的材料可根据储存溶液的性质和材料供应情况来选择，同时应考虑经济效益。其中用钢板焊接制成的固定槽，由于具有在碱性溶液中耐腐蚀、材料供应充实、价格低廉、坚固耐用、结构成型容易等特点，所以在电镀车间中应用较多。这种固定槽如需盛放腐蚀性液体，可加耐腐蚀衬里。硬聚氯乙烯塑料槽，耐腐蚀性能较高，可直接盛放多种液体，在溶液体积较小、操作温度较低的情况下使用较为广泛。

槽壁的厚度视材料的强度而定，原则上应与槽体尺寸大小成正比。对于钢板槽，一般长度在 1m 以内的固定槽，壁厚在 4mm 左右；长度在 1 ~ 2m 之间的固定槽，壁厚为 4 ~ 8mm；长度在 2m 以上的固定槽，壁厚采用 6 ~ 8mm。可见长度越长，壁厚越厚。但不应过多增加壁厚，以免槽体过分笨重，通常可以采用槽体加固的方法。

槽体加固必须达到如下要求：当固定槽盛满溶液后，仍保持足够的刚性，不能有显著变形。因此，多采用在槽沿焊接一圈角钢，或在槽腰再焊接一圈角钢或槽钢的方法进行加固。槽沿上的焊缝必须进行仔细连续焊接，而下边的焊缝则允许使用间歇焊接。钢槽槽底应距地面 100 ~ 120mm，以防腐蚀。

（2）衬里。为了使槽体不受各种镀液的腐蚀，同时为了防止漏电，用钢板焊制的槽体的内部必须衬以各种防腐蚀材料，称为镀槽衬里。衬里材料很多，有硬聚氯乙烯、软聚氯乙烯、钛、橡胶、聚苯乙烯、聚乙烯、有机玻璃及玻璃钢等。

（3）导电装置。导电装置主要指导电极杆。其作用是固定槽中悬挂零件和极板，并向其输送电流。它可用紫铜、黄铜、铝或钢铁制成，支撑在槽口的绝缘支座上，由汇流排或软电缆连接到直流电源上。导电极杆与电源连接的方式，常见的有两种：一种是用软电缆直接通过接线夹固定在导电极杆一端；另一种是将导电极杆放在槽端导电座的凹口上，导电座再与电源电缆或汇流排相连接。

极杆应该经常擦洗，以免阳极或挂具与极杆接触产生较大的电阻。为了防止极杆的腐蚀，应镀防护层；如镀镍槽的铜极杆镀 2 ~ 20μm 的镍和铬；镀锡槽与铵盐镀锌槽的铜极杆镀 10 ~ 20μm 的镍。导电铜极杆的直径和许用电流见表 6-7。

表6-7 黄铜极杆的许用电流

直径/mm	10	12	16	20	25	28	30	32	35	40	50
电流/A	120	150	240	350	470	620	750	900	1000	1100	1350

B 固定槽的类型

电镀车间中固定槽的种类很多,根据工艺特点固定槽可进行如下分类。

(1) 冷水清洗槽。冷水清洗槽仅由一个槽体组成,为便于换水及排出水面的漂浮物,设置有排水口和溢流口。进水管口的进水位置与溢流口的位置,应保证洁净水进入槽体后能有效地使原有脏水和漂浮物从溢流口排出。一般是进水管插入槽内下部,溢流口在上部。

冷水清洗槽的槽液对钢铁槽体没有腐蚀作用,所以不需加衬里。但是钢铁槽易生锈而污染溶液,因此有时也用聚氯乙烯板衬里,或直接用聚氯乙烯作清洗槽。冷水清洗槽的结构如图6-3所示。

为了提高清洗质量同时又减少耗水量,一般采用冷水清洗双联槽或多联槽,其特点是零件清洗顺序方向与水流方向相反,最后一道清水槽补充新鲜水,这种清洗方法称为逆流清洗。多联槽按逆流排水结构形式分为液面自然排水和压力强制排水两种。液面差自然排水的多联清洗槽结构如图6-4所示。

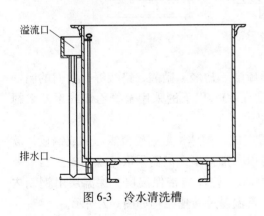

图6-3 冷水清洗槽

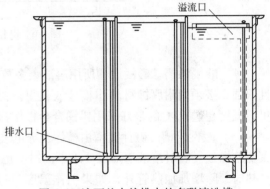

图6-4 液面差自然排水的多联清洗槽

为了提高清洗质量,清洗槽有时还安装有空气搅拌管。压缩空气的搅拌加速槽内清洗水的流动,有利于零件表面附着液的迅速洗脱与扩散,并保持清洗水溶液浓度的均匀。

(2) 热水清洗槽。热水清洗槽通常由钢槽体和蒸汽加热管组成,其结构如图6-5所示。由于热水槽容易沉积水垢,一般把排水管、溢水管管径适当选大一些。加热管一般布置在槽体内侧壁,以便在换水清洗槽体时清除沉浸在槽底的污物和掉入槽底的零件。

(3) 化学、电化学除油槽。这类固定槽的溶液都呈碱性,对钢铁槽体无腐蚀作用,所以不需加衬里。通常,化学除油液的温度在70℃以上,电化学除油液的温度也在60℃以上,因而要有加热装置。除油时产生有害气体,所以要有吸风装置。液面易产生悬浮泡面,应设溢流室,以便将油污和泡沫溢出,最好用循环泵除去油污。电化学除油槽需设置导电和绝缘装置,其结构如图6-6所示。

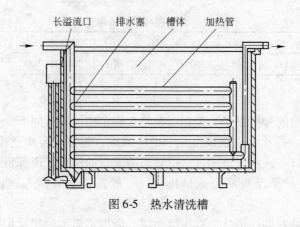

图 6-5　热水清洗槽

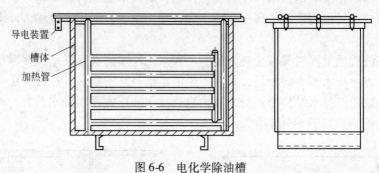

图 6-6　电化学除油槽

（4）酸浸蚀槽。酸浸蚀槽所用溶液大多数是硫酸、盐酸、硝酸、铬酸等，它们的腐蚀性很强，必须用耐腐蚀材料作槽体或衬里。温度在 60℃以下的采用聚氯乙烯或聚乙烯衬里，温度超过 60℃的最好采用铅锑合金板作衬里。

（5）碱性镀槽。碱性镀槽由槽体及导电装置组成，槽体一般用硬聚氯乙烯或钢板衬软聚氯乙烯板。若对溶液清洁度要求不高时，也可以不加衬里，但需采取绝缘措施。当需要加热时，除增加加热管外，如果工作温度超过 90℃，槽体应带保温层。保温层由钢制内槽、矿渣棉或玻璃棉保温层、薄钢板外壁组成。常温碱性镀槽结构如图 6-7 所示。

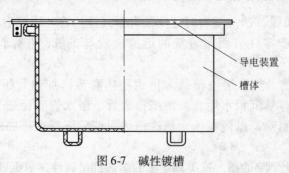

图 6-7　碱性镀槽

（6）酸性镀槽。酸性镀液对钢铁有腐蚀作用，钢铁槽体需加衬里，一般可用聚氯乙烯板、聚乙烯板或玻璃钢作衬里材料。加热管和搅拌器浸入槽液的部分，也要用相同材料处理其表面，或者用钛管、钛材制作。酸性镀槽结构与碱性镀槽相同。

（7）镀铬槽。镀铬过程对镀液温度要求严格，温度既要均匀，又要保持稳定。根据这种要求，镀铬槽可以分为内热式和外热式两种。内热式可用蛇形管加热，与碱性镀槽相似；外热式可用水套加热，由内槽、外槽、导电装置及水套内的加热管组成。镀铬溶液对钢铁的槽体有腐蚀作用，因此要用铅板、钛板或聚氯乙烯板作衬里；复合镀铬溶液含有氟化物，对铅、钛有腐蚀作用，一般采用聚氯乙烯板或铅锑合金板作衬里。镀铬时产生大量有害气体，必须有较强的吸风装置或在镀液中添加铬雾抑制剂。

（8）化学镀镍槽。化学镀镍槽由槽体及加热装置组成，溶液 pH 值多在 4~6 之间，最高温度达 95~100℃，溶液的还原性很强，容易沉积在金属表面，且溶液对杂质很敏感，因此不能采用金属材料制作的槽体和加热管。常用带蒸汽夹套的化工搪瓷槽体，搪瓷层越厚、表面越光滑越好。耐热耐酸的化工陶瓷或聚丙烯槽体配合聚四氟乙烯塑料换热器制作化学镀镍槽也经常被采用。化学镀镍槽的结构如图 6-8 所示。

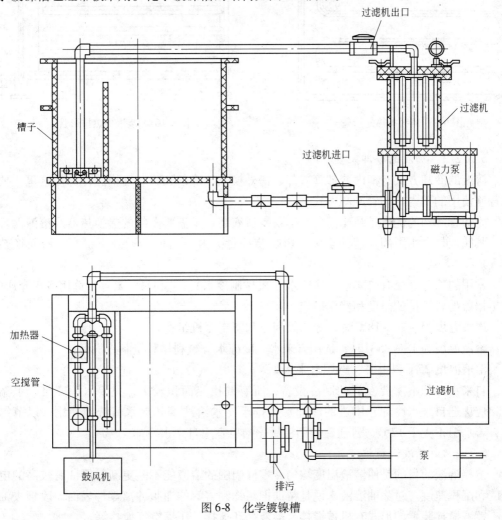

图 6-8 化学镀镍槽

6.3.2.2 槽液的加热装置
电镀生产中，槽液可采用蒸汽加热、电加热及煤气加热的方法。

蒸汽加热的方法具有价格低、安全、资源丰富等优点，是国内普通使用的一种加热方法。但蒸汽加热具有设备复杂、加热效率不高、加热时间较长等缺点，仅适用于溶液温度不太高时的加热。

电加热具有加热设备简单、加热效率高、加热时间短、温度控制方便、可靠等特点，但由于我国目前大部分地区电力资源较为紧缺，因此，电加热只适用于温度较高的槽液或较小规模槽液的加热。

蒸汽加热采用蛇形及排形加热管，如图 6-9 及图 6-10 所示。

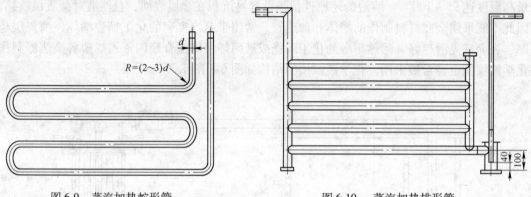

图 6-9　蒸汽加热蛇形管　　　　　　　　　图 6-10　　蒸汽加热排形管

6.3.2.3　槽液的冷却装置

溶液的冷却方式有槽内冷却管冷却、槽外换热器冷却和临时性措施冷却。这里主要介绍普遍使用的槽内冷却管冷却方式。

冷却管冷却的优点是结构简单、容易制造安装、不需要专门的热换热器及溶液循环水泵。其缺点是占用了固定槽部空间，影响装载量。由于槽也接近静止状态，所需换热面积大。

常用的冷却介质有自来水、冷冻水（机械制冷水）、氟利昂、氨等，选用冷却介质时，应根据所需要维持的温度和费用确定：

溶液温度为 –10 ~ 18℃ 时，选用氟利昂和氨制冷机组；

溶液温度为 18 ~ 25℃ 时，选用自来水、冷冻水、氟利昂和氨制冷机组；

溶液温度 25℃ 以上时，选用自来水。

自来水冷却不需要专门的制冷设备，所有的换热面积较大，只要水源充足、水温适宜，应优选自来水冷却，用过的冷却水可排至冷水清洗槽和热水清洗槽使用，以节约用水；若水温不大于 17℃，普通硫酸阳极氧化槽也宜用自来水冷却。

6.3.2.4　槽液的搅拌装置

搅拌溶液的目的是使溶液温度均匀，零件周围的溶液能不断更新，保证有较高的电流密度和沉积速度。对除油溶液来说是帮助把污物和溶解的油脂冲离零件表面，改善去油效果。镀液搅拌装置的形式有机械搅拌、溶液循环搅拌、压缩空气搅拌等。

6.3.3　电镀自动线

电镀自动线是按一定的电镀工艺过程要求，将有关镀槽、镀件提升运转装置、电气控制装置、电源设备、过滤设备、检测仪器、加热与冷却装置、滚筒驱动装置、空气搅拌设备及线上污染控制设施等组合为一体的总称。与手工操作的电镀生产线相比，电镀自动线可以大幅度提高产量，稳定产品质量，降低劳动强度，提高劳动生产率，简化生产管理，缩小占地面积，改善车间环境，减少有害气体，使车间整齐美观，从而创造良好的工作环境。

电镀自动线一般按其结构特点、镀件装挂方式和镀层种类来分类。按结构特点可分为直线式（程控行车式）自动线和环形（椭圆形、U 形）自动线；按镀件装挂方式可分为挂镀自动线、滚镀自动线和带（线）材连续自动线等；按镀层种类可分为镀锌、铜镍铬和铝氧化等自动线。

直线式电镀自动线是把各工艺槽排成一条直线，在它的上空用带有特殊吊钩的电动行车来传送挂有工件的极杆或滚筒。其传送运动可自动控制，也可手动控制。直线式电镀自动线按电镀方式可分为挂镀自动线和滚镀自动线；按行车的车体结构类型可分为门式、悬臂式和其他特殊形式。

凡同类型镀件采用多层镀层结构、年产量在 10000m² 以上者，选用直线式电镀自动线是比较经济合理的。某些小零件年产量虽然没那么多，但数量较多，生产又连续不断，选用小型直线式电镀自动线，也是适当的。

直线式电镀自动线具有机械结构简单、造价较低、建造方便、投产较快、行车不占用地面等优点。其缺点是辅助槽的利用率较低，行车的单元动作比环形自动线多，自动控制设备比较复杂。

门式行车自动生产线采用门式行车来吊运电镀零件。电镀各工序所需要的各种镀槽平行布置成一条直线或多条直线，行车沿轨道做直线运动，利用行车上的一对或两对升降吊钩吊运，使自动线按要求程序完成加工任务，门式行车是国内使用最广泛的电镀自动行车。门式行车由车体、吊钩、传动系统、镀槽和控制系统等组成。这种行车使用对称的两个升降吊钩平衡提升槽内阴极导电杆，传动比较平稳，提升力较大，车体刚性较好，行车轨道布置在行车两侧，运行过程中比较平稳，特别适于吊运大型工件。目前应用这种行车的镀槽其宽度（自动线宽度方向）一般在 1500～2500mm 范围内，吊重设计为 500kg 以上。吊钩升降速度一般设计在 8～12m/min 范围内。速度过低会影响自动线产量，速度过高极杆或滚筒就位时的冲击较大，溶液易溅出，零件也易飘落。为了使零件离开电镀槽时带出的溶液较少，挂具在电槽上被提升后可延时停留 1s 左右的时间，以滴净溶液。

6.3.4　工艺辅助设备

6.3.4.1　溶液过滤设备

保持溶液的纯洁性，是提高电镀质量、稳定生产的一个重要措施。特别是采用光亮电镀及快速电镀时，溶液的净化处理更是一个关键。

在电镀生产中，由于阳极板上部纯物质的溶解和脱落，镀件因镀前处理不善而产生的铁末，或者未除尽的抛光材料等固体微粒及空气中固体浮游物落入镀槽等原因，电镀液中会产生固体悬浮杂质，从而造成镀层附着力低、镀层起泡、毛刺、麻点等缺陷，严重影响电镀质量，必须加以除去。另外，电镀废水处理往往采用调整 pH 值等方法使金属离子产生沉淀，然后进行分离，达到除去有害金属离子的目的。所以，过滤设备无论在电镀生产中，还是在废水处理中都占有相当的地位。目前国内外电镀生产使用的过滤设备大部分是过滤机，而早期使用的滤筒、滤框等设备已基本淘汰。

在压力差的作用下，两相混合的悬浮液通过多种介质，悬浮液中的固体颗粒被截留在介质表面或内部，达到固液分离的目的，分离的过程称为过滤。介质表面固液分离称为表面过滤，介质内部的固液分离称为深层过滤。其机理分别如图 6-11、图 6-12 所示。用在电镀溶液过滤机上的推动力一般都是由泵提供的。

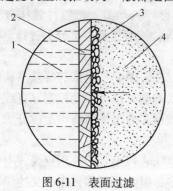 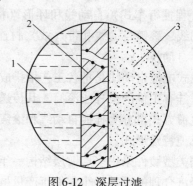

图 6-11　表面过滤　　　　　　　　　　图 6-12　深层过滤

1—滤液；2—过滤介质；3—滤饼；4—悬浮液　　　　1—滤液；2—过滤介质；3—悬浮液

6.3.4.2　干燥与除氢设备

零件经过电镀以后，必须尽快地进行干燥，有的零件电镀后还需进行除氢处理，这就需要干燥与除氢设备。常用的干燥与除氢设备有离心干燥机、干燥滚筒、干燥槽与干燥台、干燥箱与除氢箱等。

6.3.4.3　自动控制仪表

为提高电镀生产的自动化程度，电镀车间使用的自动控制仪表种类不断增多。下面仅对目前常用的几种作一简单介绍。

A　温度自动控制仪

溶液加热采取温度自动控制，能保证电镀质量，节约能源，方便操作。温度自动控制仪可分为两类：温度电子调节装置和温度惰性气体控制仪。

（1）温度电子调节装置。温度电子调节装置由传感器、电子调节器及电磁阀组成。传感器一般用热敏电阻。电子调节器根据传感器信号显示温度或记录槽温，并与温度设定值比较后自动启闭阀门。温度电子调节装置应注意防腐，最后放在离镀槽稍远一些的地方。电镀阀除应考虑防腐外，还应防止泄漏及烧毁线圈。

（2）温度惰性气体控制仪。温度惰性气体控制仪由温度显示装置、温包及阀门组成。温包内存有惰性气体，气体随温度的变化而膨胀或收缩。当槽温高于设定值时，温包内气体膨胀，通过毛细管及膜盒传动机构自动关闭阀门；当槽温低于设定值时，温包内气体收缩，通过毛细管及膜盒传动机构自动开启阀门。

这类装置结构紧凑，比电子调节装置耐腐蚀，不存在电气线路接点受腐蚀失灵的可能。

B　水槽电导率自动控水阀

为了保证清洗质量，控制清洗槽的水质比单纯控制供水源的水质更合理，因为单纯控制供水源的水质，当换水不及时的时候清洗槽内的水还是很脏的。

水槽电导率自动控制水阀是利用清水与脏水的电导率的不同来控制换水的。将一个电导率传感器装于水槽内靠近溢水口处，当水质污染超过预定值时，传感器即自动打开供水电磁阀；当水质符合标准时传感器即自动关闭供水电磁阀，这样既保证了清洗水槽内水质的要求又节约了用水。

C 添加剂自动添加装置

镀槽内添加剂自动添加，能保证镀槽内添加剂的含量在规定范围内，从而保证电镀质量。某些添加剂的消耗与电镀所消耗的电量成正比，根据这种关系采用安时计测定电量，再用一台定量泵来定时添加添加剂。

根据添加剂的消耗定额和确定的添加循环周期，预先调定计数器和计时器。计数器控制循环周期，计时器控制计量泵的开动时间。当安时计的数值达到计数器预定值时，计量泵即自动开启，往槽内加添加剂，达到预定时间计量泵即自动关闭，停止加添加剂。接着进行下一个循环，这样反复进行，即可保证添加剂含量稳定。

6.3.4.4 电镀电源

电镀电源是电镀生产中的主要设备，它可向镀槽的阴阳两极提供一定的电压、电流和符合工艺要求的输出波形，保证不同镀槽质量要求。

电镀电源的特点是输出电压低、电流大。根据工艺要求，额定输出电压一般在 6 ~ 30V，额定电流一般为几百安培至数千安培，有的高达数万安培。电镀所施加的电压值取决于电镀液的组成和工艺规范，电流值除了与镀液的组成和工艺规范有关外，还与镀件面积有关。常见镀种需要的电流密度和电压值见表 6-8。

表 6-8 常见镀种所需要的电流密度和电压值

电镀种类	铜		镍		锌		镉	银	金	铬
	氢化镀铜	硫酸盐镀铜	普通镀镍	光亮镀镍	氢化镀锌	硫酸盐镀锌	氢化镀镉	氢化镀银	氢化镀金	铬酸镀铬
电流密度 /A·dm²	1 ~ 10	1 ~ 20	0.5 ~ 1.5	1 ~ 12	1 ~ 3	5 ~ 10	1 ~ 5	0.1 ~ 1	0.1 ~ 2	10 ~ 100
电源电压 /V	6 ~ 8	6 ~ 8	6 ~ 8	6 ~ 8	6 ~ 8	6 ~ 8	6 ~ 8	6 ~ 8	6 ~ 8	10 ~ 30
备 注	正反电镀或交流法效果好							一般容量小	一般容量小	平稳电流较好、脉冲法也有效

（1）硅整流电源。硅整流电源降压变压器一次侧采用调压器调压，二次侧采用二极管整流。根据容量不同，可分为单向全波、三相全波和六相反星整流等。小容量电源采用干式接触式调压器调压，容量较大时采用油浸感应式调压器调压。根据容量不同，整流组件的冷却方式分为自冷、风冷、水冷和油浸自冷等。由于采用交流调压器调压，所以输出波形为脉动连续直流。该类电源因效率低、体积大、成本高及自动控制难以实现等缺点，在电镀领域中应用受到限制，属于淘汰产品。

（2）晶闸管整流电源。晶闸管整流器在小容量时采用交流电源经隔离变压器降压，再经晶闸管移相调压和整流后获得直流电压。在容量较大时采取晶闸管交流侧移相调压，再经隔离变压器降压和二极管整流后获取直流电压。晶闸管及二极管的冷方式根据不同容量分为自冷、风冷、水冷和油浸自冷等。目前整流变压器大多采用三相五柱芯式节能型变压器，它与六相双反星带平衡电抗器的整流方式相比，可以省去平衡电抗器，达到降低成本、提高效率的目的。晶闸管整流器输出波形为脉动直流，电压低时不连续，为了提高输出波形的平滑性，可增加滤波器或采用多相整流电路。

晶闸管整流器一般具有稳压、稳流、软启动等功能，可灵活适用于生产线。近几年随着微机控制技术在晶闸管整流器中的广泛应用，可以实现输出波形的换向、直流叠加脉冲、波形分段控制等，还可以实现计时、定时、自动控温、电量计量和定量等控制功能。

（3）高频开关电镀电源。高频开关电镀电源自从 20 世纪 90 年代开始在电镀领域使用，现已进入推广应用阶段。该类电源具有效率高、体积小等优点，在 3000A 以下通用型电镀电源中有较强的竞争力。通过近几年的运行检验，其稳定性、输出波形和控制方面已能够满足生产的需要，现在在向 5000 ~ 10000A 甚至更大容量扩展，有望在大多电镀领域中取代晶闸管整流器。

普通开关电源的输出波形为高频调制的脉冲直流，若对平滑性有较高要求可以增加直流滤波器，冷却方式一般采取风冷。

第3篇 涂料与涂装

7 涂料的品种与特性

7.1 涂料的组成与分类

7.1.1 涂料概念

能涂布于物体表面，通过物理或化学变化形成一层坚韧的、连续的薄膜牢固地附着于物体表面的通用材料统称为涂料。形成的固体薄膜称为涂膜；使用涂料形成固体涂层的工艺过程称为涂装。

7.1.2 涂料的组成与命名

涂料由主要成膜物质、次要成膜物质和辅助成膜物质组成。

主要成膜物质和次要成膜物质在涂装施工后将成为固体涂膜，称为固体分；辅助成膜物质在涂装后将挥发或极少量的残留，因此称为挥发分。

（1）主要成膜物质：自身能形成致密涂膜的物质，属于高分子化合物，是涂料中不可缺少的成分，涂膜的性质主要由它所决定，又称为基料。

可作为涂料成膜物质的品种很多，主要有转化型和非转化型两大类。转化型涂料主要成膜物质可以是干性油或树脂（天然材脂、改性树脂、合成树脂），如氨基树脂、聚氨酯树脂、醇酸树脂、热固型丙烯酸树脂、酚醛树脂等。非转化型涂料成膜物主要有热塑性合成树脂或纤维素，如硝化纤维素、氯化橡胶、沥青、热塑型丙烯酸树脂、乙酸乙烯树脂等。

（2）次要成膜物质：自身不能形成完整的涂膜，但能与主要成膜物质一起参与成膜，赋予涂膜色彩或某种功能，也能改变涂膜的物理力学性能。次要成膜物质包括颜料、填料、功能性添加剂。

颜料是分散在涂料中的固体微粒，可以使涂料呈现出丰富的颜色，使涂料具有一定的遮盖力，并且具有增强涂膜力学性能和耐久性的作用。颜料包括无机盐颜料、金属颜料和有机颜料。

填料也称体质颜料，基本不具有遮盖力，主要起填充作用，能增加涂膜的厚度和力学性能，可以降低涂料成本。常用填料有滑石粉、碳酸钙、硫酸钡、二氧化硅等。

（3）辅助成膜物质：包括溶剂、稀释剂和助剂，用于帮助涂料在制造、储存、施工过程中，实现某一性能，具有专门性作用。

1）溶剂：除了少数无溶剂涂料和粉末涂料外，溶剂是涂料不可缺少的组成部分。一般常用有机溶剂主要有脂肪烃、芳香烃、醇、酯、酮、卤代烃、萜烯等等。溶剂在涂料中所占比重大多在 50% 左右。溶剂的主要作用是溶解和稀释成膜物，使涂料在施工时易于形成比较完美的涂膜。溶剂在涂料施工结束后，一般都挥发至大气中，很少残留在涂膜里。从这个意义上来说，涂料中的溶剂既是对环境的极大污染，也是对资源的很大浪费。所以，现代涂料行业正在努力减少溶剂的使用量。

2）稀释剂：也是有机溶剂，但对涂料主要成膜物质的溶解性较弱，主要是降低涂料的黏度，仅在涂料施工前使用。

3）助剂：又称添加剂，它为涂料提供所需的性质。其作用是对涂料或涂膜的某一特定方面的性能起改进作用。因此，助剂的使用是根据涂料和涂膜的不同要求而决定的。

现代涂料助剂主要有四大类的产品：

①对涂料生产过程发生作用的助剂，如消泡剂、润湿剂、分散剂、乳化剂等。

②对涂料储存过程发生作用的助剂，如防沉剂、稳定剂、分散剂、防结皮剂等。

③对涂料施工过程起作用的助剂，如流平剂、消泡剂、催干剂、防流挂剂等。

④对涂膜性能产生作用的助剂，如增塑剂、消光剂、阻燃剂、防霉剂等。

7.1.3　涂料的分类与命名

7.1.3.1　涂料的分类方法

（1）按涂料形态分类：溶剂型涂料、高固体分涂料、无溶剂型涂料、水性涂料、粉末涂料等。

（2）按涂料用途分类：建筑涂料、工业涂料和维护涂料，可以细分为具体使用对象，如内墙涂料，汽车涂料等。

（3）按成膜工序分类：底漆、泥子、中涂、面漆、罩光漆等。

（4）按涂膜功能分类：装饰漆、防锈漆、防腐漆、绝缘漆、耐高温涂料、导电涂料等。

（5）按成膜机理分类：转化型涂料和非转化型涂料。

（6）按照颜色或所含主要颜料分类：特黑漆、红丹漆、铝粉漆、变色龙涂料等。

（7）按主要成膜物质分类：我国按主要成膜物质分类，将涂料共分成 18 类，其中第 18 类为涂料辅助材料。该分类法是原国家化学工业部于 1967 年初定的，后经 1975 和 1992 年的两次修订。

涂料产品分类方法正在进行修订，随着我国涂料生产专业化分工越来越细，无污染、节能源、环保型、多功能涂料相继问世同时，世界经济的一体化，也要求统计标准必须与国际接轨。

7.1.3.2　涂料的标准命名

为了简化起见，在涂料命名时，除了粉末涂料外仍采用"漆"一词。各涂料品种也称为漆，在统称时用"涂料"一词。涂料命名原则如下：

（1）全名为颜料或颜色名称＋成膜物质名称＋基本名称，若颜料对漆膜性能起显著作用，则用颜料名称代替颜色名称，如铁红醇酸磁漆。

（2）对于某些有专业用途及特性的产品，必要时在成膜物质后面加以阐明，如银白丙烯酸汽车修补漆。

7.2 硝基漆

硝基漆为挥发性涂料，它都用含 N 11.7% ~ 12.2% 的硝基纤维素作基料，加入增塑剂、不干性醇酸树脂或软性树脂来增韧，用酯、酮类溶剂配成。涂料组成如下：

硝化棉（纤维素）	100 份
马来化松香树脂	32 ~ 66.5 份
蓖麻油	20 ~ 38 份
不干性醇酸树脂（短或中油度）	40 ~ 75 份
邻苯二甲酸二丁酯	22 ~ 30 份

加混合溶剂至固体分30%。混合溶剂为：乙酸乙酯66.5 ~ 77.5 份、乙酸丁酯77.5 ~ 112.5 份、无水乙醇43 份、丁醇0 ~ 45 份、丙酮0 ~ 26 份、甲苯77.6 ~ 181.2 份。

蓖麻油为非溶剂型增塑剂，用它轧浆对颜料有较好的润湿分散性；增塑剂还可用邻苯二甲酸二辛酯、葵二酸二辛酯等。

不干性醇酸树脂用于提高涂膜丰满度，但硬度会下降，并丧失打磨抛光性。

如果加入氨基树脂可以改善硝基清漆的耐候性，提高透明度和固体分。

硝基漆的保光性较差，约一年后失光。用热塑性丙烯酸树脂改性，可提高其耐候保光性，并使透明度、光泽和附着力提高，但干燥性有所下降，不易发白，可作为高档汽车维修涂料、增塑涂料和木器涂料。

各色硝基漆配方示例见表7-1。

汽车用硝基磁漆示例见表7-2。

表7-1　各色硝基漆配方

颜　色	颜　料	用量/%	漆料/%	色浆配比①
红色	立索尔红	5.2 ~ 6	94 ~ 94.8	1:1
黄色	中铬黄	11.5 ~ 12.6	87.4 ~ 88.5	1:0.25
蓝色	铁　蓝	5.5 ~ 6.5	93.5 ~ 94.5	1:1
绿色	铬　绿	10.4 ~ 11.2	88.8 ~ 89.6	—
铁红	氧化铁红	8 ~ 8.6	91.4 ~ 92	1:0.25
白色	钛　白	13.6 ~ 15	85 ~ 86.4	1:0.43
黑色	炭　黑	1.9 ~ 2.1	97.9 ~ 98.1	1:2.33

① 色浆配比为颜料:蓖麻油，用三辊机轧浆。

表7-2　汽车用硝基磁漆　　　　　　　份

原　料	白　色	蓝　色	灰　色	绛紫色
钛白	40 ~ 80	—	64	—
铁蓝	—	20 ~ 40	—	—
松烟	—	—	2.4	—
铬黄	—	—	5	—
枣红	—	—	—	65

续表 7-2

原　料	白　色	蓝　色	灰　色	绛紫色
1/2s 硝化棉（干）	100	100	100	100
不干性醇酸树脂	75 ~ 150	100	—	200（60%）
氨基树脂	—	20	—	—
氯醋共聚树脂	—	—	67	—
蓖麻油	0 ~ 15	15	—	—
邻苯二甲酸二丁酯	25 ~ 30	20	25	50
溶剂[①]	460 ~ 740	680	787	458

① 溶剂组成为：21% 乙酸乙酯、12% 乙酸丁酯、8% 乙酸戊酯、17% 乙醇和 42% 甲苯。

　　硝基漆的溶剂或稀释剂对涂料施工性和干燥性影响很大，必须有足够的溶解性和适应的挥发性。混合溶剂中，酯、酮类溶剂 30% ~ 40%、助溶剂 15% ~ 20%、甲苯 40% ~ 55%；稀释剂中，酯、酮类溶剂 25% ~ 35%、助溶剂 15%、甲苯 50% ~ 60%。当挥发太快或喷涂时漆膜发白，可适当提高乙酸丁酯（或乙酸戊酯）与丁醇的用量。

　　硝基漆具有快干、涂膜坚硬、耐磨、光亮、打磨抛光性好等优点；缺点是固体分低、稀释剂用量大、易燃、流平性稍差、潮湿时施工涂膜易发白。

　　硝基漆施工应采用专用稀释剂兑稀后喷涂，环境湿度高时不宜施工，以免发白失光。由于硝基漆的施工固体分低，需要重复喷涂多次才能达到厚度，两次喷涂间隔时间以 10min 为宜。

　　硝基漆适用于车辆、机械、电器仪表、轻工产品、塑料、皮革、织物、家具等作底漆、二道底漆及磁漆。

　　各色硝基漆的主要特性如表 7-3 所示。

表 7-3　各色硝基漆的主要特性

黏度（涂 -4 杯）/s	≥70	冲击韧度/J·mm^{-2}	294
固体分/%	34 ~ 38（清漆：30）	附着力/级	≤2
遮盖力/g·m^{-2}	20 ~ 120	光泽/%	70 ~ 80（清漆：95）
表干/min	10	硬度（摆杆）	≥0.5
实干/min	50	耐水性（浸 24h）	允许轻微发白、失光、起泡在 24h 内恢复
柔韧性/mm	≤2（清漆：1）	耐汽油性（浸 24h）	允许轻微失光变软、不起泡、不脱落

7.3　醇酸树脂漆

　　醇酸树脂漆由中油度或长油度干性醇酸树脂、颜填料、催干剂、抗结皮剂、溶剂汽油或松香水配成。醇酸漆的品种很多，由于其性价比优势，是产量较大的涂料品种，广泛用于机械、交通工具、农机、电器仪表、轻工、建材、木材等产品的一般防护和装饰。

　　醇酸树脂漆涂膜的附着力强、光亮、力学性能好、耐候性好，并以中油度醇酸树脂漆的综合性最佳。

醇酸树脂中残留较多的 OH、COOH 基团，故涂膜耐水性差；树脂分子链上的酯基也使得涂膜不耐酸、碱的水解作用。采用相容性硬树脂改性，如松香、纯酚醛树脂，能提高漆膜的硬度及耐水、耐化学性，同时也进一步提高了底漆涂膜的附着力和防腐蚀性能。要提高此漆的抗水性、抗化学性及耐候性，可采用苯乙烯改性树脂、丙烯酸改性树脂、异氰酸酯改性及有机硅改性树脂等。

酚醛树脂改性醇酸树脂底漆比醇酸树脂底漆有更好的耐水性和耐化学性；苯乙烯改性醇酸树脂漆有良好的干燥性和耐水性，属快干醇酸树脂面漆，但耐溶剂性较差，易咬底；丙烯酸改性醇酸树脂漆是较好的耐候性快干面漆；有机硅改性醇酸树脂漆有较好的耐候性，可用作户外金属结构件的耐候性面漆。

各色醇酸磁漆配方见表 7-4。

表 7-4　各色醇酸磁漆配方 %

颜 色	颜 料	颜料用量	漆料（含干料）	溶 剂
红色	立索尔红	8	80 ~ 92	0 ~ 12
黄色	中铬黄	20 ~ 30	66 ~ 80	0 ~ 4
蓝色	铁蓝 + 钛白/锌钡白	20 ~ 38.5	57.5 ~ 80	0 ~ 4
白色	钛白 + 群青	24 ~ 25/0.01 ~ 0.02	70 ~ 76	0 ~ 5
灰色	钛白 + 炭黑	14	86	—
黑色	炭 黑	3 ~ 4.5	90 ~ 97	0 ~ 5.5
绿色	铬 绿	14 ~ 20	80 ~ 86	
铁红	氧化铁红	10 ~ 16	80 ~ 90	0 ~ 4

干料常用 Co、Mn 有机酸盐面干料与 Pb 有机酸盐干料配合。用量按油计：Co 盐为 0.02% ~ 0.06% 金属钴；Mn 盐为 0.02% ~ 0.08% 金属锰。Zn 盐、Ca 盐助催干剂的用量为 0.02%。Ca 盐用于防止 Pb 盐的发浑；Zn 盐对颜料有良好的润湿分散作用。

醇酸漆靠空气中的氧气氧化交联，干燥慢，一般都在实干以后进行重复涂覆；另外，醇酸漆除了醇酸防锈底漆外，其余品种与硝基漆均不配套，易产生咬底现象。

醇酸漆主要特性如表 7-5 所示。

表 7-5　醇酸漆主要特性 %

黏度（涂 -4 杯）/s	≥60（底漆：60 ~ 120）	冲击韧度/J·mm^{-2}	490
表干/h	8（清漆：5；底漆：2）	附着力/级	≤2
实干/h	15（清漆：12；底漆：24）	硬度（摆杆）	≥0.4（清漆 ≥0.3）
光泽/%	90	柔韧性/mm	1
耐水性（浸 8h）	允许轻微失光、发白、起小泡，在 2h 内恢复	耐汽油性（浸 6h）	不起泡，允许轻微失光，1h 内恢复

7.4　氨基烘漆

氨基烘漆由氨基树脂、短油度醇酸树脂、颜料、丁醇和二甲苯配制而成，需中温烘烤固化，涂膜光亮丰满、坚硬，可打磨抛光，耐候性好，机械强度高，抗介质性也较好。它通常用于交通工具、机械产品、轻工产品、电器仪表、家用电器、医疗机械的外表装饰。

氨基树脂色泽浅，配成浅色漆不泛黄，都用于配制装饰性面漆。氨基烘漆的缺点是对金属的附着力差，不能直接涂于金属表面，烘烤过度会造成涂膜发脆。

氨基烘漆依所用氨基树脂或醇酸树脂品种及其配比，呈现出不同的特性和用途。氨基树脂与醇酸树脂的比例，按高氨基 [1: (1 ~ 2.5)]、中氨基 [1: (2.5 ~ 5)] 和低氨基 [1: (5 ~ 9)] 划分，一般采用中氨基比例。清漆和白漆等外用漆采取接近高氨基比例，高氨基配方可加些 50% 油度蓖麻油醇酸树脂增韧；黑漆及低温干色漆，氨基:醇酸约为1:4；其他色漆采取接近低氨基比例；普通氨基烘漆和二道底漆采取低氨基比例，可降低成本。

低醚化氨基树脂与 30% 油度醇酸树脂配伍最多，大于 40% 油度醇酸树脂需用高醚化氨基树脂来确保其相容性。脲醛树脂用于配制酸催化常温干木器清漆或改善氨基漆对金属表面的附着力；六甲氧甲基三聚氰胺用于配制高固体分涂料、水性涂料等。

浅色漆常采用抗黄变性好的蓖麻油或椰子油醇酸树脂，但蓖麻油醇酸树脂具有较好的增韧作用，椰子油醇酸使涂膜附着力、冲击强度变差，存在较多问题。一般色漆则采用豆油醇酸树脂。

各色氨基漆的颜料含量示例如下：TiO_2 25% ~ 30%；炭黑 1.5% ~ 2.5%（色浆易发胀）；甲苯胺红 3.5% ~ 6.5%；铬黄 12.5% ~ 19.5%；铬绿 15% ~ 19.5%；酞菁蓝 4% ~ 7.5%；酞菁绿 4.8% ~ 9%；铁蓝 4.2% ~ 8%（色浆易发胀）；铁红 10% ~ 15%。

几种氨基漆配比示例见表 7-6。

表 7-6　几种氨基漆的配比

组分/%	白色（TiO_2 外用）	白色（TiO_2）	黑色（炭黑）	红色（大红粉）	黄色（中铬黄）	二道底漆（白）
颜　料	27.5	25	3.2	8	24	锌钡白/滑石粉: 51.4/4.0
基　料	66.5	68.9	86	82.5	70	29.6
1% 硅油二甲苯液	0.3	0.3	0.5	0.5	0.3	10% Pb 环烷酸铅: 0.8
环烷酸锰（2% Mn）	—	—	0.2	0.2	—	0.8
环烷酸锌（4% Zn）	—	—	0.16①	—	—	0.8
丁　醇	3	3	6	3	3	煤焦溶剂6.6
二甲苯	2.7	2.8	3.8	5.8	2.7	6.0
氨基/醇酸	2.7	3.8	3.6	3.8	4.7	7.4
烘干温度/℃	100	120	120	100	120	120

① 另加乙醇胺 0.14。

氨基烘漆的主要特性如表 7-7 所示。

表 7-7　氨基烘漆的主要特性

固体分/%	≥55	附着力/级	1
细度/μm	≤20	硬　度	≥0.55
遮盖力（白）/g·m^{-2}	≤110	杯突/mm	≥6
烘干条件	130℃，30min	鲜映性	≥0.6

光泽/%	≥90	人工老化（1000h）/级	1
柔韧性/mm	≤3	天然曝晒/月	12
冲击韧度/J·mm^{-2}	≥392		

7.5 环氧树脂漆

环氧树脂漆分常温固化和高温固化两种，它们都有极强的附着力，突出的防腐蚀性，良好的耐水、耐化学性和热稳定性，涂膜坚韧耐磨。但这类漆膜外观和耐候性差，户外使用易粉化，故主要用作防腐蚀底漆。

双组分环氧树脂漆中，胺固化的具有良好耐化学性，多用于化工防腐蚀。胺固化环氧漆配方示例如下。

甲组分：TiO$_2$ 10%，填料 44%，634 环氧树脂 40%，邻苯二甲酸二丁酯 3%，二甲苯 3%；

乙组分：己二胺 50%，乙醇 50%；

甲∶乙 = 10∶1。

用高环氧值环氧树脂配漆时，涂膜交联度高，需采用增塑剂；若用较高相对分子质量（如 601）环氧树脂配漆，需采用二甲苯/丁醇（7∶3）混合溶剂增强溶解性。由于胺的挥发性，胺配比量比化学计量略多点，但过量太多使耐水性严重下降。胺的强烈吸水量及与空气中 CO$_2$ 的成盐反应性使涂膜易"起霜"，甲、乙二组分混合后需静置熟化 1 ~ 1.5h 再进行施工，使用期约 4h。若采用低分子量环氧树脂与胺的加合物作为固化剂，可延长使用期。这类涂料的流平性普遍较差，可采用高沸点酮类溶剂或少量的氨基树脂、硅油来改善。

双包装环氧树脂另一类比较重要的是用聚酰胺固化，具有一定的耐候性，可以做磁漆，配方示例如下。

甲组分（100%）：TiO$_2$ 26.4%，酞菁蓝 0.4%，601 环氧树脂 36.35%，7∶3 二甲苯/丁醇 36.35%，1%硅油 0.5%；

乙组分（40%）：聚酰胺 20%，7∶3 二甲苯/丁醇 20%。这类涂料的试用期较长（大于 8h），施工性较好，两组分混合后一般不需要熟化。聚酰胺用量一般为环氧树脂的 30% ~ 100%，聚酰胺用量多，涂膜弹性好；用量少时，耐化学性提高。

环氧树脂与酚醛树脂按 80∶20 比例配合的环氧涂料防腐蚀性能最杰出，高温固化后的涂膜有优异防护性能，可作防腐蚀底漆或罐头内壁涂料。环氧树脂用氨基树脂交联，抗化学性比环氧酚醛低，但仍是优良的防腐蚀浅色漆，可用作室内产品的防护性单涂层，皆有色彩装饰性。环氧酚醛防腐蚀漆配方示例如下。

（1）铁红环氧酚醛防腐底漆：609 环氧 35.5%，284 酚醛树脂 13.45%，铁红 14.80%，环己酮 22.25%，环己醇 7.05%，甲苯 7.05%。

（2）环氧酚醛防腐清漆：609 环氧 25%，酚醛树脂 17.3%，环氧酯 3.7%，二甲苯 12.5%，乙酯丁酯 5.5%，丁醇 5%，环己酮 31%。

（3）黑色环氧酚醛防腐蚀漆：609 环氧 23%，酚醛树脂 14.4%，环氧酯 3.4%，炭黑

2%，二丙酮醇 8%，二甲苯 18.2%，环己酮 31%。

环氧涂料中产量最大是环氧酯。环氧酯涂料为单包装，涂料自干或低温烘干，使用方便，作为防腐漆比醇酸漆优异。由于环氧酯树脂性能各异，故该涂料的涂膜性能多样化，用途广泛，其品种有底漆、泥子、磁漆、清漆及绝缘漆等。

自干型环氧树脂漆由中、长油度环氧酯，颜料，填料，干料，二甲苯配制而成。烘干型环氧酯漆由短油度环氧酯、氨基树脂、极少量干料（亦可不加）、二甲苯配成，于 120℃烘干。若将 601 环氧、短油度醇酸树脂与氨基树脂直接混合制成烘漆（120℃），具有与环氧酯烘漆同样的性能特征。

环氧酯涂料配方示例如下。

（1）铁红环氧酯底漆（H06-2）：50% 固体分环氧酯 43.2%、铁红 22.85%、锌黄 11.52%、滑石粉 8.84%、ZnO 6.44%、10% Pb 环烷酸铅 0.64%、3% Co 环烷酸钴 0.64%、3% Mn 环烷酸锰 0.87%、7:3 二甲苯/丁醇 5%。表干 2h，实干 24h 或 100℃烘 1h。

（2）环氧酯二道底漆：环氧酯液 35%、滑石粉 13%、锐钛型 TiO_2 15%、重晶石粉 21.3%、12% Pb 环烷酸铅 0.4%、3% Co 环烷酸钴 0.2%、二甲苯 15%。作泥子封闭剂使用，120℃烘 1h。

这类涂料添加铅干料易产生沉淀，一般以钴干料为主。

环氧酯底漆的主要特征如表 7-8 所示。

表 7-8　环氧酯底漆的主要特性

固体分/%	≥55	冲击韧度/J·mm^{-2}	490
细度/μm	50 ~ 60	划格附着力/级	1
无痕干燥（（23±2）℃，1000g）/h	18	硬　度	≥0.40
烘　干	120℃，1h	杯突/mm	≥6
耐 3% NaCl 盐水	铁红底漆浸 48h，不起泡、不生锈；锌黄底漆浸 96h，不起泡、不生锈		

其他的环氧涂料品种包括环氧沥青、无溶剂环氧涂料、环氧有机硅涂料等。

环氧沥青防腐蚀涂料是采用混溶性好的煤焦沥青与环氧树脂掺混，用各种胺类固化剂固化。既保留了沥青的优良耐水性，也进一步提高耐化学防腐蚀性，但耐候、耐溶剂性仍然较差。它主要用于化工、海水及地下工程的防水、防腐和耐化学保护。环氧沥青防腐蚀涂料价格便宜，施工性好，刷涂一道的涂膜可达 100μm 以上，但在施工过程中要注意防止产生"起霜"和针孔等缺陷。

无溶剂环氧涂料由低黏度的液体环氧树脂和缩水甘油醚类活性稀释剂配成，用低黏度胺类液体作固化剂，加触变剂配成厚浆型涂料，一道涂膜厚度可达 200 ~ 300μm，施工效率高，作为重防腐涂料使用。这类涂料的使用期较短，需采用专用喷涂设备施工（如双口高压喷涂）。

环氧有机硅涂膜采用聚酰胺固化剂来防止涂膜的脆性，常温固化，可耐 200℃高温，用作汽车排气管等高温防腐蚀设备。

7.6 聚酯树脂漆

用不饱和聚酯树脂和苯乙烯等活性稀释剂配制的涂料称为不饱和聚酯漆，可作无溶剂涂料和光固化涂料，主要用于木器、家具、装饰板的封闭、罩光等。此类品种涂料对金属的附着力差，在金属制品方面主要作为原子灰使用。

饱和聚酯树脂与氨基树脂交联剂配成聚酯烘漆，特别是用六甲氧基三聚氰胺交联剂时，有更好的交联效率和坚韧性，可用作彩色钢板用的高抗冲卷材涂料、闪光效果最好的金属底色漆、流平性良好的坚韧抗石击汽车中涂、高档的工业漆和罩光漆。

聚酯树脂漆的漆膜丰满光亮、附着力强、物理力学性能好，尤其是坚韧、耐磨、抗冲击力优良，抗划伤性良好，其他像保光保色性、抗过烘烤性也较好。但由于分子链中含有酯基，涂膜耐水性略差，并影响其耐久性。

如果饱和聚酯树脂由六氢化对苯二甲酸或1、4二羟甲基环己烷单体合成，得到的涂料有最佳坚韧性；如果酯基有大的邻烷基保护或用有机硅改性，有良好的耐水持久性，可作为户外高装饰涂料使用。鉴于聚酯烘漆的众多优越性能，有关这类高档品种的研究不断深入，应用领域和用量正不断扩大，在外用高档面漆方面有很大的潜力。

7.7 丙烯酸树脂漆

丙烯酸漆分热塑性和热固性两大类。它们都有良好的耐候性、附着力和物理力学性能。由于丙烯酸树脂色泽很浅（近水白色）、透光率高，清漆有很高的透明度；浅色漆色彩鲜艳纯正。丙烯酸漆由于其优异的保光保色性，广泛用作轿车和轻工产品的高装饰性涂料。

热塑性丙烯酸漆采用相对分子质量8万 ~12万的树脂配制，涂料黏度大，施工固体分低（<16%），涂膜单薄，各方面性能比热固性要逊色。

热固性丙烯酸漆都采用氨基树脂作交联剂，是高档的装饰性涂料。丙烯酸漆配方示例如下。

(1) 黑色的丙烯酸磁漆：50%丙烯酸树脂30%，黑硝基漆片15.7%，硝化棉7.1%，增塑剂2.42%，乙酸丁酯25%，丁醇10%，丙酮9.78%。

(2) 白色丙烯酸烘漆：TiO_2 15%（含少量其他色料），50%羟基丙烯酸树脂液55%，60%低醚化氨基树脂19%，二甲苯4.8%，环己酮6.0%，1%硅油二甲苯溶液0.2%，130℃烘1h。

(3) 丙烯酸闪光漆：50%羟基丙烯酸树脂46.4%，55%低醚化氨基树脂18.2%，25%醋丁纤维素7.2%，65%浮型铝粉浆1.6%，丙二醇乙醚醋酸酯9.4%，二甲苯10.7%，丁醇6.5%。

(4) 塑料用丙烯酸闪光漆：30%硝化棉丙烯酸树脂液50%，浮型铝粉浆3.5%，丙酮7.3%，异丙醇18.6%，二丙酮醇10.7%，甲苯7.7%，乙二醇乙醚醋酸酯2.2%。

热塑性丙烯酸树脂漆常加入硝化棉来改善溶剂释放性和硬度，所用溶剂为酯、酮类。丙烯酸色漆的颜料浆都采用丙烯酸树脂作为展色剂，其中黑色漆配制需采用黑色漆片工艺。烘漆中羟基丙烯酸：氨基一般为70:30，溶剂为二甲苯、丁醇，并用高沸点溶剂改善流平性。

热塑性丙烯酸磁漆主要性能如表 7-9 所示。

表 7-9　热塑性丙烯酸磁漆主要性能

固体分/%	40	柔韧性/mm	1
黏度（涂 -4 杯）/s	20 ~ 40	附着力/级	≤2
表干/h	0.5	硬度（摆杆）	≥0.5
实干/h	2	遮盖力/g·m^{-2}	160（白色：95）

丙烯酸磁漆宜喷涂施工，需采用专用稀释剂将黏度稀释至 15 ~ 25s。环境温度大于 30℃时，溶剂挥发太快，涂膜易产生橘皮；环境温度大于 80% 时，涂膜可能出现发白失光等问题。多道喷涂时，两道间隔时间应在 30min 以上。

热塑性丙烯酸涂膜的耐磨保光性、抗划伤性和抗水性能不如丙烯酸烘漆。丙烯酸烘漆的主要性能见表 7-10。

表 7-10　丙烯酸烘漆的主要性能

项　目	高　档	中　档	中　涂
黏度（涂 -4 杯）/s	50 ~ 80	50 ~ 80	50 ~ 100
细度/μm	15	20	30
烘干条件	140℃，20min	140℃，20min	130℃，20min
光泽/%	≥90	≥90	60
鲜映性	0.8	0.6	—
硬度（摆杆）	≥0.7	≥0.7	≥0.6
冲击韧度/J·mm^{-2}	294	392	490
柔韧性/mm	2	1	1
附着力/级	2	1	1
杯突/mm	5	5	6
人工老化（1000h）/级	1	2	—

丙烯酸烘漆多与环氧树脂烘底漆进行配套，给予高档产品优质的防护装饰涂饰。丙烯酸烘漆在喷涂和烘烤过程中要注意防止橘皮现象的发生，以提高涂层的鲜映性。

由于丙烯酸树脂与环氧树脂不太相容，用它们可以配制"复层涂料"。通过精心选择高挥发性和高极性溶剂与低挥发性和低极性溶剂的品种与比例，使得均相的涂料在喷涂以后，随着高极性溶剂的首先挥发，极性的环氧树脂离析并向极性大的金属表面迁移沉积，而表面张力低的丙烯酸树脂必向空气界面迁移，溶剂全部挥发以后，形成底-环氧、面-丙烯酸的复层体系。复层涂料的优点是只需喷涂一次就能得到有防护底漆和装饰面漆功能的单喷涂复合涂层，提高施工效率，减少烘烤次数和能源消耗，非常适合作为维护涂料品种使用。其他能构成"复层涂料"的品种还包括：环氧/氯化橡胶、聚乙烯醇缩丁醛/酚醛树脂及环氧丙烯酸自层离电泳涂料等。另外有些涂料助剂，如含有蜡助剂和醋丁纤维素流平剂的涂料在干燥成膜过程中，这些助剂也会发生层离作用而覆盖于涂膜表面。

7.8 聚氨酯漆

聚氨酯漆由于树脂分子链含有氨基甲酸酯基，分子间存在很强的氢键作用力，涂膜的坚韧和耐磨性特别优异，并有良好的附着力、耐热性、耐溶剂性和耐化学性，涂膜丰满光亮，是一类各方面性能都很优异的涂料。

聚氨酯漆一般分为五大类：

（1）潮气固化型，有突出的耐磨性，广泛用作地板漆；

（2）聚氨酯油，性能优于醇酸漆；

（3）封闭型聚氨酯，为单包装烘漆；

（4）催化固化剂，用作地板漆或防腐清漆；

（5）羟基树脂固化型，为双包装涂料，羟基树脂有聚酯、环氧、聚醚、羟基丙烯酸等，可分别用作优异的防护漆或装饰漆及高档维护涂料，品种众多，性能全面，应用广泛。

聚氨酯漆配方示例如下。

（1）塑料用白色聚氨酯涂料。

甲组分：TDI 加合物（50% 固体分、NCO8.7%）12.5 份；

乙组分：TiO_2 17.5%、50% 羟丙 64%、环己酮 8.0%、乙酸丁酯 10%、5% 硅油 0.5%。

（2）木器用白色聚氨酯漆。

甲组分：缩二脲；

乙组分：50% 羟丙 40%，TiO_2 25%，聚乙烯蜡 0.5%、稀料 34.5%。

（3）聚氨酯清漆。

甲组分：缩二脲；

乙组分：60% 羟丙 75%、乙二醇醚蜡酸酯 11.5%、二甲苯 13%、二月桂酸二丁基锡 0.5%。

双包装聚氨酯漆甲、乙两组分按 NCO∶OH = 1∶1 比例混合，芳香族多异氰酸酯可添加胺类催化剂来提高干燥速度，脂肪族多异氰酸酯则应采用锌盐类催化剂。

TDI 加合物主要与聚酯、环氧、聚醚配制防腐涂料，其中与环氧或聚醚配制的涂料有良好的抗化学介质性。聚醚还有很好的弹性，可以作地面涂料、防水涂料等。聚酯与缩二脲用于配制装饰性涂料，与 TDI 三聚体配制快干木器漆。羟丙树脂一般仅与缩二脲、HDI 三聚体配制高装饰性涂料。

双包装聚氨酯漆混合后，易产生气泡，应放置 15min 以后施工，以免涂膜有气孔。该类涂料应采用氨酯级溶剂，溶剂组成应随环境温度进行调整，使之有适宜的挥发性，以免流平性太差。

聚氨酯涂料与自由基聚合固化的涂料配伍，可制得 IPN 涂料。涂膜通过双固化机制，使两个交联网络相互贯穿，从而赋予涂膜优良的阻尼作用并改善各项物理力学性能，可用作阻尼材料和高级汽车车底抗石击涂料。

双包装聚氨酯涂料的主要力学性能如表 7-11 所示。

表 7-11　双包装聚氨酯涂料的主要力学性能

项　目		一般聚氨酯	IPN 聚氨酯
固体分/%		50 ± 2	50 ± 2
细度/μm		20	20
黏度（涂-4 杯）/s		$25 \sim 60$	35
干燥/h	表干	$\leqslant 4$	4
	实干	$\leqslant 24$	$\geqslant 48$
光泽/%		100	100
冲击韧度/$J \cdot mm^{-2}$		490	490
柔韧性/mm		3	3
附着力/级		$\leqslant 2$	1
硬度		$\geqslant 0.5$	0.55

7.9　乙烯基树脂漆

（1）PVC 涂料。聚氯乙烯（PVC）树脂由于链结构较规整、氯原子基团大、树脂紧密、结晶性较大、水汽透过率低，材料具有良好的耐化学性、耐磨性和耐腐蚀性。但由于树脂的结晶性、溶解性很差，无法配制溶剂型涂料，一般采用 PVC 糊配制溶剂型厚浆涂料，用作汽车底盘的抗石击涂料和汽车焊缝的密封材料。

汽车用抗石击涂料和汽车焊缝的密封剂主要由 PVC 糊（含增塑剂）、成膜聚结剂、填料及助剂组成。这类涂料由于黏度高，虽然贮存稳定性不成问题，但施工性和烘烤后涂膜质量各厂家还是有所差别的。对于触变性好的 PVC 涂料，涂料黏度较低（$40 \sim 60Pa \cdot s$），喷涂施工性好，烘烤后涂膜致密，无气孔和开裂现象。

PVC 糊性能对烘烤后涂膜完整性影响很大。树脂生产一般通过种子乳液聚合方法生产，所得树脂粒径大，容易被增塑剂增塑糊化。现在一些树脂生产厂家也采用微悬浮聚合方法生产，因为 PVC 不溶于氯乙烯单体，反应为非均相，这种"微粉状聚合"有利于得到疏松型 PVC，易被增塑剂塑化。均聚 PVC 涂层对底材附着力很差，一般选用共聚树脂。少量共聚单体所含极性基对涂层附着力有很大改善，并赋予涂膜一定的交联性能，使致密性和防护性进一步提高。

成膜聚结剂主要是高沸点醇醚类溶剂、低分子量聚酯、环氧、氨基树脂等。它与助剂一起，对 PVC 涂料的黏度、触变性及烘烤后涂膜性能产生重要的影响。

法国 Revco 公司 DC-70 PVC 抗石击涂料性能如表 7-12 所示。

表 7-12　DC-70PVC 抗石击涂料性能

固体分/%	95	抗石击性（涂层滞留量）/%	99
烘　干	150℃，30min	耐盐雾（360h）	无锈蚀
涂层质量	无气孔、无开裂	密封剂黏度/$Pa \cdot s$	56
抗过烘烤性（180℃，30min）	无气泡、无裂纹		

（2）氯醋共聚树脂漆。氯醋共聚树脂漆比氯乙烯树脂溶解性好，可配制溶剂型涂料，

树脂内增塑，涂膜有良好的柔韧性和附着力，耐候性优于过氯乙烯树脂漆，防护性能与过氯乙烯漆相当。

氯醋共聚树脂漆可用作耐酸碱化学腐蚀涂料，耐大气腐蚀、耐盐雾、抗潮湿或水下船底防腐蚀涂料。此类涂料的底漆、面漆和清漆都要涂 2~3 道，两道重涂间隔约 24h。

(3) 磷化底漆。磷化底漆由聚乙烯醇酸丁醛、碱式铬酸锌颜料、磷酸和醇类溶剂配制而成。

该涂料宜薄涂（6~10μm），以提高涂层附着力。在成膜过程中，分别发生磷酸对底材的磷酸盐转化、铬酸盐钝化及其树脂参与的交联成膜反应，大大改善随后涂层对底材的附着力并皆有一定的防锈性能，故又称预涂底漆；对于微锈的钢铁表面，涂料中磷酸对其有酸洗溶解和转化作用，故还称之为洗涤底漆。

在有色金属基材表面涂层附着力较差时，也往往采用磷化底漆打底来改善附着力。磷化底漆施工时，一定要薄涂，否则反而对附着力产生不利的影响。

(4) 氯化聚丙烯涂料。氯化聚丙烯树脂主要用来生产塑料薄膜用印刷油墨。随着热塑性聚烯烃（主要是聚丙烯）塑料制品的大量生产，并针对高档产品要求涂饰美化，而涂料附着力又很差的特点，开发了塑料底漆。聚丙烯塑料底漆是氯化聚丙烯纯树脂的稀溶液，在塑料表面形成约 3μm 的薄膜，类似于表面活性剂的单分子层吸附，氯化聚丙烯分子链在表面定向排布，使涂层与底材间的结合力提高。

该涂料不宜涂厚，也不允许含有颜填料，否则都将影响单分子吸附薄膜的形成。

(5) 高氯化聚乙烯。高氯化聚乙烯（HCPE）树脂是采用特定的工艺方法合成的，即聚乙烯加溶胀分散剂形成水悬浮液，在一定的压力下通入氯气氯化，再经脱酸、水洗、中和、脱碱、水洗、干燥形成含氯量高达 65% 以上的白色粉末。此 HCPE 的重复单元与过氯乙烯一样，但氯原子在分子链上无规则分布，没有像过氯乙烯那样的结晶性，很容易被溶解。因此它有良好的施工性能，防护性能和过氯乙烯相当。作为防护性涂料，高氯化聚乙烯可替代过氯乙烯漆、氯化橡胶漆、氯磺化聚乙烯漆、醇酸漆等。

高氯化聚乙烯涂料的主要性能如表 7-13 所示。

表 7-13 高氯化聚乙烯涂料的主要性能

项　目	铁红底漆	面　漆
表干/min	20	30
实干/h	2	3
柔韧性/mm	1	1
冲击韧度/J·mm^{-2}	490	490
附着力/级	≤2	1~2
硬度（摆杆）	≥0.35	0.35
光泽/%	—	<60

8　涂漆前表面处理

8.1　概述

各类材料或制品，在涂漆以前对其进行清除各类污物、整平及覆盖某类化学转化膜的任何准备工作，统称为漆前表面处理。漆前表面处理技术是涂装技术的重要部分，在整个漆前表面处理工艺过程中需要用到多种漆前表面处理产品。这些化工产品组成复杂，性能差异大，如果选用不当或在使用中各槽液得不到很好的控制和管理，反而对涂层质量产生不利影响。

漆前表面处理主要赋予涂层三大方面的作用。

（1）提高涂层对材料表面的附着力。提高涂膜附着力通常可采用以下方法：

1）对旧涂膜和材料表面粗糙度达 3.2μm 以下的光滑表面打磨粗化。

2）对金属表面进行化学覆膜（化学转化膜）。

3）对有色金属表面涂特种防锈涂料（磷化底漆、锌黄底漆、自泳涂料）。

4）偶联剂处理。

5）施以硬质薄膜化涂层等。

前两种方法就是一般意义上的漆前表面处理方法。

材料表面有油脂、污垢和锈蚀产物时，漆膜易整片剥落或产生各种外观缺陷。

（2）提高涂层对金属基体的防腐蚀防护能力。钢铁生锈以后，锈蚀产物中含有很不稳定的铁酸（$\alpha - FeOOH$），它在涂层下仍会锈蚀扩展和蔓延，使涂层迅速破坏而丧失保护功能。虽然可施以带锈涂料，但其可靠性还是存在问题，必须将铁锈除尽后再涂漆。

如果在洁净的钢铁表面进行磷化处理，形成磷酸锌盐化学转化膜，则涂层的防护性能会大幅度提高（见表 8-1）

表 8-1　磷化处理对电泳漆膜耐盐雾性的影响

磷 化 膜	阳极电泳漆膜（20μm）	阴极电泳漆膜（20μm）
无	约 96h	240 ~ 400h
$Zn_2Fe(PO_4)_2 \cdot 4H_2O$	300 ~ 400h	600 ~ 800h

只要磷化膜质量优良，那么在整个涂层的防护性能中，磷化处理对其作出的贡献达到 40% ~ 50%。由此可以看到，磷化处理在整个涂装生产中具有重要的作用和地位。它是所有涂装前处理中最重要的一种方法和技术，对涂层质量来说，它也是企业质量控制的一个重要环节。若用 $Zn_2Fe(PO_4)_2 \cdot 4H_2O$ 磷化膜和阴极电泳漆膜配套，可满足轿车涂层使用 8 ~ 10 年的要求。

（3）提高基体表面平整度。铸件表面的型砂、锻造及铁锈严重影响涂层的外观，必须喷砂、打磨除去。对于粗糙表面，涂漆后涂层暗淡无光，一般要求材料表面粗糙度达到 3.2 ~ 12.5μm。尤其是轿车涂层的外观装饰性中，与材料平整度相关的一项涂层的重要性能指标鲜映性（即涂膜成像清晰度）。高级轿车应达到 DOI1.0 以上，一般轿车要达到 DOI0.8。要达到如此高的鲜映性，可采用高达 80% 以上展平率的阴极电泳漆和优良的施工工艺管理。但对于高级轿车，显然还要考虑钢板表面粗糙度，国外要求材料表面粗糙度 $R_a0.6 \sim 1.0\mu m$，并且在冲压加工以前进行清洗，以防止铁屑在冲压加工时将表面压出许多小凹坑，影响表面的平整度。因此对于高档产品，材料表面平整度的控制是很严格的。

漆前表面处理主要包括除油、除锈、磷化、氧化、表面调整和钝化封闭等。表面调整和钝化封闭仅与磷化密切相关，而塑料等非金属材质又有其特殊的表面处理方法。

除油经常采用以下方法：

(1) 溶剂脱脂。该方法主要采用三氯乙烯蒸气脱脂。蒸气有毒，需在专用的封闭设备中进行。一般多于磷化配合，在脱脂用时，形成铁盐磷化膜，形成的磷化膜耐蚀性能优于水剂铁盐法，另外不需要冲洗水，节省水资源。

(2) 水剂脱脂。该清洗剂使用成本低，脱脂能力大，高效经济，适用于流水线使用，另外可借助超声波大大提高清洗效率。对于重油污和工序间清洗，还可采用乳液脱脂。乳液脱脂去污力强，但脱脂后有一层疏水膜。

除锈常采用以下方法：

(1) 酸洗除锈。该方法处理费用低、效率高，但产生较多酸雾，对车间设备损害大，对材料溶解损失大，残留酸易使材料表面产生返锈现象。生产线上的除锈和活化主要还是采用该方法。

(2) 机械除锈。该方法采用喷砂、抛丸进行，适合于大批量作业、铸件型砂和重锈的清理，除锈较彻底。

(3) 手工除锈。该方法采用钢丝刷、砂布电动磨具手工作业，用于清理少量、局部的表面锈蚀产物，但除锈不彻底。

化学覆膜采用以下方法：

(1) 磷化处理。该方法主要用于钢铁、镀锌板的漆前化学覆膜处理，形成的磷酸盐转化膜有阴极缓蚀作用，可提高涂层附着力和防护性。

(2) 氧化处理。氧化处理可分化学氧化和阳极氧化。阳极氧化主要用于铝合金表面形成氧化膜；铬酸化学氧化可用于锌合金和铝合金表面形成氧化膜，提高铝合金表面涂层的附着力。

塑料表面处理可采用以下方法：

(1) 物理方法。该方法主要是溶剂腐蚀，使材料表面多孔粗化，但必须立即涂漆。另外还可通过强碱腐蚀或打磨使表面粗化。

(2) 化学方法。该方法通过铬酸的氧化作用，使表面产生很多的极性基团，涂膜附着力得以提高。

(3) 物理化学方法。它包括火焰喷射、等离子体处理、紫外线照射、电晕处理等，使材料表面降解粗化并产生极性基团。

漆前表面处理剂的选择主要考虑材质、材料表面状态、涂层质量要求（依应用环境条件而定）、表面处理的技术经济性等。

不同材质采用化学处理，其目的是不同的。钢铁材料主要是提高耐蚀性，而锌合金、铝合金、塑料主要是为了提高涂膜附着力。因此选用的化学处理剂完全不同，整个工艺过程也产生很大差异。

同种材料表面的油污种类和锈蚀程度也可能不一样，采用的处理剂也要有针对性；物品的形状不同，采取的工艺方式也有差别。如果是油脂类污垢，就要靠强碱的皂化水解来清洗；如果工件形状复杂，就应采取浸渍方式，使各个部位都被处理。材质和各处理剂、处理方法的配套选择见表 8-2。

表 8-2　材质、处理剂和处理方法的配套性

材质	喷砂抛丸	酸洗除锈	水剂清洗剂（喷/浸）	表面调整（喷/浸）	磷　化	封闭与氧化	其　他
铸件	√	浸	表面活性剂	Ni 盐	锰盐、锌盐、铁盐，浸		
钢铁		浸	弱碱/中碱	钛胶	各类磷化剂[①]，（喷/浸）	Cr（Ⅲ）- PO₄ 系，浸	
铝合金			弱碱/中碱偏硅酸钠	碱活化	含 HF、H_2CrO_4 磷化剂[②]，浸	铬酸钝化，浸	
镀锌板			弱碱	钛胶	含 F⁻锌盐磷化剂，喷/喷-浸	Cr（Ⅳ）- Cr（Ⅲ）- PO₄	
塑料			中性/弱碱中温	专用表面活性剂液		铬酸氧化，浸	除脱模剂[③]

①铁系磷化适合于仪表、家具、农机、彩色钢板和粉末喷涂的磷化处理，常用喷；锌钙系适用于轻工产品的磷化处理，结晶较细，成膜快；锌盐适合于各类涂层配套，但磷化膜不宜太厚（< 3μm）；电泳涂漆应采用低锌磷化剂和浸渍工艺方式。

②铝合金的化学覆膜处理以铬酸氧化应用较多，磷化处理工艺操作性差。

③塑料表面脱模剂用水基清洗剂难除掉，可采用溶剂擦洗或水砂纸打磨的方法。

8.2　除油

金属材料经库存防锈和各种机加工过程，表面会黏附防锈油（脂）、润滑油（脂）、拉延油、切屑油、抛光膏等油污，金属屑、磨粒和灰尘等固体污垢及汗液和水溶性电解质。在涂漆前，必须将这些污垢彻底除去，以保证涂层有良好的附着力和防护性能。

金属表面的污垢常采用溶剂清洗、乳液清洗及水基清洗剂清洗。前两者主要适用于重油污表面的清洗。而作为金属表面处理的连续化生产工艺，主要是采用水基脱脂剂来除油。这类清洗剂以表面活性剂为基础，辅以碱性物质和其他助剂配制而成。表面活性剂在清洗过程中起主导作用，它在水中的溶解性可用 HLB 值表示。不同的 HLB 值使得表面活性剂在水中呈不同的分散状态，并赋予各种应用，见表 8-3。

表 8-3　不同的 HLB 值范围表面活性剂的应用

HLB 值范围	应　用	HLB 值范围	应　用
3 ~ 6	W/O 型乳化剂	13 ~ 15	清洗剂
7 ~ 9	润湿剂	15 ~ 18	增溶剂
8 ~ 18	W/O 型乳化剂		

8.2.1　污垢种类及其吸附性

污垢根据它在水中的溶解性和吸附性可分为 4 种。

（1）水溶性的无机物或有机物，如无机盐、汗液等。

（2）水不溶性无机物，如灰尘、氧化物、氧化铝、二氧化钼和石墨等固体润滑或磨光添加剂、磨粒及碳质吸附物，一般称之为固体污垢。

（3）水不溶的非极性有机物，如润滑油、凡士林轻防锈油、脂。

（4）水溶的非极性有机物，如动植物油脂、脂肪酸皂、重防锈油等。

污垢按其形态可分为固态污垢和液态污垢两类。蜡和脂类固体或半固态污垢，需要高温熔化才能除掉；碳质等微细颗粒聚集体的固体污垢，需要借助喷洗时的喷射作用力和添加专用助洗剂来清洗。液体污垢随着黏度升高，油污的流动性变弱，清洗也变得更困难，在除油前用热水先喷洗一下，有利于油污的洗净。

污垢在金属表面的吸附主要由化学吸附和物理吸附所致。

具有反应性基团的极性污垢在金属表面产生化学吸附，这种黏附作用很强，污垢很难除去。例如，金属涂防锈油并长期存放时，受光、热等环境因素影响，油品氧化在金属表面形成树脂状化学吸附膜，这种吸附膜必须靠强碱的皂化作用并借助强的机械作用力才能洗净。

非极性的液态污垢一般产生弱的物理附着，较容易除去，极性液态污垢由于偶极作用力，产生较强的物理附着，单靠清洗剂也难除去，需借助机械喷射力来清洗。

8.2.2　除油机理

对于油脂类极性污垢，可利用强碱在高温（80℃）中皂化水解来清洗。

生产的脂肪酸钠皂可溶于水，并且有表面活性剂的乳化、分散作用。如果在强碱中添加胶体性质的硅酸盐、三聚磷酸钠，可增强该清洗剂对油污的乳化分散稳定性，增强除油能力。

金属表面污垢极大部分是非极性的液态轻污垢。这类污垢一般采用中性或弱碱性的清洗剂除油。这类清洗剂的主要物质是表面活性剂。它的清洗过程是以表面活性剂的表面活性为主导作用，是表面活性剂的润湿作用、渗透作用、乳化作用、分散作用、增溶作用的综合体现。它的这种去污过程分为两个阶段。

首先，清洗液借助表面活性剂对金属的润湿、渗透作用，穿过油污层到达金属表面，在金属表面作定向吸附，并向油污金属界面不断渗入，使油污从金属表面剥离。这一过程称之为卷离。如果把均匀涂布油膜的金属浸入清洗剂中，首先可以看到油膜呈网状撕裂，进而分裂成细小碎片而脱离金属表面。

在卷离以后，被分裂的细小油污被胶束增溶、乳化及分散浸入溶液中。

如果表面活性剂的润湿作用差，金属表面油污的分离就不完全。如果表面活性剂的乳化、分散作用弱，则污垢将再沉积于金属表面，这样的清洗剂清洗能力就差。如果乳化能力很强，乳化状态就很稳定，油污使表面活性剂很快被耗尽，清洗剂使用期短；若乳化作用适中，经一定时间破乳，油污浮于表面，经溢流、过滤将浮油除去，这时表面活性剂消耗少，清洗剂使用期长。

　　因此，作为优良的清洗剂，清洗能力只是一个主要方面，但为了实用，清洗剂的使用寿命也必须给予考虑。

　　对于固体污垢，由于固体粒子不具备液体污垢的流动性，清洗剂向金属表面的渗透困难，因而较难清洗，通常需借助于机械作用力使之渗透，加速卷离。

8.2.3　水基清洗剂组成

8.2.3.1　表面活性剂

　　清洗剂的基本成分是表面活性剂，它的品种很多，通常分为阴离子型、阳离子型、两性表面活性剂及非离子表面活性剂四大类。作为水基清洗剂，主要采用阴离子型和非离子型两类。

　　（1）阴离子表面活性剂：主要有羧酸盐、硫酸酯盐、磺酸盐及膦酸酯盐。

　　1）羧酸盐，如油酸三乙醇胺，是清洗剂的常用成分，亦常用作乳化剂。

　　2）硫酸酯盐，如十二烷基硫酸钠，它的抗硬水性、润湿性优于羧酸盐。

　　3）磺酸盐，是最重要的一类阴离子表面活性剂，如十二烷基苯磺酸盐、琥珀酸酯磺酸钠（渗透剂 T），它们的渗透、润湿性很好，去污能力强。

　　4）膦酸酯盐，去污能力差，在清洗剂中不采用，但它具有一定的防锈性。

　　（2）非离子表面活性剂：这类表面活性剂很多具有润湿、渗透、乳化、分散作用，有些还具有低泡和消泡性能，它们的抗硬水性好，临界胶束浓度低，使用浓度低，是清洗剂最基本的成分。

　　非离子表面活性剂主要是聚氧乙烯缩合物。例如，聚氧乙烯脂肪醇醚、烷基酚聚氧醚、聚氧乙烯脂肪酸酯、聚醚等。这些表面活性剂随着环氧乙烷加合数增加，亲水性增加。例如，OP-4 是亲油性的，不溶于水；OP-10 易溶于水，有较强的去污能力。

　　聚醚是聚氧乙烯聚氧丙烯嵌段共聚物，它的泡沫低，并有消泡性，但润湿、乳化性差，去污力也弱。它的主要品种有 2010、2020、2040、2070 等，后两位数字是聚氧乙烯的百分含量。因此，从 2010 至 2070，水溶性增加，2010 在水中呈乳化分散，泡沫几乎为零。聚醚主要用于低泡清洗剂中。

　　另外，聚氧乙烯脂肪醇醚的磺酸盐（AES）也具有良好的去污能力，并且没有非离子型的"浊点"现象。

　　水基清洗剂的表面活性剂的选择，主要从两个方面考虑，即 HLB 值和分子结构。HLB 值在 13～15 时，适合于作清洗剂。

　　1）疏水基和油污分子结构相似，有利于增溶、乳化；

　　2）带支链的疏水基能有效降低界面张力，是好的润湿剂，但支链不利于胶束形成，界面膜的强度差，增溶、乳化效果差，因此单独作清洗剂效果差；

　　3）较长直链的疏水基有利于胶束形成，界面膜强，增溶、乳化性好；

　　4）分子小的表面活性剂渗透力强，适宜作润湿剂。

8.2.3.2　表面活性剂的复配

　　一个良好的清洗剂，它必须同时具有润湿渗透、增溶和乳化分散的能力。但是对于单一的表面活性剂，不可能同时具有优越的润湿渗透和乳化分散性能。因为这两个性能与分子的特定结构相关，它们对分子结构方面的要求正好相反。鉴于这个原因，应把具有润湿性和具有乳化分散性的两种表面活性剂进行复配，根据 HLB 值的加合性，其复合比使得复合表面活性剂的 HLB 值在 13～15 范围内。复配往往具有协同效应，使清洗剂的去污能力大幅度增大。

例如，0.25% 的润湿剂 JFC 和 0.25% 的 AES 复配，它们对机油的清洗能力分别是 68.2% 和 9.6%，清洗能力的总和是 77.8%。但复配以后，清洗能力达 99.9%，大大超出其清洗能力的代数和，显示出较强的协同效应。因此，良好的润湿剂和适宜的乳化剂复配，一方面能使油膜完全卷离；另一方面能被适当的乳化分散，但乳化作用不是很强，油污将浮于液面，赋予清洗剂最佳性能。

表面活性剂复配的协同效应还在于扩大了应用范围，可以清除多种类型的污垢。例如配以含氮的表面活性剂或有机物，可赋予除碳质污垢能力，单一的表面活性剂往往达不到这种目的。

复配也是为了使清洗剂具有其他工艺性能，如低泡性、稳定性、防锈性等。

8.2.3.3 助洗剂与表面活性剂的复配

助洗剂的作用主要表现在以下几个方面：

（1）络合剂软化水质的作用。

（2）碱性物质起调节 pH 作用，使油脂皂化而容易除去。

（3）提高表面活性剂的渗透、加溶作用，增强洗净性，促进胶束形成，降低临界胶束浓度，延长使用寿命。

（4）缓蚀剂起防锈作用。

因此，以这几方面看，助洗剂主要有以下几种。

（1）三聚磷酸钠：三聚磷酸钠对钙离子有络合作用，能软化水质，提高清洗剂在硬水中的去污能力。三聚磷酸钠在水中为带电荷胶团结构，能够吸附于污垢微粒上，具有乳化、分散作用，有明显的助洗能力。

（2）硅酸钠：主要是正硅酸钠、偏硅酸钠及模数 2.5～3 的水玻璃。硅酸钠溶液呈胶体性质，胶团带负电荷，它吸附于污垢微粒而使微粒带电荷，受同性排斥作用，具有乳化、分散作用。另外，它具有较强碱性，对 pH 有缓冲作用，对铝有较强缓蚀性。

（3）碳酸钠：它为碱性物质，给予清洗剂一定碱度，保证 pH > 10，使之对油脂起皂化作用。氢氧化钠由于碱性太强，使金属表面腐蚀，对后面磷化处理产生不良影响，一般不用。

（4）EDTA：EDTA 为络合剂，可软化水质，亦有一定的助洗能力。

除了上述助洗剂，在喷式清洗剂中还需添加消泡剂，以改善工艺可操作性。

8.2.4 清洗工艺

8.2.4.1 清洗剂的选择

清洗剂的品种众多，各清洗剂的特性也大不一样，对不同污垢、不同材质和特定的工艺要求（例如能耗、环保、生产率、工艺操作性等），就应选择与其相适应的清洗剂。虽然市场上清洗剂牌号繁杂，但就目前来说，可分为以下几种类型，见表 8-4。

表 8-4　清洗剂种类与特点

类　型	碱　性	工艺方式	清洗温度、时间	特点与应用
一般型	强 pH > 13	浸	55 ~ 65℃，5 ~ 15min	清洗力强，碱度在 30 点左右；使磷化膜变粗
	中 pH 11 ~ 12		60℃，5 ~ 15min	工序间脱脂、钢板脱脂剂，碱度约 20 点以上；碱度 18 点以下，可加表调剂
	强	喷	40 ~ 60℃，1 ~ 3min	清洗力强，排放液 COD 值低，亦可电解脱脂
	中		40 ~ 60℃，1 ~ 3min	清洗力强，排放液 COD 值低
	弱 pH < 10		40 ~ 65℃，1 ~ 3min	碱度 8 ~ 12 点，可加表调剂；有些油分离凝聚性良好
低泡型	中	喷	40 ~ 65℃，1 ~ 3min	无磷质，仅对油淬钢板有效
	弱		40 ~ 45℃，1 ~ 3min	可加表调剂
油水分离型	强	浸	60℃，> 2min	两液包装型，亦可喷
	弱	喷	50 ~ 60℃，1 ~ 3min	超滤透过性良好
低公害型	强	浸	80 ~ 100℃，1 ~ 15min	无 N、P 质，低 COD 值
		喷	50 ~ 60℃，2 ~ 3min	无 N、P 质
	中		45℃	无 N、P 质，油水分离性良好
节能型	强	浸	40 ~ 45℃，1 ~ 3min	低泡性，亦可喷
	中	喷		
	弱			可加表调剂
铝合金专用	强、中、弱	浸/喷	—	中、强碱需加偏硅酸钠缓蚀剂
塑料专用	中、弱碱、中性	喷	45 ~ 65℃，1 ~ 3min	中碱性约 18 点，弱碱性 8 ~ 12 点；不含 $NaOH$、Na_2SiO_3 等难漂洗净物质
二合一	强酸性	浸	常温至中温	除油除锈二合一
	弱酸性	喷	45 ~ 60℃，1 ~ 3min	脱脂、铁系磷化二合一

对于铝合金和锌合金材质，在碱性介质中会产生严重腐蚀。例如，铝在 pH9 以上、锌在 pH10 以上都会腐蚀。对于有色金属宜选用有弱碱碳酸钠、磷酸钠偏硅酸钠等配成的弱碱清洗剂，洗涤剂的 pH 应在 10 以下，否则应加缓蚀剂并控制碱度。

8.2.4.2　工艺方式选择

除油工艺方式有浸渍、喷射、电解和超声波等，流水线作业主要采用前两种方法。

浸渍法对复杂形状工件也适用，其设备构造简单，槽液允许有稍多泡沫，但清洗效果较差，需要较高浓度的清洗剂和处理温度。

喷射法由于有强的喷射作用力（一般在 0.1 ~ 0.2MPa），除油效果好，处理时间短，但不适合复杂形状工件的除油，不允许有很多泡沫。为了降低泡沫，必须选用不含阴离子表面活性剂的低泡清洗剂，并在 60℃ 左右的较高温度下清洗，以减少泡沫的形成。不含表面活性剂的清洗剂可采取高压清洗（> 0.2 MPa）。

清洗方式的选择主要考虑以下因素：

（1）污垢性质和粘污程度；

（2）工件形状；

（3）生产量大小；

（4）工艺的技术经济性等。

从这几大方面来确定是否采用浸渍或喷，或喷/浸结合，或手工预擦洗，或借助超声波等。

8.2.4.3 工艺操作

工业应用中，通常采用浸渍或喷洗的方式进行。在连续化生产线中，由于生产量大，节奏快，要求清洗时间短，这时就采用喷洗方式。喷射时机械冲击力有助于污垢的脱落。

在采用喷洗方式时，应选用低泡清洗剂，否则将生产大量泡沫，一方面溢槽造成浪费，另一方面，喷射产生气阻，使喷洗无法正常进行。

从油污黏附情况看，有些部件上油污黏附量较大。为了保证清洗效果及其随后的磷化处理质量，一般应人工擦洗预除油；为了保证内腔的清洗效果，在喷洗以后再经浸渍清洗。

采用先喷射后浸渍脱脂时，在喷射工位，工件上的油污基本上被洗脱下来，使随后的浸渍槽负载油污量大大减少，以免槽液表面漂浮过多油污，在进出槽时重新粘污；另外，喷射槽容积比浸槽容积小得多，以免槽液（浸槽）经常更换，造成运行费用增加。

喷射槽由于负载油污量较大，通常安装油水分离装置，但即使经过油污分离，槽液一般每周仍需更换 1 ~ 2 次。而浸渍槽的使用寿命要长得多，经过滤后可达一年。

从汽车涂装前处理国内外情况分析，脱脂液要求 pH 值不大于 10（低碱度），低泡，温度不高于 60℃（中温）。

在清洗过程中，要避免泵和管路循环系统中混入空气，导致泡沫过多。泵磨损以后要及时维修、更换。在泡沫较多的情况下，有时也可通过工艺温度来控制泡沫。皂类表面活性剂低温时泡沫少；低泡表面活性剂或加消泡剂的清洗剂，升温泡沫减少。

在工艺过程中，还要注意水洗质量。水洗工序主要应解决漂洗与耗水量的关系。漂洗不充分或水质较差，将影响后续工序（串液），或使涂膜发生早期起泡，或在高温湿热条件下涂膜产生条状起泡。

一般在脱脂后水洗时，漂洗性较差，且漂洗性跟清洗剂中的组分有很大关系。特别是碱性物质，水漂洗性按 Na_2CO_3、Na_3PO_4、Na_2SiO_3、$NaOH$ 顺序递减。例如，5% 碱质溶液，用循环水漂洗干净的次数大致为：Na_2CO_3 2 ~ 4 次、Na_2SiO_3 5 ~ 7 次、$NaOH$ 9 ~ 10 次。表面活性剂则以 OP-10 较难漂洗。

为了能够在工艺时间内漂洗干净，漂洗水水质也应控制。第一道漂洗水质控制在约 2000μS/cm，相当于水中含 10% 脱脂液；第二道漂洗水质控制在约 200μS/cm，相当于含 1% 脱脂液；第三道漂洗水质控制于 0.1% 脱脂液浓度，接近于自来水电导率。新鲜自来水按逆循环方式定期、定量补加，使耗水量最少，且洁净自来水的水质要求硬度小于 10^{-4}（以 $CaCO_3$ 计），电导率 200μS/cm。

漂洗方式对漂洗性影响如下：水洗后工件表面杂质带出量，喷-喷 > 浸-喷 > 喷-浸。可见喷浸方式漂洗性最好，但对于简单形状工件，也可采用喷-喷方式漂洗。

水漂洗时间以有足够润湿量便可，约 10s，但沥水时间需 30s，以防滴落到下道工序槽液中。漂洗水温度一般为常温。当需要提高漂洗性或减少漂洗水泡沫，第一道漂洗水可采用60℃热水；如果希望加快工件表面水分的干燥，最后一道漂洗水温度可升至 60 ~ 80℃。

8.3 除锈

8.3.1 化学除锈

化学除锈是利用酸对铁锈氧化物的溶解作用进行的酸洗处理，主要采用盐酸、硫酸、硝酸、磷酸及其他有机酸和氢氟酸的复合酸液。锈蚀产物中，FeO 易被溶解，Fe_3O_4 较难溶解，Fe_2O_3 则最难溶解。

8.3.1.1 酸洗液

（1）盐酸。盐酸酸洗应用比较广泛，其特点是：

1）锈溶解力强，溶解速度快，处理时间短；

2）成本低；

3）材料不易发生过腐蚀，氢脆作用小。

盐酸除锈时，由于其氯化物的溶解度大，锈蚀产物能全部溶解，溶解过程常温下就能进行，且温度对其影响不大。

盐酸是挥发性酸，浓度在 10% 以下，挥发性不明显；浓度大于 20% 时，挥发性显著增加。因此酸洗液浓度一般在 5% ~ 20%。由于提高温度不但对溶锈作用增加不显著，反而会使挥发性大幅度增加，因此只限常温使用，没有必要（也不允许）加热处理。

（2）硫酸。硫酸盐的溶解度较小，随着温度升高，溶解度显著增大。因此常温下硫酸除锈能力弱，必须升至中温才能对铁锈产生较强的直接溶解作用。

若酸洗液中 Fe^{2+} 浓度超过 80 ~ 100g/L，则在金属表面析出 $FeSO_4$ 结晶，酸洗能力变得很弱，需更换槽液。

硫酸酸洗时，金属过腐蚀严重，同时产生大量的氢气，易造成材料氢脆；另外，有氢气泡从表面逸出，对铁锈层产生机械剥落作用，块状锈渣沉底形成淤泥，使槽子的清理工作量大大增加。

对于厚锈层或氧化皮，靠硫酸从外层向里层溶解除锈的过程非常缓慢，特别是氧化皮，外层为难溶的 Fe_2O_3，这时应借助大量氢气泡逸出所产生的机械剥离作用，即氢气泡逸出时的爆破力使氧化皮破裂和脱落。此时应选用较弱的酸洗缓释剂。

尽管硫酸是非挥发性酸，但浓度增大时具有氧化致钝化性，因此硫酸除锈适宜浓度是 20% ~ 40%。

硫酸除锈由于成本低、酸雾小，工业应用也比较广泛，尤其适用于除重锈和氧化皮。

（3）磷酸。磷酸是中强酸，磷酸盐的溶解度较低，甚至难溶，因此磷酸的除锈能力较弱。磷酸的成本较高，但在酸洗过程中可形成一层磷酸盐转化膜，具有缓蚀性。一般仅在有特殊要求的情况下才用磷酸来除油。有时也将磷酸与盐酸或硫酸复合，以提高酸洗件的表面光滑度和抗返锈性。

8.3.1.2 酸洗缓蚀剂

在酸洗除锈的同时，大量的金属易被溶解。金属大量溶解的结果：

（1）造成材料溶解损失大；

（2）产生大量氢气而氢脆，需增加一道脱氢工序；

（3）额外消耗大量酸液，影响槽液使用寿命。

盐酸除锈时，酸液中 Fe^{2+} 达 $100 \sim 200g/L$ 时需要补加新鲜酸液；硫酸除锈时，Fe^{2+} 达 $80 \sim 120g/L$ 时应更换槽液。因此除锈液除酸质外，还需添加缓蚀剂。缓蚀剂应满足以下要求：

（1）缓蚀效率高（大于 90%），不得有促进渗氢作用；

（2）不影响除锈能力；

（3）用量少（一般 0.2% ~0.5%），使用简便、安全。

酸洗缓蚀剂绝大多数是有机物，也有少数无机物。按它在金属表面形成保护膜的类型分为三种。

（1）吸附性缓蚀剂：如有机胺类、硫醇、炔醇等。有机胺在酸中形成铵离子，吸附在腐蚀反应的阴极区域，称为阴极性缓蚀剂；硫醇、炔醇都呈弱酸性，电离后带负电荷的基团将吸附于阳极区域，称为阳极缓蚀剂。有些缓蚀剂具有这两类基团的特性，在阴极和阳极区域都能吸附，称为混合型缓蚀剂。

（2）氧化型缓蚀剂：如硝酸介质中的 $K_2Cr_2O_7$、$KClO_3$ 等。

（3）成膜型缓蚀剂：如 $AsCl_3$、$SbCl_3$ 等。这些阳离子与金属铁发生置换反应，于铁表面阴极区域形成一薄层沉积膜，提高了氢气的析出过电位，抑制共轭阳极反应的进行。但该缓蚀剂存在促进渗氢作用和有一定毒性的不利因素，一般不采用。

缓蚀剂的作用机理不一样，若两种或多种缓蚀剂复合使用，可提高缓蚀效率。各类缓蚀剂的缓蚀作用对酸的种类有选择性，应根据不同酸质分别进行选择。

（1）盐酸酸洗缓蚀剂：有机类的有硫脲系、酰胺系、咪唑啉系、季铵盐系、松香胺系、有机胺系及杂环酮胺类、炔醇类、硫醇类等化合物，品种有数百种之多，一般的有乌洛托品、若丁、$AsCl_3$、$SbCl_3$ 等。

（2）硫酸酸洗缓蚀剂：硫酸缓蚀剂主要是若丁系列，硫脲及其衍生物，硫脲浓度增大时，缓蚀作用减弱。国内主要品种有天津若丁、沈 1 – D、工读 – 3 号、兰 4 – A、7701 等。含硫缓蚀剂会引起酸洗后金属的脆性。卤素类亦有缓蚀作用，且 $I^- > Br^- > Cl^-$，因此亦可用 1% HCl 作硫酸酸洗缓蚀剂，添加 4% NaCl 亦可。另外，$SbCl_3$、砷化合物同样也是较好的硫酸缓蚀剂。

酸洗以后必须充分水洗并经中和消除残酸的影响。不同酸洗工艺过程对涂层防护性的结果见表 8-5。

表 8-5 不同酸洗工艺过程涂漆后的耐盐雾性

序 号	除锈工艺过程	盐雾试验结果
1	盐酸→水洗→中和→水洗→干燥→涂漆	140h，2 级
2	硫酸→水洗→中和→水洗→干燥→涂漆	140h，2 级
3	磷酸→水洗→中和→水洗→干燥→涂漆	140h，2 级
4	盐酸→水洗→干燥→涂漆	95h，2 级
5	硫酸→水洗→干燥→涂漆	95h，2 级
6	磷酸→干燥→涂漆	140h，5 级

注：涂二道红丹底漆；5 级优 1 级最差。

显然，酸洗后，单靠水洗不能把残酸除尽，涂漆后的防护性差。对于磷酸这种特殊的酸，可以不水洗、不中和，在干燥时残酸能全部用于形成转化膜，耐蚀性反而大大提高。

在酸洗工艺过程中，还要注意以下几个方面：

（1）酸洗过程中会产生大量的酸雾，一方面影响工人的身体健康；另一方面造成车间内设备腐蚀严重，缩短设备的使用年限，影响涂漆产品的质量。因此，需要设置通风排气装置。另外，在酸液中可添加酸雾抑制剂，如十二烷基苯磺酸钠，使之在液面形成泡沫层，防止酸雾逸出扩散。从工艺方式考虑，宜采用浸渍处理，不宜采取喷射处理，否则酸雾严重。

（2）带有油污的锈蚀工件应先除油再除锈。在油污不太严重的情况下，可在酸洗液中添加非离子表面活性剂，达到除油除锈同时进行的目的。

（3）酸洗后的第一道水洗温度应该与酸洗液温度一致。例如于中温硫酸介质酸洗的工件，第一道热水洗，以后可以冷水洗；而于室温盐酸介质酸洗的工件，第一道应温水洗，以后可以热水或冷水洗。中和残酸一般用 5% ~ 10% Na_2CO_3 弱碱溶液。

（4）酸洗时间应尽可能短，以避免材料过蚀。工件酸洗以后不宜在空气中停留，应立即转入下道工序，以免发生二次生锈。

8.3.2　机械除锈

机械除锈分手工除锈和喷砂抛丸除锈两大类。

（1）手工除锈。手工除锈是利用尖刀锤、刮刀、铲刀、钢丝刷、砂布等简单工具来进行作业，工人的劳动强度大，效率低，且除锈不彻底。手工除锈仅适合小量作业和局部表面除锈。也可以借助电动打磨工具来减轻劳动强度，提高工作效率。

（2）喷砂抛丸除锈。喷砂（丸）除锈是利用压缩空气将砂（丸）推（吸）进喷枪，从喷嘴喷出，撞击工件表面使锈层脱落。它的工作效率高，除锈彻底，除锈等级可达 Sa2.5 ~ Sa3 级，并可减轻工作强度。喷砂以后工件表面比较粗糙，有利于提高涂膜附着力。

8.4　磷化处理

8.4.1　磷化膜的组成

磷化膜的组成依其磷化处理体系不同而不同。即使是同一体系的磷化处理，随其所采取的实施方法，磷化膜组成和结晶结构也有差别。各磷化体系及其所生成的磷化膜组成见表 8-6。

表 8-6　磷化膜的种类和组成

基体金属	磷化膜类型	组　成	外观及膜重	用　途
钢　铁	磷酸锌	$Zn_3(PO_4)_2 \cdot 4H_2O$ $Zn_3Fe(PO_4)_2 \cdot 4H_2O$	灰黑色结晶 1 ~ 3g/m²	汽车、家具、家用电器、建材
	磷酸铁	$Fe_3(PO_4)_2 \cdot 8H_2O$ $\gamma - Fe_2O_3$ $FePO_4 \cdot 2H_2O$	无定形，彩色 0.1 ~ 1g/m²	农机、汽车、家具、电器、彩色钢板

基体金属	磷化膜类型	组 成	外观及膜重	用 途
钢 铁	磷酸锌钙	$Zn_3(PO_4)_2 \cdot 4H_2O$ $Zn_3Fe(PO_4)_2 \cdot 4H_2O$ $Zn_3Ca(PO_4)_2 \cdot 4H_2O$	灰色结晶 $1 \sim 3g/m^2$	家用电器、汽车
	磷酸钙	$CaHPO_4 \cdot 2H_2O$ 及 $CaHPO_4$	浅灰色，微晶 $0.35g/m^2$	家用电器
锌合金	磷酸锌	$54Zn_3(PO_4)_2 \cdot 11AlPO_4 \cdot$ $Ni_3(PO_4)_2 \cdot 144H_2O$	灰色结晶 $0.5 \sim 3g/m^2$	汽 车
铝合金	磷酸铬	$Al_2O_3 \cdot 2CrPO_4 \cdot 8H_2O$ 或 $Al_2O_3 \cdot 2CrPO_4 \cdot 44H_2O$	无色至绿色非晶型 $0.5 \sim 5g/m^2$，含铬 $5 \sim 40mg/m^2$	铝罐、着色铝材、航空机械

（1）磷酸锌盐膜：斜方晶的水合磷酸锌，化学式为 $Zn_3(PO_4)_2 \cdot 4H_2O$。在磷化膜锌膜中，一般还含有单斜晶的水合磷酸锌铁，化学式为 $Zn_2Fe(PO_4)_2 \cdot 4H_2O$。若磷化液中含有其他金属离子（$M^{2+}$），则还可能混有 $Zn_2M(PO_4)_2 \cdot 4H_2O$ 的成分。

（2）磷酸锌钙膜：斜方晶的水合磷酸锌钙膜，化学式为 $Zn_2Ca(PO_4)_2 \cdot 2H_2O$。

（3）磷酸钙膜：单斜晶的水合磷酸氢钙，化学式为 $CaHPO_4 \cdot H_2O$；三斜晶的无水磷酸氢钙，化学式为 $CaHPO_4$。

（4）磷酸铅膜：其组成为 $Pb_{10}(OH)_2 \cdot (PO_4)_6$，也有可能含有 $Pb_{10} \cdot Cl_2 \cdot (PO_4)_6$，磷酸铅膜具有一点导电性，因而可进行点焊操作。若用于电泳涂装，则电能消耗和未磷化时相当。

（5）磷酸铬膜：铝材表面形成的磷化膜，其组成为 $Al_2O_3 \cdot 2CrPO_4 \cdot 8H_2O$ 或 $Al_2O_3 \cdot 8CrPO_4 \cdot 44H_2O$；若用含锌磷化液处理铝材表面，形成 $54Zn_3(PO_4)_2 \cdot 11AlPO_4 \cdot AlPO_4 \cdot Ni_3(PO_4)_2 \cdot 144H_2O$ 的磷酸铬膜。

（6）磷酸锡盐：并非直接磷化成膜，实际上是作为磷化膜的封闭剂，仅在铁盐磷化时加入锡盐，使之同时磷化或封闭，此时才只有磷化的概念。

8.4.2 磷化成膜机理

8.4.2.1 化学转化过程

所有的磷化液都是由磷酸、碱金属或重金属的磷酸二氢盐及氧化性促进剂组成的酸性溶液。因此，整个磷化过程都包含有基体金属的溶解反应、难溶磷酸盐结晶沉淀的成膜过程及氧化性促进剂的去极化作用。

（1）基体金属的溶解反应。磷化液的 pH 一般在 $2 \sim 5.5$ 之间，呈酸性。因此当金属和此酸性溶液接触时，必然产生由局部阳极和局部阴极反应组成的金属溶解过程。

$$局部阳极：M \longrightarrow M^{2+} + 2e$$

$$局部阴极：2H^+ + 2e \longrightarrow H_2 \uparrow$$

$$金属溶解反应：M + 2H_3PO_4 \longrightarrow M(H_2PO_4)_2 + H_2 \uparrow$$

（2）成膜反应。由于局部阴极区域 H^+ 被还原而消耗，酸度下降，使得在第一阶段形成的可溶性二价金属磷酸二氢盐离解成溶解度较小的磷酸一氢盐：

$$M(H_2PO_4)_2 \longrightarrow MHPO_4 + H_2\uparrow$$

只要 pH 值上升一定程度，则二价金属磷酸二氢盐主要离解生成不溶性二价金属磷酸盐。此离解比较迅速：

$$3M(H_2PO_4)_2 \longrightarrow M_3PO_4 + 4H_3PO_4$$

同时
$$3MHPO_4 \longrightarrow M_3(PO_4)_2 + H_3PO_4$$

难溶磷酸盐的溶度积列于表 8-7。

表 8-7　难溶磷酸盐的溶度积（18～25℃）

磷 酸 盐	溶度积 K_{SP}	磷 酸 盐	溶度积 K_{SP}
$Zn_3(PO_4)_2$	9.1×10^{-33}	$AlPO_4$	6.3×10^{-19}
$Ni_3(PO_4)_2$	5×10^{-31}	$CrPO_4$（绿）	2.4×10^{-23}
$Co_3(PO_4)_2$	2×10^{-35}	$CrPO_4$（紫）	1.0×10^{-17}
$Ca_3(PO_4)_2$	2.0×10^{-29}	$FePO_4$	1.3×10^{-22}
$Pb_3(PO_4)_2$	8.0×10^{-43}	$PbHPO_4$	1.4×10^{-10}

难溶的 $M_3(PO_4)_2$ 在金属表面的局部阴极区域沉积析出。当整个阴极区域都被沉积物覆盖时，成膜反应结束，从而在金属表面形成完整的磷化膜覆盖层。

（3）氧化性促进剂的去极化作用和对金属溶解的促进。金属溶解时产生的氢气易吸附于局部阴极的金属表面，从而阻碍水解产生的二价金属磷酸盐在阴极区域的沉积，不能形成磷化膜。水解产物则于溶液中沉淀析出成渣，既浪费成膜原料，又使渣量大大增加。显然，这在工艺方面将造成困难，对膜的性能也不能保证，因为孔隙率将很大。

氧化剂的去极化作用是将还原形成的初生态氢氧化成水：

$$2[H] + [O] \longrightarrow H_2O$$

与去极化作用密切关联的是促进剂对金属溶解的促进。它是通过促进剂对 H_2 的氧化和沉积作用，导致阳极电流密度增加而促进溶解速度，亦即提高可溶性二价金属磷酸二氢盐的生成速度。从成膜反应可知，二价金属磷酸盐的生成对成膜速度有控制作用。例如，铁盐磷化时，用于沉积的物质 $Fe(H_2PO_4)_2$ 是铁溶解而产生的，原料浓度增加必然加快成膜速度。

氧化剂的这种去极化作用可以增加局部电流密度。局部电流密度的增加可导致局部阳极成为钝态，其结果增加了局部阴极对局部阳极的面积比。由于成膜物质晶粒在阴极表面上析出，阴极面积增加，晶粒析出增多，生成磷化膜细而快。所以，增大阴阳极面积比，可增加结晶的颗粒数。

除了和成膜密切相关的上述三个反应外，磷化过程还有形成磷化渣的副反应：

$$Fe(H_2PO_4)_2 + [O] \longrightarrow FePO_4\downarrow + H_3PO_4 + \frac{1}{2}H_2O$$

显然，氧化促进剂除了促进成膜外，亦有助于渣的形成。由于氧化剂将 Fe^{2+} 氧化成 Fe^{3+}，以沉渣形式排除，避免了溶液中 Fe^{2+} 浓度增加对 Fe 溶解的抑制作用，从而提高了磷化速度。

8.4.2.2　成膜动力学

磷化处理的成膜动力学过程可分为四个阶段：诱导期（α）、膜的初始生长期（β）、指数式生长期（γ）和线性生长期（δ）。

　　α 阶段取决于抑制溶解反应的表面钝化、表面润湿及晶核的生成等作用。在 β 阶段形成初始膜，但膜的主要生长是在 γ 阶段，δ 阶段则使膜更完善。加入促进剂显然是缩短 α 阶段，加快膜的生成。

　　当用 ClO_3^- 和 NO_3^- 作促进剂时，都在较高温度下才能起作用。ClO_3^- 促进剂使用温度高于 55°C，形成磷化膜薄而细致，氧化作用也比较稳定，没有 δ 阶段。NO_3^- 作促进剂，需更高的使用温度（>75°C），氧化作用不稳定，在 γ 阶段之后，因其分解作用，磷酸盐继续沉积，膜厚增长平稳，产生线性生长期，以致获得较粗的厚膜。

　　H_2O_2、$NaNO_2$ 作促进剂，氧化作用强，成膜过程可实现低温快速，但不稳定，易分解，生成渣量较多，膜稍粗。H_2O_2 和 $NaNO_2$ 中以 $NaNO_2$ 应用较多，因 H_2O_2 在酸性介质更易分解。

　　若用 $NaClO_3$ 有机硝基化合物或仅用有机硝基化合物作促进剂，同样可实现低温、快速，且产渣量少，形成膜较细致，氧化作用比较稳定。其成膜速率也比较快，见图 8-1。

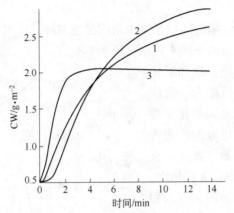

图 8-1　中低温下氧化剂的促进作用

1—50℃下，SNBS 促进剂，磷酸锌膜的生长；2—50℃下，SNBS 促进剂，
钙改性磷酸锌膜的生长；3—50℃下，$NaClO_3$-SNBS 复合促进剂，磷酸锌膜的生长

　　在有机氧化剂（SNBS）作促进剂时，诱导期主要是受晶核形成作用所抑制。由于磷酸盐的晶核形成有差别，钙改性则使诱导期延长（见图 8-1 曲线 1、2）。当 SNBS 和 $NaClO_3$ 复合时，促进作用大于纯有机硝基化合物（见图 8-1 曲线 3），诱导期几乎消失，γ 期也缩短，膜的生成速度极快。

　　在图 8-1 中，曲线 1、2 的生长特征基本一致，速度也差不多，因此体系的磷化过程成膜动力学主要由所采用的氧化性促进剂所决定。曲线 1、2 形状和 NO_3^- 作促进剂的差不多，即单纯的有机硝基化合物促进剂仍呈现 NO_3^- 的特征。而曲线 3 和单独的 ClO_3^- 促进剂特征差不多，即它与 SNBS 复合时，仍保持单独 ClO_3^- 作促进剂时的特征。唯一的差别是诱导期大大缩短，磷化速度加快。

　　通过电位测量，可用来监测磷化膜的生长过程，见图 8-2。

　　电位的初期升高对应于金属溶解的第一阶段（α）。由于溶解反应很快，在局部阳极

区域产生的 $Fe(H_2PO_4)_2$ 浓度迅速增加而达到饱和，并在局部阴极溶解不可逆的无定形形态沉积于表面，导致电位图上电位的急剧下降，形成初始沉积膜（β 期）。由于最先生成的无定形沉积初具钝化作用，随后的电位变化趋势较平坦。

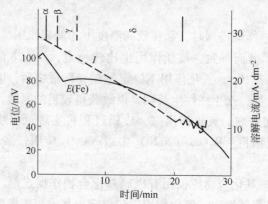

图 8-2　磷酸锌成膜的电位-时间曲线及溶解电流（高温，NO_3^- 促进剂）

　　除了用单位面积膜质量随时间增长来表示成膜速率外，也可以采用孔隙率，更确切的说是阳极面积百分率随时间的下降来表示，见图 8-3。

　　因此，速率常数 k 只是温度和活化能的函数。温度升高，k 值增大，反应加快。活化能则由被磷化金属的化学性能及其表面物理形态、磷化液的性能等因素所决定。磷化液的性能主要是氧化型促进剂，它降低活化能而使 k 值增大，磷化加快；此外，成膜物质的浓度、物质在界面处的扩散、成膜时的晶核生成及其结晶排列等也影响磷化液的性能。通常情况下，各项因素是彼此相关的。

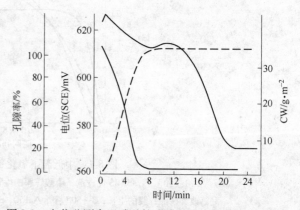

图 8-3　电位监测高温磷酸锌成膜的速率及孔隙率变化

8.4.2.3　晶核的形成

　　由金属溶解反应导致局部阴极区域界面附近溶液的酸度下降，从而形成过饱和溶液。在 pH4 ~ 5 时，出现磷酸盐的起始沉淀点（PIP），见图 8-4。

　　这样，晶核在局部阴极区域生成。出现起始沉淀点的 pH 值则随溶液中 PO₄Zn 比值的升高而提高，见图 8-5。

　　另外，最先形成的不完善起始磷酸铁、氧化铁混合物组成的钝化膜也能作为供磷酸锌结晶增长的晶核。

　　从金属表面结构看来，表面存在着供磷化膜结晶生长的"活性中心"。该活性中心具有一定的能级、数量和表面分布。活性中心的能级决定了晶核生成难易程度；活性中心的数量和表面分布则影响晶核的数量和分布，从而影响磷化膜的粗细和致密性。晶核生成速率随活性中心数量而增加，但主要的制约因素还是活性中心的能级。

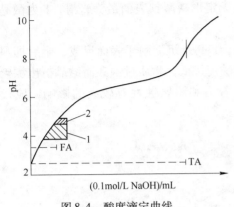

图 8-4　酸度滴定曲线
1—PIP 区域；2—沉淀区

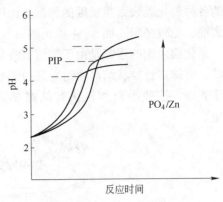

图 8-5　PIP-PO$_4$/Zn 关系曲线

一般地，钢铁表面晶粒界面处都是晶粒形成的活性中心，所以钢铁结晶组织越小，磷酸盐结晶的析出越大。

晶核都是在反应开始后的最初几秒内完成，随后的结晶过程只使晶粒长大，而晶粒数并不增多。一般情况下，单位面积的钢铁表面，有几十万至几百万个晶粒。喷磷化和浸磷化的晶核生成数有很大差别，一般喷磷化晶核生成数多，速度快，膜细致。

金属的表面状态可以用化学整理剂进行表面调整，如磷酸钛胶体液。调整以后，改善了表面活性中心的密度，有助于提高磷化膜的质量和速率。此外，亦可通过机械活化手段，如砂纸打磨、擦拭来提高成膜速度。因为晶核数量还与金属表面粗糙度成正比，这样，打磨以后得到磷化膜细致；而擦拭作用则给予金属表面能量，使活性中心的能级升高，磷化加快。

8.4.3　磷化膜的一般特性

8.4.3.1　磷化膜的外观

磷化膜表面色调与膜的厚度和晶体结构有关。结晶磷酸盐膜色调范围是浅灰至深灰，且膜越粗越厚，色调越深，如粗膜磷酸锰、厚膜磷酸锌等，为深灰色。无定形磷酸铁膜由于很薄，出现干涉色，因而呈彩色调。

根据外观特征可以大致判断膜的种类，如有光泽、光滑、彩色膜——磷酸铁；结晶细致、色浅灰发白——磷酸锌钙；结晶由细致至粗，色浅灰至深灰——磷酸锌；膜粗而深灰，且发黑——磷酸锰。

磷酸膜表面有光亮斑点，是裸露金属表面，说明磷化很不完全，孔隙率大；若有色斑，说明磷化膜不均匀，颜色浅的区域膜薄。

表面光泽与膜的致密度有关。粗疏松的膜表面暗淡，结晶微细致密的膜表面有光泽，尤其是磷酸铁无定形膜表面有较大光泽和润滑性。结晶粒度和形状应用金相显微镜观察较为方便，一般用几百倍的放大镜目测。但若要确定膜中晶体的结构形状，该放大倍率不够，可采用更高倍率的电子显微镜，用它观察晶体结构和均一性最有效。

磷化膜的表面粗糙度可用仪器测试，其测试方法有触杆式、平均粗糙度直接式、NF粗糙度式、光波干涉式、光切断式、电容式等多种方式。图 8-6 所示是采用触杆式方法测得的各种磷化膜表面粗糙度的情况。由图可见，无定形磷酸铁表面最为光滑，1 为微晶粒型表面，也较平坦，而 3、4 磷化膜就较粗。

磷化膜表面的浮灰是由于溶液沉渣量很多时，$FePO_4$ 沉淀附于表面形成，干后即成白灰状，可抹去；粒状结晶物附着是由于整槽溶液酸度过低，物质过饱和而结晶析出漂浮而附于表面。这些浮灰和粒状结晶物对涂层的附着力和耐腐蚀性有较大的影响，应设法避免。

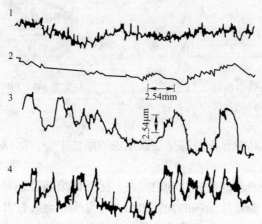

图 8-6　各种磷化膜表面粗糙度断面曲线
1—磷酸锌；2—磷酸铁；3—磷酸锌钙；4—镀锌层上磷酸锌

8.4.3.2　磷化膜的热稳定性

磷化膜晶体各成分的水和分子一般是 2~4 个，最常见的是 4 个水和分子。受热时，磷化膜晶体将脱去结晶水。例如在 155℃加热 4h，$Zn_3(PO_4)_2 \cdot 4H_2O$ 迅速失去 2 个水分子变成 $Zn_3(PO_4)_2 \cdot 2H_2O$，此失水物不透明，并在晶轴水平方向产生表面裂纹；大于 200℃加热时，则变成无水磷酸盐，微晶变得疏松，并产生各种腐蚀和分解现象。在磷酸锌盐膜（hopeite）失去 2 个水分子时，分裂成平均尺寸约 $1\mu m$ 的晶粒，膜从鳞片状转变为纤维状。此时，若再让其吸收 2 个水分子，已不可能恢复到原有的结构形态。

一般涂于磷化膜上的有机涂层需经 180℃烘烤 30min 固化。但由于受到有机层对磷化膜分解阻碍作用，磷化膜的分解并不那么严重，仍保持其原有的性能。

实际上，在电泳涂装前，一般都倾向于烘干磷化膜，以改善涂层的耐腐蚀性能和电泳效果。含 2 个结晶水的磷酸锌膜，在电泳涂装后显示出特别有效的结果。这是由于从含 4 个结晶水变到含 2 个结晶水，引起了晶体结构的微裂，有助于增加涂料的渗透弥散能力，从而提高涂层的附着力。

磷酸锌盐膜（hopeite）晶型的转变温度约 100℃，且转变较快，而磷酸锌铁膜（phosphophyllite）的转变温度约 140℃，转变较慢，热稳定性相对较强。因此，磷化膜的干燥温度一般控制于 95~100℃或 150℃以下，而涂漆后的烘干温度不超过 190~200℃、20~30min。

磷酸铁膜在空气中加热时，膜质量逐渐增加。因为 $Fe(\mathrm{II})$ 被氧化为 Fe_2O_3，在 150~200℃的温度下干燥时，对耐腐蚀性不仅无害，反而有利，这是铁盐磷化膜的特殊点。但它的耐蚀性还是不及其他的磷化膜。

磷化膜的热稳定性测量是将试片置于马弗炉中，在各种温度下加热一定时间，如 30min，观察在各种温度下的质量变化。也可采用差热分析方法，观察有较大热反应时的分解温度。

8.4.3.3 磷化膜的孔隙率

磷化膜是由不同尺寸的晶粒结合并覆盖于金属表面形成，这就意味着在晶粒间存在着可直达金属基底的缝隙。

磷化膜的孔隙实际就是成膜时残留的局部阳极区域。正常的磷化膜孔隙率相当低，为 0.5%~5%。若孔隙率能达到 0.1%，则磷化膜相当优良。

单位面积孔隙率可用电子微探针分析技术测定磷化膜上化学沉淀铜来估计。对多数磷化膜来说，孔隙率为每平方毫米 100 至几百个。孔隙率和晶粒粗细程度有关。微晶和均一的磷化膜孔隙率很小，粗膜孔隙率则很大。

作为涂层基底，要求获得微细、均一、孔隙率低的磷化膜，此时涂层的附着力强，耐腐蚀性也高。

磷化膜孔隙率测定有定性（硫酸铜点滴试验、铁试验）和定量（电化学测量）测试方法。

（1）硫酸铜点滴试验：用乙醇或丙酮清除表面油脂污垢，滴一滴硫酸铜溶液，记下溶液由蓝色变至红色的时间，一般要求在 60s 以上。

硫酸铜溶液配制：40mL 的 0.25mol/L $CuSO_4$、20mL 的 10% NaCl，0.8mL 的 0.1mol/L HCl 混合即成。

（2）铁试验（GMR ferrotest）：取 $1in^2$（1in=25.4mm）的滤纸片，浸透测试液，滴去多余溶液，覆盖于磷化膜上，1min 后揭起滤纸，观察表面蓝色斑点产生情况，分优、合格、差三个等级。

测试液配制：3% K_3Fe（CN）$_6$、4% NaCl、0.1%阴离子表面活性剂，溶于蒸馏水，经 24h 后过滤，棕色瓶保存。

该试验方法和磷化后涂层的盐雾试验结果有很高的相关性，相关系数 $\gamma=0.76$（新制磷化膜），放置较长时间的磷化膜相关性有一定的下降。

8.4.3.4 磷化膜的单位面积质量

磷化膜的单位面积质量（CW）用退膜溶液溶解，并用差重法测定。结晶较细、膜重 $3.5g/m^2$ 以下的轻膜，与厚度的比例关系接近于 1，如重 $3g/m^2$ 的磷酸锌，厚约 $3\mu m$，磷酸铁厚 $1\mu m$。

磷化膜膜重测定：

（1）铁基体上的磷酸锌膜。磷化样片，称重（W_1），用 5% 铬酐溶液，75℃浸 5~15min 脱膜，水洗、吹干，称重（W_2）。磷化膜质量（g/m^2）=（W_1-W_2）/S。脱膜时间一般 10min，薄膜用 5min，厚膜用 15min。其他类型磷化膜测重计算方法相同，只是溶膜条件不同。

（2）铁基体上的磷酸铁膜。用 20% NaOH 或 10% EDTA 溶液 50℃，浸 10min。

（3）锌及镀锌钢板上的磷酸锌膜。用 20g $(NH_4)_2Cr_2O_7$，490NH_4OH，490 水的溶液，20℃浸 15min。

（4）铝及铝合金上磷酸锌膜。用 20% 铬酸溶液，90℃浸几分钟（时间尽可能短）。亦可用（3）或（5）液脱膜。

（5）铝基体上的磷酸铬膜。新产生的磷酸铬，用乙醇、丙酮脱水，温热空气吹干（切勿 100℃烘烤），用浓 HNO₃ 脱膜。

8.4.3.5　磷化膜的介电性能

由于膜的化学成分是难溶性的无机盐，电阻值很大，因而具有电绝缘性。作为硅钢片的表面处理，电绝缘性要求较高，磷化膜必须致密，孔隙率应很低。有时磷化液也用高含量的碱土金属离子来获得细致、孔隙率低的膜。

但是，作为电泳涂装和静电喷涂的基底，表面电阻不能太大，否则电泳效率极差，影响涂装效率。此时一般控制膜重在 1～3 之间，由于电绝缘性与膜厚有关，所以最好采用轻膜。

8.4.3.6　磷化膜的力学性能

磷化膜具有完全不同于基体金属的各项性能。例如，硬度、延展性、抗压性和抗切变性都不一样。

磷化膜中以磷酸锰硬度最大，作为润滑剂载体，使之能应用于机械耐磨润滑表面。磷化膜在外力作用下而粉碎，对涂层的附着力影响较大，应该小心选择磷化膜的种类和厚度。

磷化膜的延展性与厚度成反比，膜越厚，抗破坏能力越弱。显然，磷酸铁膜薄延展性好，用于板材成型前涂装的基底就最理想。磷酸铅、磷酸锡等就有较大的延展性和润滑性。

8.4.3.7　磷化膜的溶解性

磷酸锌膜极易被强酸、强碱溶解。溶解性与 pH 值的关系如图 8-7 所示。磷酸锌在 5% NaCl 溶液（NaOH/HCl 调 pH）中溶解 1h，在 pH = 5～9 范围内基本上稳定，溶解性较小。含铁量较高的磷酸锌膜在 pH = 10 的 NH₄Cl – NH₃ 介质中溶解 5min（25℃），结果表明，含铁量增加，溶解性降低（图 8-7）。因此，phosphophyllite 成分较耐碱溶解。在电泳涂装过程中，电极附近 pH 发生变化，阳极电泳，阳极附近 pH = 3～4；阴极电泳，阴极区域 pH = 10～12。因而要求磷化膜具有抗酸、碱溶解的能力。特别是阴极电泳时的耐碱溶解性要求高。因此，阴极电泳适合采用 P/（P + H）比高的磷化膜（即含铁量高的磷化膜）。同样地，P/（P + H）比高的磷化膜耐酸溶解性也较高。在图 8-7 中，喷磷化的只含有 H 成分，而浸磷化的含有 P 成分，因而浸磷化膜较耐酸、碱溶解。

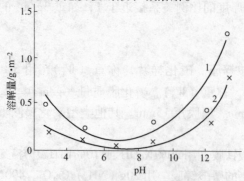

图 8-7　磷酸锌膜溶解量与 pH 值的关系

1—喷磷化；2—浸磷化

由于锌是两性元素，因此磷酸锌在碱性介质中比酸性介质的溶解性大，溶解反应为：

$$Zn_3(PO_4)_2 + 9OH^- \longrightarrow 3Zn(OH)^- + 2PO_4^{3-}$$

或

$$Zn_3(PO_4)_2 + 12OH^- \longrightarrow 3ZnO_2^{2-} + 2PO_4^{3-} + 6H_2O$$

而铁只呈微弱的两性，所以其碱溶解作用很小。

在强酸介质中，则因 PO_4^{3-} 水解而溶解：

$$Zn_3(PO_4)_2 \longrightarrow 3Zn^{2+} + 2PO_4^{3-}$$

$$PO_4^{3-} + H^+ \longrightarrow HPO_4^{2-} + H^+ \longrightarrow H_2PO_4^-$$

由于磷酸铁比磷酸锌难溶，所以 P 型磷化膜在酸性介质中的溶解度比 H 型小。

8.4.4 磷化工艺和设备

为了保证良好的磷化效果和获得优良的磷化膜性能，除了选择适宜的磷化体系和工艺条件外，还应充分注意磷化前的处理及磷化后的钝化封闭。因此，整个表面处理过程为：脱脂→水洗→表面调整→磷化处理→水洗→封闭→去离子水洗→干燥。本节着重就表面调整、封闭工序及磷化设备进行阐述。

8.4.4.1 表面调整

表面调整剂的作用是使磷化膜晶粒细而致密。金属在酸洗以后，材料表面难以磷化成膜，常采用草酸进行表面调整，在表面形成草酸铁结晶型沉积物，作为磷化膜增长的晶核，加快磷化成膜速度。酸洗后表面有时也用吡咯衍生物进行处理，能明显地提高磷化成膜速度。

脱脂以后的金属表面都采用钛胶调整剂。钛胶调整剂主要由 K_2TiF_6、多聚磷酸盐、磷酸一氢盐合成，使用时配成 $10^{-5}Ti$ 的磷酸钛胶态溶液，磷酸钛沉积于钢铁表面作为磷化膜增长的晶核，使磷化膜细致。由于钛胶表调液浓度很低，胶体稳定性差，故将溶液 pH 控制于 7~8 之间，并采用去离子配制。尽管如此，该表调液的老化周期一般在 10~15 天之间。

表调也可以采用相应磷化膜的磷酸盐悬浮液浸渍处理。例如锰盐磷化前常采用磷酸锰微细粉末的悬浮液浸渍产生细化作用。

8.4.4.2 钝化封闭

由于磷化膜含有约 1% 的孔隙，孔隙深处"暴露"的金属表面容易因腐蚀介质渗入而腐蚀，因此磷化后还需封闭处理。封闭液早期采用铬酸溶液，它氧化金属表面形成钝化层，孔隙则被 $CrPO_4$ 所充填而封闭，故称钝化封闭。

铬酸处理以后直接干燥，封闭效果较好，但在磷化膜表面会残留铬酐。铬酐易吸水液化，涂漆以后在高湿环境中，水分子透过涂膜使铬酐变成铬酸浓溶液，具有很高的膜渗透压，水分子将进一步大量地渗入，造成涂膜起泡。为了解决这个问题，可采用 $Cr^{3+}/Cr_2O_7^{2-}/H_3PO_4$ 封闭液浸渍，$Cr_2O_7^{2-}$ 用于形成钝化层，Cr^{3+}/H_3PO_4 用于填充孔隙，处理以后再水洗也不失其封闭效果。

由于含铬废液对环境污染很大，现都在尝试采用非铬后处理剂进行磷化膜封闭。这类后处理剂由氧化剂、络合剂、水溶性树脂封闭剂组成，钝化性和封闭性还不是很理想。这样的后处理剂包括亚硝酸钠-三乙醇胺、亚硝酸钠-水溶性聚丙烯酸树脂、单宁-水性氨基树脂等。

无定型铁系磷化膜主要成分为 Fe_3O_4，经铬酸钝化以后，耐蚀性有大幅度提高，可与磷酸锌膜相媲美。Fe^{3+} 的离子半径为 0.067nm，Cr^{3+} 的离子半径为 0.065nm，钝化后能在其表面形成 $Fe^{(II)} \cdot [Cr_x^{(III)} \cdot Fe_{(2-x)}^{(III)}] \cdot O_4$ 的尖晶石结构，即钝化膜组成介于 Fe_3O_4 和 $FeCr_2O_4$ 之间，使无定型磷化膜封闭和稳定化。

镀锌钢板磷化时由于镀锌层腐蚀严重，形成磷化膜粗糙，并且为耐碱溶解性差的 hopeite 磷酸锌，因此也需要采用铬酸后处理液细化和稳定性。

8.4.4.3　磷化

磷化工艺和设备主要由磷化方式所决定，它也涉及起始设备投资及运转费用。磷化方式有浸磷化、喷磷化、喷涌或喷-半浸磷化、（喷）-浸-（喷）磷化、有机溶剂磷化及刷涂和辊涂磷化等，以满足不同制品、不同磷化体系及不同生产方式的磷化处理。

（1）浸磷化。浸磷化适合于各种形状的工件，并且能形成耐蚀性好、P/（P+H）比高的磷酸锌膜，但成膜速度较慢、生产效率较低。

磷化设备由槽体、加热器和滤渣设备组成。槽体采用低碳钢加玻璃钢衬里防腐，加热器设于槽壁或槽外加热。由于磷化采用沉渣容易黏附在加热器表面结垢，故以槽外加热方式为佳，便于采用酸或碱液除垢方法去垢。因此加热介质的温度与磷化温度不宜相差太大，一般高温磷化采用蒸汽加热；中温磷化采取热水加热，若采用蒸汽则应采取二级加热方式，即套管加热进行热交换。另外还可以添加阻垢剂，防止沉渣黏附、板结。

图 8-8 是一个比较合理的磷化装置，其巧妙之处在于悬链中间段设计成一个拱形，这样轿车车身内表面留的空气不会处于一个位置，随着爬坡过程，气室前后移动，确保内表面都能均匀地形成磷化膜。

（2）喷磷化。喷磷化的特点是成膜速度快、生产效率高，但对复杂工件，死角部位无法形成磷化膜，并且只能形成 hopeite 磷酸锌，磷化膜的耐碱溶解性差。喷磷化设备由槽体、泵与喷

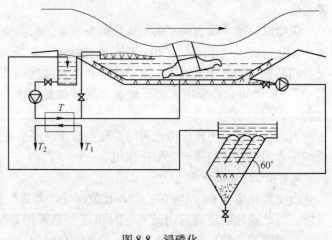

图 8-8　浸磷化

管、加热器及滤渣装置组成。槽体较短，起承接喷淋下来磷化液的作用，且底部设计成 60° 锥角，便于磷化渣沉积和排除。

喷管和喷嘴之间的间隔约为 300mm，喷嘴的输出量约为 20L/min，喷淋压力为 0.1MPa，保证喷射均匀分布。

（3）喷-浸结合磷化。通过式浸磷化处理，在悬链速度很慢时工件缓慢地浸入槽液中，会形成阶梯状条纹，即水渍线，造成磷化膜不均匀并影响电泳涂膜的均匀性。解决办法是在入槽端设置 1~2 排喷管，喷淋时间不超过 10s，形成一完整的初始磷化膜。若预喷时间太长，磷化膜晶形为针状，尺寸也大，膜的孔隙率高，并且 P/（H+P）比降低，磷化膜性

能下降。

喷-浸磷化与浸-喷磷化形成的磷化膜晶形和尺寸大小有很大差别。预喷时间过长只能形成针状晶体。

磷化时由于产生沉渣，容易黏附到工件表面形成白灰，将来涂膜易起泡脱落，在湿态时，黏附沉渣很容易通过喷射冲掉，故在磷化出槽端也设置喷管，用于消除白灰。图 8-8 在磷化槽底部还连通了连续除渣装置。连续除渣有过滤和离心分离法。过滤可采用滤纸辊筒过滤和布袋过滤。离心法可采取离心机、旋液离心分离器和回旋真空过滤器等。旋液离心分离器可采取两个串联，提高净化效率。

磷化槽液量要考虑磷化负载系数。在一批工件同时进行磷化时，磷化液的数量不能少于某个值，否则在一批磷化过程中，槽液组成便发生很大变化，不仅影响磷化膜质量，也影响磷化液使用寿命。

对重膜型磷化来说，浸渍槽液量按 $250 \sim 500 L/m^2$ 来确定；一般型浸磷化则按 $100 \sim 150 L/m^2$ 确定容积；喷磷化槽容积则按每分钟最大流量的 $2.5 \sim 3.5$ 倍计算核准。

8.4.4.4 磷化配方举例

（1）脱脂、铁系磷化二合一。

磷酸二氢铵	82%	非离子表面活性剂	10%
亚硝酸钠	8%		

配成 2.5% 溶液，pH 值约 3.8，20℃，0.1MPa 以上压力喷 60s，膜重 $0.32 g/m^2$，膜蓝色。

（2）低温喷磷化。

85% H_3PO_4	7.0mL/L	$NaClO_3$	3.5g/L
ZnO	4.4g/L	间硝基苯磺酸钠	1.0g/L
HNO_3	4mL/L	酒石酸	1g/L
$Ni(NO_3)_2$	2g/L	HBF_4	0.7g/L
$Mn(H_2PO_4)_2$	1g/L		

FA0.8 ~ 1.2 点，TA20 ~ 21 点，35℃喷 80s。

（3）低温浸磷化。

$Zn(H_2PO_4)_2$	55g/L	$Ni(NO_3)_2$	5g/L
$Zn(NO_2)_2$	90g/L	酒石酸	0.5g/L

FA3 ~ 4 点，TA75 ~ 95 点，35 ~ 45℃浸 5 ~ 15min。

（4）锌钙系磷化。

A：ZnO 162.8g/L，85% H_3PO_4 691.8g/L，$Ni(NO_3)_2$ 20g/L，H_2O 599.4g/L；

B：$Ca(NO_3)$ 928g/L，H_2O 612g/L。按 2.5% A + 3.85% B 稀释，FA0.8，TA28 点，$NaNO_2$ 0.5g/L，38℃喷 5min，膜 $4.2 g/m^2$。

8.4.5 磷化膜的防护性

8.4.5.1 电泳涂装时磷化膜的行为

hopeite 型磷化膜，电阻率约为 $10^7 \Omega \cdot cm$。对于 $2\mu m$ 厚的磷化膜，若忽略其孔隙和晶粒间隙，表面电阻率为 $2 \times 10^3 \Omega \cdot cm^2$，这仅是理论计算值，实际上电阻率只有 $10^2 \Omega \cdot$

cm^2。这说明电流主要是在孔隙和间隙等局部区域点流动。

事实上,最完整的磷化膜仍有 0.5% ~ 1.5% 的孔隙率,有时也达到 0.1%。但是,通电后,电流首先在微孔区域流动,受电流作用孔面积扩大,电流也随之增大。因此,电泳时,由于电流作用,磷化膜的孔隙数和面积都会增加。

绝缘性的磷化膜由于有一定的孔隙率,使得电泳涂装能在其表面上沉积。显然,磷化膜很厚,表面电阻很大,电泳效率很差,甚至不能电泳着膜。因此,作为电泳涂装的磷化膜,一般在 $1 \sim 3.5 g/m^2$ 为宜。

电泳电压越高,电流密度越大,电泳时间越长,磷化膜溶解损失越多。磷化成分的差别导致电泳时溶解损失也不一样。阳极电泳时磷化膜溶解损失实例见表 8-8。

表 8-8　各磷化膜电泳时的溶解性

磷 化 剂	工 艺 方 式	溶解损失率/%
锌盐,NO_2^-/NO_3^-,STTP	喷	30 ~ 50
锌盐,NO_2^-/NO_3^-,硼酸盐	喷	20 ~ 30
锌盐,NO_2^-/NO_3^-,氟化合物	喷	15 ~ 25
锌盐,ClO_3^-	浸	20 ~ 25
锌钙系,NO_2^-/NO_3^-	浸	10 ~ 15
锰盐,NO_3^-	浸	0

显然,磷化膜电泳溶解损失率在 15% ~ 50%,其中浸磷化膜溶解损失率低。磷化膜经钙离子共混结晶以后,抗溶解性提高。锰盐显然抗溶解性优良,但这类磷化膜厚而粗,必须在高温下才能形成,膜的外观质量和工艺性不适宜电泳的连续流水线生产。

作为优良的磷化膜,电泳溶解损失率很少超过 10%,如果采用低锌磷化剂并浸磷化成膜,有利于形成“P”型磷化膜,具有较好的耐酸、耐碱溶解性,无论是阴极电泳还是阳极电泳,溶解损失率都很低。

对于镀锌钢板,磷化时镀锌层浸蚀较重,得到的磷化膜较为粗糙。此时,首先应该采用喷磷化处理,使之形成细晶磷化膜;另外,喷磷化时间短,减少酸质对镀锌层的浸蚀度。由于镀锌板表面只能生成“H”型磷化膜,故磷化后应采取铬酸钝化,增强磷化膜抗电泳溶解损失。

磷化膜外观均匀性极大地影响着表面电阻分布的均匀性。不均匀的磷化膜在表面电阻低的区域电流密度大,溶解损失大,并使漆膜局部地异常沉积,得到漆膜外观也不均一。另外,为了降低磷化膜表面电阻分布的差别,磷化膜不宜厚。

8.4.5.2　磷化膜的防护性

磷化膜对涂层防护性的贡献主要是增强了涂层的附着力,对于具有缓蚀性能的磷化膜,则将显著地改善涂层的防腐蚀性能。

涂层在磷化膜表面的附着力极其优良。但磷化膜是脆性的无机物,在外力作用下,磷化膜本体将破碎而使涂层脱离。因此,不同磷化膜、不同厚度抗外力破坏的能力是不同的,关于这方面的防护性能见表 8-9。在外力破坏下,附着力出现明显的差别,这种差别是与磷化膜晶体结构和强度有关的。表 8-9 所列晶形磷化膜的厚度大致相仿,但是,由于磷化组成相异,晶体增长过程相异,导致晶体结构强度的差异。钙改性磷化膜,由于沉积速度加快，缺少结晶与重结晶的过程，因此结晶排列不规整，结构不致密，机械强度差，喷磷化也归于同样原因，但由于它是纯的 $Zn_3(PO_4)_2 \cdot 4H_2O$ 组成的 hopeite 型膜，不存在 $Ca_3(PO_4)_2 \cdot 2H_2O$ 的错乱作用，机械强度要大点。至于浸磷化，磷化速度慢，沉积过程有充分的时间进行晶粒的排列，再加上微晶型 $Ni_2PO_4 \cdot 4H_2O$ 沉积层使磷化膜与金属晶格的晶格周期、生长规律一致，得到磷化膜晶格规整，结构致密，机械强度高，抗破坏作用下的附着力就好。磷酸铁由于是无定形，具有可塑性，因此它的抗外力破坏作用最强。

表 8-9　各类磷化涂层的常规附着力试验

项　目	无定形磷酸铁	喷磷酸锌	钙改性磷酸锌	浸磷酸锌
磷化膜质量/g·m^{-2}	0.6 ~ 0.8	1.2 ~ 1.6	2.2 ~ 2.6	1.6 ~ 1.8
划格附着力	100%	100%	100%	100%
弯曲试验	合格	0 ~ 0.5cm 微裂	剥落小于 4cm 开裂小于 6cm	合格
冲击试验	很好	好	脱落	好
直径	7mm	7mm	15mm	7mm
反冲击	微微裂	微裂	7mm 脱落	微微裂

单从附着力考虑来提高涂层的防护性，适宜采用铁系及 phosphophyllite 型磷化膜（浸磷酸锌），晶型磷化膜厚度小于 $2.5g/m^2$ 较适宜。

磷化膜的防腐蚀能力常采取涂漆后用盐雾试验来考核，见表 8-10。

表 8-10　各磷化膜的盐雾试验结果

ASTM B – 17	磷酸铁	喷磷酸锌	钙改性磷酸锌	浸磷酸锌
300h 后腐蚀现象和腐蚀扩展宽度	起泡，<2mm	几个微泡，<1mm	<1.5mm	<1mm
黏胶带揭去附着损失	<50%	无	0 ~50%	无
600h 后腐蚀扩展	起泡，<2mm	几个微泡，<1.5mm	<2mm	<1.5mm
黏胶带揭去附着损失	<85%	无	5% ~75%	无

从表中的结果看，磷化膜自身的防腐蚀能力各不相同，以 phosphophyllite 型磷化膜最佳，磷酸铁最劣。

如果对磷化膜做电化学极化试验可以发现，磷化处理对阳极极化几乎无影响，但阴极极化却有明显差别。其中磷酸铁的阴极极化增加不大，而磷酸锌的阴极极化作用较大。因此，从性质上说，磷化膜是一种阴极缓蚀剂，磷酸铁的阴极缓蚀作用不大，而磷酸锌的阴极缓蚀作用很大，它能弥补涂膜对氧气隔绝不充分所存在的缺陷，从而在盐雾试验中表现出很大的差别。

磷酸铁的低缓蚀作用是由于该磷化膜不完整，孔隙率（即阳极区域）很大，阴极面积比小，阴极缓蚀作用就弱，氧在阴极的还原作用就强。但当涂层很厚的情况下，如粉末涂层，厚度往往在上百个微米，对氧气的隔绝作用很强，此时，涂层的防护性主要由附着力决定，那么，磷酸铁此时就是最佳选择。

除上述常规方法外，也可以采用电化学测量涂膜电阻的方法评价。它是根据阻抗理论，将涂膜设计成等效电路模型来实施的，以求得与涂膜阻抗相关的局部电池的腐蚀电流。这种方法对于多层复合的厚涂层、高阻抗体系，测得数据可靠性较差。表 8-11 是采用电化学方法测的涂覆钢板下的腐蚀电流，腐蚀质量经换算而得。显然，经磷化锌处理以后，防腐蚀性提高 5 ~ 10 倍。

表 8-11　电化学测量腐蚀电流

时间	无 磷 化		磷 酸 铁		磷 酸 锌	
	$I\text{coor}/A$	$W\text{coor}/mg$	$I\text{coor}/A$	$W\text{coor}/mg$	$I\text{coor}/A$	$W\text{coor}/mg$
2h	2.9×10^{-6}	3.1×10^{-3}	2.0×10^{-6}	2.0×10^{-3}	5.8×10^{-7}	6.0×10^{-4}
20h	1.6×10^{-5}	1.1×10^{-1}	4.9×10^{-6}	6.8×10^{-2}	9.9×10^{-7}	1.5×10^{-2}

8.5　塑料的表面处理

8.5.1　一般处理

塑料成型加工时，脱模剂或其他油污会转移到制品表面；成型后的塑料由于存在内部应力，遇到溶剂会产生开裂；由于塑料为不良导体，易静电聚集黏附灰尘，因此塑件涂漆前应进行退火、脱脂和除尘处理。

（1）退火：将塑件加热至稍低于热变形温度保持一段时间，消除残余的内应力。

（2）脱脂：根据污垢性质及生产批量大小，可分别采用砂纸打磨、溶剂擦洗及水基清洗剂洗涤等措施。

塑件在热压成型时，往往采用硬脂酸及其锌盐、硅油等脱模剂。这类污垢很难被洗掉，通常采取水砂纸打磨除去。当生产量大时，则借助超声波用水基清洗剂洗涤。

一般性污垢，生产批量较小时，采用溶剂擦洗。对溶剂敏感的塑料，如聚苯乙烯、ABS，采用由快挥发的低碳醇和低碳烃（如乙醇、乙烷）配成的溶剂清洗剂擦洗。对溶剂不敏感的塑料，可用苯类溶剂和溶剂汽油清洗。

塑件大批量脱脂清洗可采用中性或碱性水基清洗剂。最好采用中性清洗剂，因碱质漂洗不净会残留于表面，影响涂膜附着力和外观。

（3）除尘：在空气喷枪口设置电极高压电晕放电，产生离子化压缩空气，能方便有效地消除聚集的静电，灰尘自然也就容易被吹掉。

8.5.2　化学处理

塑料表面的化学处理主要是铬酸氧化，使表面产生 C $=$ O、—COOH—OH、—SO$_3$H 等极性基团，提高表面润湿性，并使表面时刻成可控制的多孔性结构，从而提高涂膜附着力。

（1）铬酸氧化。铬酸氧化主要用于 PE、PP 材料的表面处理。处理液为 4.4 份重铬酸钾、88.5 份硫酸、7.1 份水，70℃处理 5 ~ 10min。PS、ABS 采用稀的铬酸溶液处理，涂膜具有高附着力。

聚烯烃类塑料也可以采用 KMnO$_4$、铬酸二环己酯作氧化剂，Na$_2$SO$_4$、ClSO$_3$H 作磺化剂进行化学处理。

（2）磷酸水解。尼龙用 40% H$_3$PO$_4$ 溶液处理，酰胺键水解断裂，使表面被腐蚀粗化：

$$\sim\sim\sim CONH \sim\sim\sim\ + H + H_2O \rightarrow \sim\sim\sim\sim COOH + H_2N \sim\sim\sim\sim\sim$$

其他如聚甲醛也可以采用磷酸处理来粗化表面。

（3）氨解。含酯键塑料，如双酚 A 聚碳酸酯，经表面胺化处理而粗化：

$$\sim\sim\sim OCOO \sim\sim\sim\ + RNH_2 \rightarrow \sim\sim\sim\sim\sim OH + RNHCO \sim\sim\sim\sim\sim$$

而氟树脂则采用超强碱钠氨来处理，降低表面氟含量，提高其润湿性：

$$\sim\sim\sim\sim CF_2 \sim\sim\sim\sim\ + NaNH_2 \rightarrow \sim\sim\sim\sim CF(NH_2)\ \sim\sim\sim\sim\sim\ + NaF$$

（4）偶联剂处理。在塑料表面有—OH、—COOH、—NH$_2$ 等活泼氢基团时，可用有硅或钛偶联剂与涂膜中的活泼氢基团以共价键的方式连接，从而大大提高涂膜附着力。

$$塑料—OH + \sim\sim\sim\sim\sim Si(RO)_2 \sim\sim\sim\sim\ + HO—涂料 \rightarrow 塑料—O—Si—O—涂膜 + ROH$$

（5）气体处理。氟塑料用锂蒸气处理形成氟化锂除去，使表面活泼化；聚烯烃用臭氧处理使表面氧化生成极性基团。

8.5.3 物理化学处理

（1）溶剂腐蚀。塑料表面低分子量成分、增塑剂及非晶态部分受溶剂侵蚀，腐蚀成多孔粗糙结构，但应在处理以后 30 ~ 60s 时间内立即涂漆，以免孔隙干涸后又封闭。

对于聚烯烃、聚酯等，可用氟化溶剂；热固性塑料则用甲苯、丙酮溶剂；PS、ABS 宜采用溶解力弱的乙醇溶剂腐蚀。溶剂腐蚀后残留的部分易造成涂膜起泡，可用单体作为溶剂进行处理，聚合后即消除起泡缺陷。

（2）紫外线辐照。在空气中经紫外线照射后塑料表面产生极性基团，附着力明显增加。但辐射过度，材料表面降解严重，涂膜附着力反而下降。

（3）等离子体处理。高真空电晕放电，高温强化处理，原子和分子失去电子被电离成离子或自由基。由于正负电荷相等，故称之为等离子体，用氧、氮和氨等离子体处理聚烯烃，提高涂膜附着力。但在空气中，常温常压下，进行火花放电法等离子体处理较经济实用。汽车塑料件都采用低压辉光放电产生的正离子轰击表面，产生刻蚀作用。

（4）火焰处理。塑料背面用水冷却，正面经受约 1000℃ 的瞬间（约 1s）火焰处理，产生高温氧化。

8.5.4 塑料表面处理评价

（1）水润湿法。处理后塑件浸入水中，取出后看水膜是否完整，并在一定时间内不破裂，以判定处理的程度和均匀性。

（2）品红着色法。将塑件浸于酸性品红溶液中，取出后用水冲洗，观察着色均匀程度和着色强度。

9　喷涂技术与设备

传统的涂装技术是手工刷涂，后来又发明了效率更高的手工滚涂，这些借助简单工具的手工方法因为效率太低、效果不稳定，工业上已经很少使用。现代滚涂技术利用了连续化自动生产装置，对于板、带材料的表面的涂装效率极高。与自动滚涂类似的方法还有帘幕涂装，但这些技术方法局限于规整的板、带材料，工业应用更广泛的是喷涂技术。

9.1　空气喷涂

9.1.1　空气喷涂原理与特点

9.1.1.1　空气喷涂的原理

空气喷涂是靠压缩空气气流使涂料出口产生负压，涂料自动流出并在压缩空气气流的冲击混合下被充分雾化，漆雾在气流推动下射向工件表面而沉积的涂漆方法。

9.1.1.2　空气喷涂的特点

空气喷涂最初是为硝基漆等快干涂料开发的涂装方法。对刷涂性很差的涂料，采用该方法很容易涂布，它具有以下优点：

（1）涂装效率高。每小时可喷涂 $150 \sim 200 m^2$，是刷涂的 $8 \sim 10$ 倍。

（2）涂膜厚度均匀，光滑平整，外观装饰性好。

（3）适应性强。对各种涂料和各种材质、形状的工件都适应，不受场地限制（但环境不允许有灰尘），是目前广泛采用的一种涂装方法，特别适合于快干性涂料的施工。

空气喷涂的缺点是：

（1）稀释剂用量大，作业时溶剂大量挥发，易造成空气污染，作业环境恶劣，易引起燃、爆等事故。作业点必须有良好的通风设施。

（2）涂料利用率低，一般只有 $50\% \sim 60\%$，小件只有 $15\% \sim 30\%$，飞散的漆雾进一步造成作业环境的恶化，大量生产时应在专门的喷漆室内进行。

9.1.2　空气喷涂设备

空气喷涂设备主要由空气压缩机、油水分离器、喷枪、空气胶管及输漆罐等组成。

（1）空气压缩机。空气压缩机空载时的最大气压为 0.7MPa。空气压缩机的容量根据压缩空气消耗量决定，保证每一喷枪的喷涂压力始终在 $0.35 \sim 0.6 MPa$。

使用时，每天要把空气罐的排水孔打开，放掉油和水。为了防止压缩空气中油和水对涂膜的影响，还需要配置油水分离器来净化空气。

（2）输漆罐。批量作业时，应配置压力输漆罐。密封的输漆罐设置搅拌、热交换器、压缩空气入口和泄压装置、涂料过滤与出口。输漆罐的容积一般在 $20 \sim 120 L$ 之间，施加到涂料的压力为 $0.15 \sim 0.3 MPa$（依喷枪数量而定）。热交换器用来恒定涂料温度，确保施工过程中涂料黏度恒定不变。

（3）喷枪。

1）喷枪分类。喷枪是空气喷涂最关键的部件，它的种类很多，按雾化方式分，有内部混合和外部混合两种。内部混合的喷雾图形仅限于圆形，适用于小物件和多彩涂料的喷涂。一般都采用外部混合式喷枪，因外部混合的喷雾形状可以调节，适用于大、小各种形状的工件。

喷枪按涂料供给方式分为吸上式、重力式和压送式三种。

吸上式喷枪靠高速气流在喷嘴处产生的负压吸上涂料并雾化，它的涂料喷出量受涂料黏度和密度的影响大，与喷嘴口径亦有关系。大口径喷枪虽然出漆量多，但若空气压力不够时，易产生雾化不良。漆罐的容量一般都在1L左右，适用于小批量非连续作业。

重力式喷枪漆罐在喷枪上方，涂料靠自身重力流到喷嘴，具有高速气流的负压作用，故出漆量比吸上式喷枪大。漆罐容积一般为 250～500mL，喷涂量少但清洗快捷方便，换色容易。漆罐换用软管连接的高位槽也可以满足大量喷涂作业。

压送式喷枪轻巧灵活，出漆量可根据涂料压力较大幅度地调整，可供多把喷枪同时作业，能满足大量生产作业的要求。

为了满足各种特殊的生产作业，喷枪还有长枪头喷枪、长柄喷枪、无雾喷枪、自动喷枪等。

2）喷枪构造。喷枪由喷头、调节部件和枪体三部分构成。喷头决定涂料的雾化和喷射形状。调节部件用于调节空气流和涂料喷出量。

喷嘴内圆和外圆间隙仅约 0.3mm 左右，空气射流很激烈，使涂料出口产生负压，吸出涂料并雾化。喷嘴易被高速涂料流磨损，故采用耐磨合金钢制造。

喷嘴口径在 0.5～5mm 之间，面漆采用 1.0～1.5mm 口径喷嘴；底漆、中涂采用 2.0～2.5mm 口径喷嘴；高黏度涂料则选用 3.0mm、4.0mm 或 5.0mm 口径喷嘴，像塑溶胶、防声浆、抗石击车底涂料等黏稠涂料，都应选用大口径喷嘴。但喷涂形状复杂的工件或部位仍采用小口径喷枪。

由于各类喷枪的出漆量差别较大，像吸上式喷枪出漆量较小，喷嘴口径应比压送式稍大些。另外，喷枪口径大小对涂料雾化效果及漆膜外观质量影响很大，因此喷涂面漆采用的喷枪口径应比底漆小些。常用的喷枪口径在 1.0～2.5mm 之间。喷枪口径的选择参见表 9-1。

表 9-1　喷枪口径选择参考

枪体大小	涂料供给方式	喷嘴口径	出漆量	涂料黏度	适宜生产方式
小型喷枪	吸上式	1.0	小	低	小件涂饰
	漆罐重力式	1.2	中	中	小件一般涂饰
		1.5	稍大	中	小件一般涂饰
	压送式	0.8	任意	中	小件大批量涂饰
大型喷枪	吸上式	1.5	小	低	大件涂面漆
	重力式	2.0	中	中	大件一般涂装
		2.5	大	高	大件涂底漆
	压送式	1.2	任意	中高	大件大批量涂饰

喷头有中心空气孔、辅助空气孔和侧面空气孔。多孔型的性能高,中心孔用于雾化涂料,侧面孔用于改变喷雾形状。打开并增大侧面孔空气流量,可将喷雾图形从圆形调至椭圆形,甚至图幅更大的扁平型。辅助空气孔使涂料雾粒更细,分布更均匀,喷幅更宽,防止涂料沉积在喷嘴周围。

9.1.3　空气喷涂工艺要点

(1) 涂料雾化特性。涂料的雾化颗粒细,雾化效果就好,涂膜外观质量也好。雾化特性可用式(9-1)来描述:

$$d_0 = \left(\frac{3.6 \times 10^5}{Q_i}\right)^{0.75} \tag{9-1}$$

式中　d_0——涂料雾粒平均粒径,μm;

Q_i——空气耗量与出漆量的比值。

当 Q_i 值较小时,空气耗量与出漆量比值对雾化效果影响很大,此时提高空气耗量或降低出漆量,都将明显地改善雾化效果。要增加空气量,可通过提高压力来实现,但要注意更高的空气压力会使漆雾飞散更严重。

(2) 出漆量。出漆量应根据生产需求来决定。依工件大小,分别选用小型或大型喷枪。对于吸上式或重力式喷枪,提高压缩空气压力对增大出漆量很有限,并受到雾化的限制。要大幅度增加出漆量的最好办法是换用较大口径的喷枪。

例如,面漆最大可用 1.5mm 口径的喷枪,底漆最大可用 2.5mm 口径的喷枪。压送式喷枪的出漆量可依涂料压力任意调节,故喷枪口径相对较小。

(3) 喷雾幅度。空气压力对喷雾图幅的影响不是很大,因此喷雾幅度通常只能通过辅助空气孔来调节,根据工件大小调至适宜幅度。

(4) 漆雾沉积量及膜厚均匀性。漆雾沉积量随喷涂距离延长按比例降低,小型喷枪的喷涂距离为 15～25cm,大型喷枪的喷涂距离为 20～30cm。喷距太远涂膜薄而粗糙无光;太近则厚而流挂,加上气流反弹作用,还会产生橘皮现象。

膜厚均匀性与喷枪移动速度和图形搭接有关。喷枪应正对工件表面,以 30～60cm/s 的速度匀速移动。太快会造成露底,太慢会产生流挂,在停顿 0.1s 时就会造成严重流挂。因此开枪点和停枪点不得正对喷涂区域。喷雾图形一般中间厚,外围薄,为了保证整个涂层膜厚的均匀性,圆形图形采取 1/2 搭接,椭圆形采取 1/3 搭接,扁平形采取 1/4 搭接。

(5) 涂料黏度对雾化性的影响。涂料黏度除了影响出漆量外,也极大地影响雾化效果。

不同涂料由于其特性差别,喷涂黏度是不一样的。例如,硝基漆等快干涂料为 16～18s,丙烯酸烘漆和氨基烘漆为 18～25s,醇酸漆为 25～30s(涂-4 杯)。施工时必须按一定的稀释比调至各自的喷涂黏度。

涂料黏度也极大地受到环境温度变化的影响,因此大量喷涂作业时宜将涂料温度恒定在 20～30℃,以免温度较低时,因涂料黏度太高而雾化不良,造成涂膜不平整、外观差。

9.2 高压无气喷涂

9.2.1 原理与特点

高压无气喷涂是利用高压泵，对涂料施加 10～25MPa 的高压，以约 100m/s 的高速将涂料从喷枪小孔中喷出，与空气发生激烈冲击，雾化并射在被涂物上。由于雾化不用压缩空气，故又称之为无气喷涂。

高压喷涂相对于空气喷涂具有以下优点：

（1）涂装效率高。由于高压喷涂涂料喷出量大，涂料粒子喷射速度快，涂装效率比空气喷涂高 3 倍以上。

（2）对复杂工件有很好的涂覆效果。由于涂料喷雾不混有压缩空气流，避免了在拐角、缝隙等死角部位因气流反弹对漆雾沉积的屏蔽作用。

（3）可喷涂高、低黏度的涂料。喷涂高黏度涂料时，可得厚涂膜，减少喷涂次数。

（4）涂料利用率高，环境污染低。由于没有空气喷涂时的气流扩散作用，漆雾飞散少，喷涂高固体分涂料稀释剂使用量减少，溶剂的散发量也减少，从而使作业环境得到改善。

高压喷涂的缺点：

（1）喷出量和喷雾图幅不能调节，除非更换喷嘴。

（2）涂膜外观质量比空气喷涂差，尤其是不适宜装饰性薄涂层喷涂施工。

9.2.2 高压喷涂设备

高压无气喷涂设备由动力源、柱塞泵、蓄压过滤器、输漆管、喷枪、压力控制器和涂料容器组成。

（1）动力源。高压泵动力源有压缩空气、电动、液压和小型汽油机驱动等几种。

（2）柱塞泵。柱塞泵即高压泵，分单动型和复动型两种。

单动型高压泵主要以电动机驱动，仅在柱塞向下移动时有涂料流出，涂料脉冲输出，活塞和隔膜与电动机转动速度（约 1500r/min）同频率往复运动。单动泵的结构简单，价格便宜，但部件使用寿命短，涂料黏度高时会引起涂料吸入不良。

复动型高压泵分气动和油压驱动，在柱塞上下运动时都能喷出涂料，且喷出量是相等的，它也称作双作用泵。它的特点是动作平稳，涂料压力波动小，部件磨损小，使用寿命长。动力源经换向机构，将压力 P 施加于低压汽缸圆盘活塞上，带动柱塞做往复运动。由于活塞和柱塞受力相等，$PA = pa$，因此有压力 $p/P = A/a$，高压泵的最大压力比由 A/a 比值决定，较小的空气压力可使涂料获得极高的压力。

高压泵按动力源可分气动高压泵、油压泵和电动高压泵。

1）气动高压泵：以最高可达 0.7MPa 的压缩空气作动力源，通过减压阀调整空气压力来控制涂料压力，泵的特性常以压力比来表示，压力比一般在（20～64）:1，涂料获得的压力还与喷出量有关。它的特点是体积小，重量轻，操作容易，安全可靠，设备构造简单，使用期长。它的缺点是动力消耗大，噪声大。

2）油压泵：用电动机驱动液压油泵，以最高可达7MPa的油压作动力（一般是5MPa），用减压阀控制油压来调整涂料压力，设备特性参数常以最高喷出压力表示，以区别于气动高压泵。油压泵的特点是动力利用率高（为气动泵的5倍），噪声低，使用安全。

3）电动高压泵：以普通交流电源作动力，更换场地方便。但这类泵容量不大，喷出压力最高约20MPa，喷出量约1.3L/min。

其他还有小型汽油机驱动高压泵，最高压力20MPa，喷出量约4L/min。

（3）高压喷枪。高压喷枪由枪体、针阀、喷嘴、扳机组成，没有空气通道，喷枪轻巧，坚固密封。喷嘴采用硬质合金制造，增强其耐磨损性。喷嘴规格有几十多种，每种都有一定的口径和几何形状，它们的雾化状态、喷流幅度及喷出量都由此决定。因此高压喷枪的喷嘴可根据使用目的、涂料种类、喷射幅度及喷出量来选用。

喷嘴的喷射角度一般在30°～80°，幅度8～75cm。小件可用15～25cm幅宽喷嘴，大平面则可用30～40cm幅宽喷嘴。喷嘴口径则根据出漆量和涂料黏度来选用。喷枪类型则有普通式、长柄式和自动高压喷枪三类。

（4）蓄压过滤器。蓄压器的作用是稳定涂料压力。当柱塞移动到上、下两端时，为死点，速度等于零。在死点这一瞬间，无涂料输出，涂料压力产生波动。增设蓄压器就是减小这种波动，提高喷涂质量。

蓄压器为一筒体，涂料由底部进入，进口处设钢球单向阀，在进漆压力低于筒内压力时，阀关闭。筒体体积越大，稳压作用越明显。若在筒体内装置活塞弹簧，则有较显著的稳压作用。过滤器与蓄压器合在一起，使结构紧凑，它用于过滤漆液，防止高压漆路堵塞。

（5）输漆管。输漆管要求柔软、轻便，耐溶剂侵蚀和耐高压（大于25MPa以上）。

耐压管最好是用尼龙或聚四氟乙烯内外两层软管，中间夹不锈钢丝或锦纶丝编织网构成，另外还需编入接地导线。常用6mm和9mm内径的管子，高黏度涂料应选用较大口径的管子，管子长度在5～30m，不宜太长，以免产生较大压力损失。涂料在管路中的压降（ΔP）可按式（9-2）计算：

$$\Delta P = 12.8 \times \frac{\eta L Q}{\pi d^4} \quad \text{MPa} \tag{9-2}$$

式中　η——涂料黏度，$\text{Pa} \cdot \text{s}$；

　　　L——输漆管长度，m；

　　　Q——喷出量，L/min；

　　　d——输漆管内径，mm。

9.2.3　高压喷涂工艺条件

9.2.3.1　涂料喷出量

涂料喷出量与喷嘴口径、涂料压力和涂料密度有下列关系：

$$Q = kd^2 \left(\frac{P}{S} \right)^{\frac{1}{2}} \tag{9-3}$$

式中　Q——涂料喷出量，L/min；

k——常数；

d——喷嘴口径，mm；

P——涂料压力，MPa；

S——涂料密度，g/cm³。

虽然提高涂料压力能增加涂料喷出量，但完全依靠涂料压力来大幅度调高喷出量是不可取的，因为这会降低设备的使用寿命。最好的方法是更换较大口径的喷嘴。

涂料密度及其喷枪所处的高度差都会造成不同的压力损失，使实际涂料喷出量发生变化，因此必须根据这些因素来确定实际涂料喷出量。

9.2.3.2　喷涂条件

高压喷涂非常适合于重防腐蚀涂料和高黏度涂料的施工，尤其是施工期短的双包装重防腐蚀涂料，提高工作效率。这些涂料的适宜喷涂条件见表9-2。喷涂距离一般为30~40cm，喷射图形搭接幅度取1/2，使涂膜更厚并防止漏喷。要获得较薄的涂层应选用小口径喷枪。

高压喷涂在汽车行业中主要用于涂覆汽车底盘和车身密封。PVC车底涂料主要特性如下：密度1.55~1.65g/cm³，细度50μm，黏度0.25Pa·s（约65s）。汽车底盘喷涂选用压力比为45：1高压喷涂机，空气压力（进气压）0.3~0.6MPa，喷嘴口径0.17~0.33mm，图幅宽100~120mm，耗漆量4kg/min，喷涂一辆车子的时间为5min，涂膜厚度1~2mm不会流挂。

表 9-2　高压喷涂工艺条件

涂料品种	喷嘴口径/mm	喷出量/L·min⁻¹	图幅宽/mm	黏度（涂-4杯）/s	涂料压力/MPa
胺固化环氧富锌底漆	0.43~0.48	1.02~1.29	250~410	12~15	10~14
硅酸酯富锌底漆	0.43~0.48	1.02~1.29	250~410	10~12	10~14
厚膜型硅酸酯富锌底漆	0.43~0.48	1.02~1.29	250~410	12~15	10~14
云丹氧化铁酚醛树脂漆	0.43~0.48	1.02~1.29	250~410	30~70	10~14
厚膜型乙烯基树脂漆	0.38~0.48	0.80~1.29	250~360	30~70	12~15
聚氨酯面漆	0.33~0.38	0.60~0.80	250~310	30~50	11~15
氯化橡胶底漆	0.33~0.38	0.60~0.80	250~360	30~70	12~15
氯化橡胶面漆	0.33~0.38	0.61~0.80	250~360	30~70	12~15
聚酰胺固化环氧底漆	0.38~0.43	0.80~1.02	250~360	50~90	12~15
聚酰胺固化环氧面漆	0.33~0.38	0.61~0.80	250~360	30~50	12~15
胺固化环氧沥青漆	0.48~0.64	1.29~2.27	310~360	50~90	12~18
异氰酸固化环氧沥青漆	0.48~0.64	1.29~2.27	310~360	50~90	12~18

9.2.4　改进型高压喷涂

9.2.4.1　空气辅助高压喷涂

空气辅助高压喷枪设有空气帽，上面有雾化空气孔、调节图形空气孔，因此它与高压喷涂相比，有以下优点：

（1）涂料压力低。施加到涂料上的压力仅 4～6MPa，远比 10MPa 以上的高压喷涂低得多，设备使用寿命提高。

（2）良好雾化效果。高压喷涂的漆雾粒径约 120μm，空气喷涂为 80μm，空气辅助高压喷涂漆雾粒径仅为 70μm，漆雾更细，涂膜外观装饰性好。

（3）漆雾沉积率提高。由于空气的环抱作用，涂料沉积率由高压喷涂的 80％ 提高到 85％，空气喷涂最好仅有 60％。

（4）喷雾图形可调。可针对大小和形状不同的工件，及时地调整图幅，方便施工操作。

9.2.4.2　加热高压喷涂

加热高压喷涂具有一般加热喷涂的优点，涂料雾化性和涂膜平整度都较好。各类涂料在液压 5MPa、喷嘴口径 0.28mm、喷出量 0.44L/min 时的喷涂特性见表 9-3。

表 9-3　高压加热喷涂特性

涂料品种	稀释比	稀释后黏度（涂-4 杯）/s	加热温度/℃	干燥条件		干膜厚/μm
				表干	实干	
硝基磁漆	1：0.4	40	50～60	7min	1h	30
氨基烘漆	1：0.2	45	60～70	120℃，25min		30
醇酸磁漆	1：0.15	45	60～70	3h	12h	30
氨基中涂	1：0.2	55	60～70	120℃，20min		40
丙烯酸烘漆	1：0.4	60	60～70	150℃，20min		30

9.2.4.3　专用高压喷涂设备

专用高压喷涂设备包括双组分涂料专用高压喷涂设备、富锌涂料专用高压喷涂设备、水性涂料专用高压喷涂设备等。

内混式双组分高压喷涂采用液流分割器使两组分均匀混合，然后由喷枪喷出，适用于配比 1:1 左右的双组分涂料。外混式采用双管喷枪，两组分在雾化过程中混合。富锌涂料由于锌粉沉降快，易结块，应采用带搅拌装置和更高耐磨损的设备及更大口径喷枪。水性漆高压喷涂设备则采用抗腐蚀良好的不锈钢材料制作。

9.3　静电喷涂

9.3.1　静电喷涂原理

静电喷涂（见图 9-1）是对喷枪施加负高压电，在被涂工件和喷枪之间形成一高压静电场。当电场强度足够高时（E_0），喷枪针尖尖端的电子便有相当的动能。它冲击枪口附近空气，使空气分子电离产生新的电子和离子，空气绝缘性产生局部破坏。离子化的空气在电场力的作用下移向正电极，产生电晕放电。继续升高电压，使电场强度超过极限电场强度（E_{max}），空气绝缘层被彻底破坏，形成很强的离子流，产生火花放电。火花放电对涂装作业会造成火灾事故，因此静电喷涂是在 $E_0 \sim E_{max}$ 之间的电场强度下，枪口针尖端的游离电子碰撞从枪口喷出的涂料，使涂料液滴带上负电荷，若涂料液滴在枪口处带上多个负电荷，受同性相斥作用，涂料液滴进一步雾化，带负电荷的漆雾受电场力作用沉积于正极工件表面。

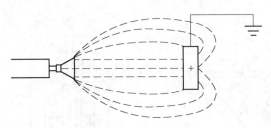

图 9-1　静电喷涂示意图

静电喷涂的电压一般在 $(6 \sim 10) \times 10^4 \mathrm{V}$ 之间。如果喷枪施加正高电压，电晕放电的起始电压（V_0）要比负极性电晕放电的电压范围（$V_0 \sim V_{max}$）窄，容易击穿产生火花放电。因此静电喷涂都是喷枪接负电，且手提式喷枪采取 $6 \times 10^4 \mathrm{V}$ 电压，定置式喷枪采取较高的 $(8 \sim 9) \times 10^4 \mathrm{V}$ 电压，更高的电压设备要求苛刻而不采用。

9.3.2　静电涂装特点

静电喷涂时，涂料分子不断受到离子化空气的冲击而带上电荷，在同性电荷相斥的作用下，涂料粒子被充分雾化，涂膜的外观装饰性良好，因此静电喷涂广泛地用作面漆的装饰性施工。由于电场的环抱作用，带有电荷的漆雾将有效地沉积在工件表面，附着率很高且均匀地附着在整个表面。总之，静电喷涂具有以下特点：

（1）涂料利用率高。对于管状、小件等静电喷涂的涂料，利用率高达 80% 以上。当然，涂料的利用率（沉积率）受涂料荷电性的影响。

（2）漆雾飞散少，改善了作业环境条件。

（3）边角部位有相当的涂膜厚度，防护性好。边角部位由于尖端效应，电荷密度高，沉积涂膜厚，在表面张力作用下，干膜仍有足够的厚度。

（4）涂膜外观质量好，涂装生产效率高，适合于自动化大批量生产。

（5）复杂形状的工件受电场屏蔽或电场力分布不均匀影响，需要手工补喷。

（6）对涂料和溶剂的导电性、溶剂挥发性有特定要求；对塑料和木材制品的涂漆，需采取相宜的措施才能静电喷涂。

（7）对安全操作有严格的规定。

9.3.3　静电喷涂设备及喷枪类型

静电喷涂的关键设备是高压静电控制器、高压静电发生器和喷枪，有些发生器设置在静电喷枪内。静电喷枪依其雾化原理，主要有离心力静电雾化（盘式、旋杯式）、空气辅助静电雾化和液压静电雾化（还可以加热辅助、空气辅助）三大类，如图 9-2 所示。

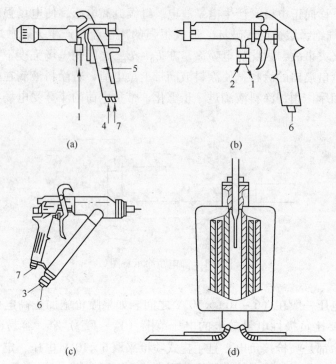

图 9-2　静电喷枪

（a）空气辅助静电喷枪；（b）高压加热静电喷枪；（c）空气辅助高压静电喷枪；（d）盘式

1—涂料；2—高压加热涂料；3—高压涂料；4—电缆；

5—静电发生器在枪柄中；6—高压电缆；7—空气

（1）离心力式静电喷涂。离心力式静电喷涂一般在 2000 ~ 4000r/min 的离心力作用下使涂料形成初始液滴并在枪口尖端带上负电荷，在同性电荷的排斥作用下进一步充分雾化。产生离心力的方法有盘式和旋杯式两种。

1）盘式静电喷涂。由于盘式静电喷涂是在 "Ω" 型喷漆室中静电喷涂，故又称之为 Ω 静电喷涂。旋盘转速一般约 4000r/min，也有最高达 6×10^4 r/min 的旋盘，在这么高的转速下，涂料已有相当的雾化程度。由于旋盘的离心力方向和电场力方向相同（同平面），因此盘式静电喷涂的漆雾飞散很少，附着效率很高。工作时，旋盘做上下往复移动，使挂具上的所有工件上下均匀地涂上漆膜。工件的前后面则通过挂具自转或双 Ω 静电喷涂，都能均匀地附上涂膜。Ω 静电喷涂非常合适于中、小件涂漆，具有很高的涂装效率。

2）旋杯式静电喷涂。旋杯的杯口尖锐，作为放电极有很高的电子密度，使涂料容易荷电。旋杯的转速一般在 2000r/min 以上，高速旋杯可达 6×10^4 r/min。由于旋杯离心力方向与电场力方向相垂直，形成的喷雾图形为环状，并且飞散的漆雾要比盘式的多。

喷雾幅度由旋杯口径、转速、喷出量、电场强度所决定。中空的图形对复杂工件会造成涂膜厚度不均匀，通常采取两种措施来改进。一是设置辅助电晕电极，使喷雾向中心压缩；二是在旋杯后设置空气环，用来调节喷雾图幅并抑制漆雾飞散。

（2）空气雾化式静电喷涂。对于手提式静电喷涂，由于施加的电压较低，涂料的雾化必须靠压缩空气来保证。喷枪前端设置针状放电极，使部分涂料颗粒带上电荷并沉积于工件的表面。由于压缩空气的前冲力和扩散作用，这种静电喷涂的涂料利用率低于离心力式，但比空气喷涂要高，适合于较复杂形状工件的喷涂。

（3）液压雾化式静电喷涂。液压雾化式静电喷涂是将高压喷涂和静电喷涂相结合。由于涂料施加高压（约10MPa），涂料从枪口喷出的速度很高，涂料液滴的荷电率差，雾化效果也差，因此这类静电喷涂效果不如空气静电喷涂，但它适合于复杂工件的喷涂，且涂料喷出量大，涂膜厚，涂装效率高。

如果高压静电喷涂再与加热喷涂相结合，即高压加热静电喷涂，此时涂料加热温度约40℃，涂料压力约5MPa。由于涂料压力有大幅度的降低，涂料荷电率得到提高，静电喷涂效果得到改善，涂膜有较好的外观质量。

高压静电喷涂的另一种形式是空气辅助高压静电喷涂，辅助空气对漆雾飞散产生压制作用，涂料利用率提高，雾化效果也得到改善。

9.4　各类喷漆室结构

（1）干式喷漆室。干式喷漆室采取横向抽风，用折流板、滤网或蜂窝形纸质过滤器过滤漆雾，含溶剂空气经通风管排至室外。由于在使用过程中过滤器会逐渐堵塞，影响抽风效果，需设置调节风门，且起始开度为60%，若风量调节无效，则应更换过滤器。

折流板过滤器靠空气流动改变方向，使漆雾冲击折流板而黏附其表面上。为了清理，需用油脂把纸张粘贴在表面上。折流板间隙宽度为30～50mm，间隙之间的气流速度为5～8m/s。折流板也起整流作用，使喷漆室气流速度分布均匀，这可通过调整两板之间间距来实现，它的压力损失为6～12mmH$_2$O。由于折流板不能黏附干态涂料颗粒，所以它的漆雾捕集效率不高。

滤网过滤器由纤维制成，正面目数较大，捕集漆雾的能力取决于网孔大小。滤网面积和目数按照能通过1m/s的空气流速来确定，此时的压力损失为94～147Pa（10～15mmH$_2$O）。由于滤网过滤器容易堵塞，可将折流板和滤网并用。

蜂窝形纸质过滤器的单元尺寸为500mm×500mm×35mm，空气通过量为720m^3/h，过滤器由框架和蜂窝滤纸构成。该过滤器具有防火、抗静电性能，空气阻力小，漆雾捕集率大于92%，容漆量大（3kg/m^2），使用周期长。

（2）水洗喷漆室。由于干式喷漆室需要经常更换过滤器并清理风机和通风管上的积存涂料层，因而不适合大批量喷漆作业，此时应采用湿喷漆室。水洗喷漆室就是早期的湿喷漆室，室壁易被漆雾粘污，喷嘴易堵塞，处理漆雾效果差，现都采取与水帘、供气装置等进行组合。

（3）水帘喷漆室。水帘喷漆室是在喷漆室正面方向的内壁设置光滑淌水板，顶部用水泵供水溢流，使之在板面上形成瀑布状水帘。漆雾被水帘吸收并带到水槽中积存，避免了漆雾对室壁的污染。由于有部分漆雾没有碰撞水帘，故需增设喷淋过滤装置，根据喷雾位置可设上部过滤、下部过滤或上下同时过滤，也可采取顶部送风，下部过滤方式，实际应用设计的组合结构很多，参见图9-3示例结构。

水帘喷漆室的漆雾处理效果好，但用水量大。大面积的水帘也造成室内空气湿度大，不利于装饰性涂层的施工，此时可采取顶部送风，使室内温度、湿度和洁净度都能达到要求。

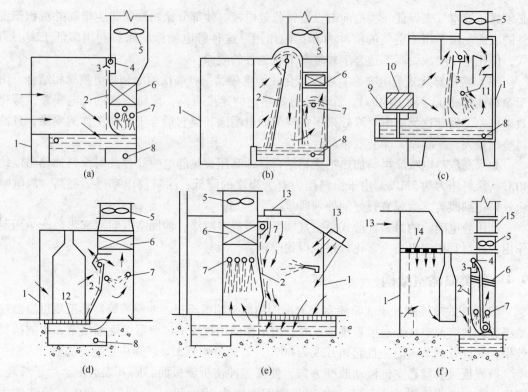

图 9-3　各种水帘喷漆室示意图

1—室体；2—淌水板；3—溢流槽；4—注水管；5—通风机；6—气水分离器；
7—喷管；8—水泵吸口；9—转盘；10—工件；11—折流板；12—栅格板；
13—送风口；14—过滤网；15—调节阀

（4）油帘油洗式喷漆室。该设备是将吸收漆雾介质由水改为油，并设专门的油过滤再生装置，避免了污水排放带来的二次污染，设备腐蚀性大大降低，使用寿命更长。一般采用 30 号机油，含渣机油经沉淀箱沉降，沉渣部分再排至滤袋过滤筒中除渣，所有清油回至油槽重复使用。

（5）无泵喷漆室。无泵喷漆室构造是在抽风机引力作用下，空气于旋涡水面狭缝产生 20～30m/s 的高速气流，使大部分漆雾因离心力作用被卷吸板水膜捕集，小部分漆雾与水雾在清洗室内多次碰撞，最后形成水滴落下，分离了水的空气由风机排至室外。

由于无泵喷漆室中的漆雾靠卷起的水膜和水雾来捕集，因此要选用高静压 1176～2450Pa（120～250mmH$_2$O）的风机，并维持水面在一定高度。水槽内添加凝聚剂，使漆渣凝集浮起，便于清理，延长水的使用周期。该喷漆室的最大特点是用水量少，喷雾处理效率高。

（6）文氏管式喷漆室。文氏管式喷漆室采取顶部送风，底部抽风，借助文氏管使水雾化捕集漆雾。由于喷漆室栅格板下设置喇叭形风罩，送入的空气逐渐收缩并于抽风罩中心间隙排出，使气流呈收缩的层流状，有效地把漆雾向中间压缩，不至扩散（见图 9-4）。

文氏管式喷漆室使用水帘、文氏管雾化水及折流板，具有很高的漆雾处理效率

（97%～98%）。但该喷漆室的用水量大，吸风罩使得地坑较深，给设计制造带来一定难度。这类喷漆室用于大型工件的装饰性涂层喷涂施工。

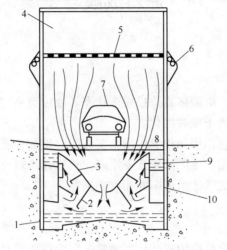

图 9-4　文氏管式喷漆室示意图

1—水槽；2—折流板；3—喇叭形抽风罩；4—给气室；5—滤网；
6—照明灯；7—工件；8—栅格板；9—溢流槽；10—排气管道

（7）水旋式喷漆室。该喷漆室是目前技术比较完善的喷漆室，其上部同文氏管式喷漆室，漆雾被层流状气流压抑。在栅格板下面，喷水管将循环水均匀地喷出，在洗涤板上形成均匀水膜并缓慢地流向中心水旋筒中，防止漆雾堆积于溢水底板上。在抽风机吸引下，漆雾流向水旋筒内，在冲击水和冲击板作用下进行冲击清洗而被捕集（见图9-5）。地下水槽深度约1m左右，用水量小，漆雾处理效率高达99.8%。水旋式喷漆室也用于大型工件的装饰性涂层喷涂施工。

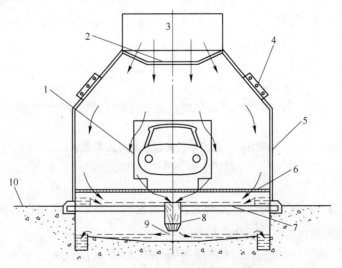

图 9-5　水旋式喷漆室结构示意图

1—仿形端板；2—空气过滤分散顶板；3—静压室；4—照明装置；5—玻璃壁板；
6—栅格地板；7—溢水底板；8—水旋器；9—挡板；10—涂装车间地面

10　涂料成膜与干燥

10.1　涂料成膜机理

　　涂料涂覆于物体表面，由液体或疏松粉末状态转变成致密完整的固态薄膜过程，即为涂料的成膜，亦称为涂料的干燥和固化。

　　涂料成膜主要是靠物理作用和化学作用来实现的。例如，挥发性涂料和热塑性粉末涂料通过溶剂挥发或融合作用，便能形成致密涂膜；热固性涂料必须通过化学作用才能形成固态涂膜。因此涂料成膜机理依组成不同而有差别。

10.1.1　非转化型涂料

　　仅靠物理作用成膜的涂料称为非转化型涂料。它们在成膜过程中只有物理形态的变化而无化学作用。此类涂料包括挥发性涂料、热塑性粉末涂料、乳胶漆及非水分散涂料等。

10.1.1.1　挥发性涂料

　　挥发性涂料有硝基漆、过氯乙烯漆、热塑性丙酸漆及其他烯基漆等。这类涂料的树脂分子量很高，靠溶剂挥发便能形成干爽的涂膜，常温下表干很快，故多采取自然干方法。此类涂料施工以后的溶剂挥发分为三个阶段，即湿阶段、干阶段和两者相重叠的过渡阶段，如图 10-1 所示。

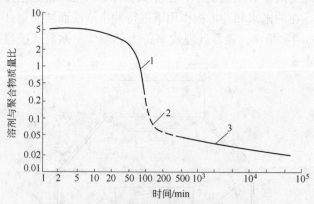

图 10-1　涂膜溶剂保留与时间关系曲线

1—湿阶段；2—过渡阶段；3—干阶段

　　在湿阶段，溶剂挥发与简单的溶剂混合物蒸发行为类似，溶剂在自由表面大量挥发，混合蒸气压大致保持不变且等于各溶剂蒸气分压之和：

$$P = P_1 + P_2 + P_3 + \cdots$$

烃类、酯类溶剂的质量相对挥发速度：

$$E_{\mathrm{w}} = 10P^{0.9}$$

酮类、醇类溶剂的质量相对挥发速度：

$$E_W = 8P^{0.9}$$

式中　P——溶剂的饱和蒸气压，mmHg（1mmHg = 133.3224Pa）。

很显然，增大环境空气流速，必将提高溶剂的挥发速度。

涂料用溶剂挥发太快时，会带走大量热量，产生显著的冷却效应，造成水汽冷凝。因此，为了降低溶剂的成本和平衡溶剂的挥发性，一般都采用混合溶剂。混合溶剂的挥发速度为：

$$E_T = \sum \gamma_i C_i E_i \tag{10-1}$$

式中　E_T——总挥发速度；

　　　C_i——i 溶剂浓度；

　　　γ_i——混合溶剂中 i 溶剂的活度系数（或逃逸系数）；

　　　E_i——纯 i 溶剂挥发速度。

溶剂的活度系数取决于溶剂的种类，跟溶剂的化学基团有关，极性溶剂和溶剂化作用使溶剂的挥发性降低。

【例 10-1】　已知硝基漆稀释剂组成（均按体积计，用 E_V 表示溶剂的体积相对挥发速度）为：醋酸丁酯 35%，甲苯（$E_V = 200$）50%，乙醇（$E_V = 170$）10%，丁醇（$E_V = 40$）5%。试分析挥发时体系的组成变化。

　　解：由资料查得活度系数分别为 1.6、1.4、3.9 和 3.9，则：

$$\begin{aligned}
E_T &= (0.35 \times 1.6 \times 100) + (0.50 \times 1.4 \times 200) + (0.10 \times 3.9 \times 170) + \\
&\quad (0.05 \times 3.9 \times 40) \\
&= 56 + 140 + 66 + 8 \\
&= 270 \\
1.00 &= 56/270 + 140/270 + 66/270 + 8/270 \\
&= 0.21 + 0.52 + 0.24 + 0.03
\end{aligned}$$

结果表明，醋酸丁酯在蒸气相的浓度低于起始混合溶剂中的浓度（0.21 小于 0.35），随溶剂挥发进行，它将富集，而甲苯与乙醇组成的稀释剂将先期挥发，混合溶剂的溶解力将不断增强，这对防止针眼、缩孔和发白均有利。

在过渡阶段，沿涂膜表面向下出现不断增长的黏性凝胶层，溶剂挥发受表面凝胶层的控制，溶剂蒸气压显著地下降。

在干阶段，溶剂挥发受厚度方向整个涂膜的扩散控制，溶剂释放很慢。例如硝基漆在干燥一周后，仍含有 6% ~9% 的溶剂。虽然它的实干时间一般在 1.5h 左右，但这样的涂膜实际上是相对干涂膜。相对干涂膜中残留溶剂的释放可按式（10-2）计算。

$$\lg C = A\lg\left(\frac{x^2}{t}\right) + B \tag{10-2}$$

式中　C——单位干涂膜质量保留的溶剂质量；

　　　x——干膜厚度，μm；

　　　t——时间，h；

　A,B——与涂料配方有关的常数。

一定配方的涂料，相对干涂膜中溶剂保留量取决于涂膜厚度。不同配方的涂料，影响溶剂保留率的因素包括溶剂分子的结构和大小，树脂分子的结构与分子量大小及颜填料形状和尺寸。一般的，体积小的溶剂分子较易穿过树脂分子间隙而扩散到涂膜表面，带有支链体积较大的溶剂分子较易被保留，并且与溶剂的挥发性或溶解力之间没有对应关系。

分子量高的树脂对溶剂的保留率较高，硬树脂对溶剂的保留率要比软树脂大。因此加增塑剂或环境温度提高到玻璃化温度以上，都将明显地增强树脂的扩散逃逸。

【例 10-2】　　氯醋共聚树脂的甲基异丁基酮清漆施工 1h 后的干膜溶剂保留率为 12.2%，24h 后的保留率为 8.6%，求两周以后的溶剂保留率。干膜厚度分别为 $7\mu m$ 和 $3\mu m$。

解： 当 $x = 7\mu m$ 时，有 $A = 0.11$，$B = -1.1$，即

$$\lg C = 0.11 \times \lg(x^2/t) - 1.1 = 0.11 \times \lg(7^2/336) - 1.1$$

两周过后，$C = 6.4\%$

当 $x = 3\mu m$ 时，$\lg C = 0.11 \times \lg(9/336) - 1.1$

$C = 5.3\%$

这表明此类树脂有很强的溶剂保留能力。因此氯醋共聚树脂涂料或相似的过氯乙烯涂料，在施工时，每次喷涂要薄，并控制好喷涂间隔时间，在实干以后重喷，以免涂层长期残留溶剂而易被揭起。此类涂料仅在干透时才有良好的硬度和附着力。

在涂料中加颜填料时，不论是微细分散颜填料，还是片状颜料，都使溶剂扩散逃逸性不断减弱。

环境条件对挥发性涂料干燥的影响因素是空气流速和温度。

由于湿阶段溶剂大量挥发，表面溶剂蒸气迅速达到饱和，此时提高空气流速有利于涂膜的表干。提高温度使涂膜中溶剂扩散性增加，有利于实干和降低溶剂保留率；但温度提高使溶剂的饱和蒸气压大幅度增加，结果涂膜表干太快，流平性很差。在低温强制干燥时，可通过控制一定的闪干时间（加热前短期的自然晾置时间）来解决这一矛盾。

10.1.1.2　**热塑性乳胶漆涂料**

乳胶漆涂料的成膜过程如图 10-2 所示。

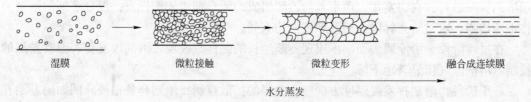

湿膜　　　　　微粒接触　　　　　微粒变形　　　　融合成连续膜

水分蒸发

图 10-2　乳胶涂料成膜过程示意图

此类涂料的干燥成膜与环境温度、湿度、成膜助剂和树脂玻璃化温度等相关。

环境湿度极大地制约着成膜湿阶段水的蒸发速率，提高空气流速可大大加快湿膜中水的蒸发；当乳胶粒子保持彼此接触时，水的蒸发速率降至湿阶段的 5% ~ 10%。此时如果乳胶粒的变形能力很差，将得到松散不透明且无光泽的不连续涂膜。

乳胶漆为了赋予应用性能，树脂的玻璃化温度都在常温以上，故加入成膜助剂来增加乳胶粒在常温下的变形能力，使乳胶漆的最低成膜温度达到 10℃ 以上，彼此接触的乳粒将进一步变形融合成连续的涂膜。

在乳粒融合后，涂膜中水分子通过扩散逃逸，释放非常缓慢。

一般的，乳胶涂料的表干在 2h 以内，实干约 24h 左右，干透则约需 2 周。

成膜助剂从涂膜中的挥发速率按乙二醇单乙醚、乙二醇单丁醚、乙二醇丁醚醋酸酯、乙二醇、二乙二醇单丁醚依次递减。

乙二醇单甲醚蒸发太快，在到达干膜前便完全逸失；乙二醇醚醋酸酯则基本上全部分布于树脂相中。这两种助剂在干阶段对水的蒸发影响较小。

乙二醇丁醚则趋向于在水相和树脂相之间分配，水蒸发受其分配率的影响。

乙二醇的存在使湿涂膜形成一个连续的膨胀的亲水网状结构，使极性成膜助剂易于扩散逃逸。但乙二醇比丙二醇更具吸湿性，涂膜干透较慢，添加丙二醇的乳胶漆膜在几周以后保留极少的水或成膜助剂，不至于对涂膜（特别是户外涂料）产生不利影响。

10.1.1.3　热熔融成膜涂料

热塑性粉末涂料、热塑性非水分散涂料必须加热到熔融温度以上，才能使树脂颗粒融合形成连续完整涂膜。此时成膜过程取决于熔流温度、熔体黏度和熔体表面张力。

10.1.2　转化型涂料

靠化学反应交联成膜的涂料称为转化型涂料。

转化型涂料的树脂分量较低，它们通过缩合、加聚或氧化聚合交联成网状大分子固态涂膜。由于缩合反应都利用加热获取化学反应的能量，使涂膜固化，此类涂料称为热固性涂料。如酚醛漆、氨基烘漆、聚酯漆、丙烯酸烘漆等都是通过缩合反应固化成膜；不饱和聚酯、双组分环氧、双组分聚氨酯等通过加聚反应固化成膜；油性漆、醇酸漆、环氧酯涂料则通过氧化聚合反应固化成膜。因此转化型涂料又可以分为气干型涂料、固化剂固化型涂料和烘烤固化型涂料三类。

10.1.2.1　气干型涂料

气干型涂料是利用空气中的氧气或潮气来固化成膜的涂料。

（1）氧化聚合涂料。含干性油的涂料按氧化聚合方式成膜，干燥性能与油的性质、油度、催化剂等有关。干性油基的氧化聚合反应极为复杂，并且在干燥过程中始终有涂膜的分解产物产生，很难用某个化学反应来表述。但对于含共轭双键的油基，在干燥过程中，过氧化氢的生成不显著，仅在成膜以后才有过氧化氢生成，它的氧化聚合反应大致如下：

$$—CH{=}CH—CH{=}CH—CH{=}CH— \ +O_2 \longrightarrow \ —CH{=}CH—CH{=}CH—CH—CH— \xrightarrow{重排}$$
$$\underset{O—O\cdot}{|}$$

$$\underset{O—O\cdot}{—CH—CH—CH{=}CH{=}CH—CH—} \quad 或 \quad \underset{O—O\cdot}{—CH{=}CH—CH—CH{=}CH—CH—}$$

重排以后的碳自由基可以与氧结合，并攻击双键形成聚过氧化物：

$$—CH{=}CH—CH{=}CH—CH—CH— \\ \underset{O—O\cdot}{|} \qquad \underset{O—CH—CH—CH{=}CH—}{|} \\ \qquad\qquad\qquad\qquad \underset{O—O\cdot（聚过氧化物）}{|}$$

聚过氧化物是很稳定的过氧化物，仅在光或热的作用下才能使过氧键均裂，但形成的烷氧基又能与双键反应形成醚键。

重排过后的碳自由基还可以直接进攻双键形成 C – C 交联聚合物：

$$—CH=CH—CH—CH=CH—CH—+—CH=CH—CH=CH—$$
$$\qquad\qquad\qquad\quad |$$
$$\qquad\qquad\qquad O—O·$$

$$\longrightarrow \quad —CH=CH—CH—CH—$$
$$\qquad\qquad\qquad\qquad\quad |$$
$$\qquad\qquad —CH=CH—CH—CH=CH—CH—$$
$$\qquad\qquad\qquad\qquad\qquad\qquad\qquad\quad |$$
$$\qquad\qquad\qquad\qquad\qquad\qquad\qquad O—O·$$

非共轭双键的油基在吸氧干燥过程中，过氧化氢含量不断增加，交联与过氧化氢的分解同时发生，并且不引起不饱和度的损失。它的氧化聚合反应大致如下：

$$—CH=CH—CH_2—CH=CH— + O_2 \longrightarrow —CH=CH—CH—CH=CH—$$
$$\qquad\qquad\qquad\qquad\qquad\qquad\qquad\qquad\qquad\qquad\qquad |$$
$$\qquad\qquad\qquad\qquad\qquad\qquad\qquad\qquad\qquad\qquad O—OH$$

在钴金属催干剂、光或热作用下，过氧化氢分解成烷氧基：

$$ROOH + Co^{2+} \longrightarrow RO· + Co^{3+} + OH^-$$

$$ROOH + Co^{3+} \longrightarrow ROO· + Co^{2+} + H^+$$

$$RO· + —CH=CH—CH_2—CH= \longrightarrow —CH=CH—CH—CH=CH— + ROH$$

$$\xrightarrow{\text{重排}} —CH=CH—CH=CH—CH— \xrightarrow{O_2} —CH=CH—CH=CH—CH—$$
$$\qquad\qquad\qquad\qquad\qquad\qquad\qquad\qquad\qquad\qquad\qquad\qquad |$$
$$\qquad\qquad\qquad\qquad\qquad\qquad\qquad\qquad\qquad\qquad\qquad O—O·$$

过氧基又可以夺取两个双键间的 α – H 形成过氧化氢和自由基，则在过氧化氢的形成过程中，碳自由基、烷氧基之间彼此结合而交联。

很显然，含共轭双键的油基在一个氧分子进攻下能产生两个自由基，而非共轭双键只形成较难分解的过氧化物。因而共轭双键的油基干燥较快，并在催干剂的作用下大大加速。其中钴干料是表干催干剂，铅干料起输送氧的作用，增加涂膜的吸氧能力，使涂膜底部和表面均衡地干燥，以防涂膜起皱。

氧化聚合涂料采用高沸点的溶剂汽油、松香水等挥发性较慢的溶剂，但交联反应的速度更慢，干燥主要由氧化聚合反应所决定，通常表干需 6h，实干 18h 以上。

（2）潮气固化型涂料。潮气固化涂料主要是潮气固化聚氨酯和潮气固化环氧涂料这两种。潮气固化聚氨酯是利用聚氨酯树脂的端异氰酸酯与空气中水分子反应：

$$\sim\!\sim\!\sim NCO + H_2O \xrightarrow{\text{慢}} \sim\!\sim\!\sim NH_2 + CO_2 \uparrow$$

$$\sim\!\sim\!\sim NH_2 + OCN \sim\!\sim\!\sim \xrightarrow{\text{快}} \sim\!\sim\!\sim NHCONH \sim\!\sim\!\sim$$

此类涂料的树脂必须有较高的 NCO 基含量并在较高的湿度下才能良好地固化成膜。由于交联后 NCO 基转化成脲基，大分子间作用力很大，其涂膜显示良好的耐磨性能。

潮气固化环氧涂料则利用酮亚胺潜伏型固化剂来交联成膜。

$$C_2H_5(CH_3)C=NCH_2CH_2N=C(CH_3)C_2H_5 + H_2O \longrightarrow$$

$$\qquad\qquad\qquad\qquad\qquad H_2NCH_2CH_2NH_2 + 2C_2H_5(CH_3)C=O$$

涂膜吸收空气中的水分子使酮亚胺分解并释放出活泼固化剂胺，使环氧树脂有效地交联。

10.1.2.2　固化剂固化型涂料

固化剂固化型涂料多为双组分涂料，两个组分之间有很高的化学活性，因此在常温下能固化成膜，并且混合以后只有 4～8h 的使用期。这类涂料的主要品种有环氧、聚氨酯和不饱和聚酯等。组分之间的混合比对涂膜性能和干燥影响很大。

（1）双组分环氧涂料。这种涂料都用胺作固化剂，固化反应如下：

$$\sim\!\!\sim\!\!CH_2CH\!\!-\!\!CH_2+H_2NR \longrightarrow \sim\!\!\sim\!\!CH_2CHCH_2NHR \longrightarrow$$

$$\sim\!\!\sim\!\!CH_2CHCH_2NR \longrightarrow \sim\!\!\sim\!\!CH_2CHCH_2NR$$

由于胺吸潮性大，易使涂膜起霜发白，故两组分混均匀后要熟化半小时再施工，或改用环氧胺加合物或聚酰胺作固化剂。该涂料的流平性和低温干燥性较差。

（2）双组分聚氨酯涂料。此类涂料是以多异氰酸酯作为甲组分，羟基树脂作为乙组分，混合施工后，涂膜的低温干燥性比环氧涂料好，但也易出现流平性不良的问题。

$$\sim\!\!\sim\!\!NCO + HO\!\!\sim\!\!\sim \longrightarrow \sim\!\!\sim\!\!NHCOO\!\!\sim\!\!\sim$$

（3）不饱和聚酯涂料。不饱和聚酯涂料是用苯乙烯稀释的不饱和树脂，与过氧化物和钴盐促进剂混合，通过自由基引发、聚合而固化。由于固化反应很快，故混匀后的使用期一般不超过4h。

10.1.2.3　烘烤固化型涂料

烘烤固化型涂料树脂中的各基团在常温下的化学反应很弱，但加热到较高温度时，基团之间迅速地发生化学反应，使涂膜交联固化。这类涂料的主要品种有氨基烘漆、丙烯酸烘漆、聚酯漆、热固性聚氨酯、环氧烘漆和有机硅涂料等。

装饰性涂料多用氨基树脂作交联剂，可在中温下使羟基树脂固化。

$$\sim\!\!\sim\!\!N(CH_2OR)_2 + HO\!\!\sim\!\!\sim \xrightarrow{\Delta} \sim\!\!\sim\!\!N(CH_2OR)CH_2O\!\!\sim\!\!\sim + ROH$$

$$\sim\!\!\sim\!\!N(CH_2OR)CH_2OH + HO\!\!\sim\!\!\sim \xrightarrow{\Delta} \sim\!\!\sim\!\!N(CH_2OR)CH_2O\!\!\sim\!\!\sim + H_2O$$

$$\sim\!\!\sim N\,(CH_2OR)\,CH_2OH + ROCH_2NH \sim\!\!\sim \xrightarrow{\Delta} \sim\!\!\sim N\,(CH_2OR)\,CH_2N\,(CH_2OR)\,\sim\!\!\sim + H_2O$$

（自交联）

环氧酚醛防腐蚀底漆则在 180℃ 以上的高温彻底交联固化。虽然涂膜黄变严重，但防腐性能很好：

$$\sim\!\!\sim -CH_2CH-CH_2 + HO \sim\!\!\sim \xrightarrow{\Delta} \sim\!\!\sim -CH_2CHCH_2O \sim\!\!\sim$$

$$\sim\!\!\sim -CH_2CHCH_2O + HO \sim\!\!\sim \xrightarrow{\Delta} \sim\!\!\sim -CH_2CHCH_2O \sim\!\!\sim$$

在酸催化剂存在下，固化温度可降低或形成醚键的倾向增加。若用氨基树脂固化环氧树脂，环氧树脂的环氧基和羟基都与氨基树脂发生类似反应。

10.2　涂膜干燥方法

涂膜干燥方法分自然干燥、烘干和辐射固化三类。

（1）自然干燥。自然干燥适用于挥发性涂料、气干型涂料、固化剂固化涂料等自干型涂料。它们在常温大气环境中靠溶剂挥发，或氧化聚合，或固化剂固化而干燥成膜。干燥速度受环境条件影响很大，要求通风良好，灰尘少，这样有利于溶剂挥发和作业场地的安全，减少灰尘的黏附。

环境湿度大时抑制溶剂挥发，干燥慢，并造成涂膜发白等缺陷，因此作业环境湿度宜低不宜高。温度高时溶剂挥发快，固化反应快，干燥也快，这样对减少灰尘黏附有利，但可能使流平性变差，应调换稀释剂使表干速度适中。

（2）烘干。烘干分低温烘干、中温烘干和高温烘干。在 100℃ 以下的烘干称为低温烘干。低温烘干主要是对自干型涂料实施强制干燥或对耐热性差的材质表面涂膜进行干燥，干燥温度通常在 60～80℃。例如，硝基漆在常温下实干需 1.5h，在 60～80℃ 只需 10～30min；双组分聚氨酯漆常温下干燥时间为 12h，60℃ 为 30min，80℃ 只需 15min。

中温烘干的温度为 150℃ 以下，主要用于面漆的烘干成膜。当超过 150℃ 时，涂膜会发黄和发脆，通常在 120～140℃ 之间烘烤。

各类涂料的适宜烘干温度如表 10-1 所示。

表 10-1　各类涂料的适宜烘干温度

涂料	温度	时间	涂料	温度	时间
丙烯酸烘漆	120～140℃	30～60min	合成树脂二道浆	120～140℃	20～30min
氨基烘漆	120～140℃	30～60min	氨基泥子	100～120℃	30～60min
醇酸漆	100～120℃	20～30min	锌黄底漆	120～140℃	20～40min
水性氨基	140℃	20～40min	环氧烘漆	130～150℃	20～40min

浅色漆一般采用较低烘干温度（120℃）、较长时间使涂膜固化，避免发黄；深色漆则

采取较高烘干温度以缩短烘干时间，提高生产率。

150℃以上的属高温烘干。如环氧酚醛底漆、水性酚醛、阴极电泳漆等等，一般都用180~200℃高温使涂膜充分交联固化，提高涂膜的防腐蚀性能。底漆由于只要求防护性，对涂膜色泽无要求，因此都采取高温烘干方式。

为了防止涂膜在烘干过程中产生针眼、橘皮等缺陷，湿涂膜在烘干之前应根据涂膜厚度预先晾干 3~8min。

（3）辐射固化。辐射固化是利用紫外线或电子束，使不饱和树脂漆被快速引发、聚合，硬化速度很快。紫外线只能固化清漆，硬化时间一般不超过 3min；电子束辐射线由于能量高、穿透力强，可用于色漆的快速硬化，硬化时间只需几秒。电子束辐射固化设备投资大，安全管理严格，使用较少；而紫外线固化在木材、塑料、纸张、皮革等平表面的涂膜固化上得到相当的应用。

除了以上三种主要干燥方法之外，还有电感应式干燥和微波干燥，但这两种主要用于胶黏剂快速固化方面。

电感应式干燥又称高频加热，当金属工件放入线圈里时，线圈通 300~400Hz/s 交流电，在其周围产生磁场，使工件被加热，最高温度可达到 250~280℃，可依电流强度大小来调节。由于能量直接加在工件上，故树脂膜是从里向外被加热干燥，溶剂能快速彻底地挥发逸出并使涂膜固化，粘接强度很高，在粘接领域得到较好的应用。

微波干燥是特定的物质分子在微波（1mm~1m）的作用下振动而获得能量，产生热效应。微波干燥只限于非金属材质基底表面的涂膜，这一点正好与高频加热相反。微波干燥对被干燥物有选择性，且设备投资较大，但它干燥均匀，速度快，干燥时间仅为常规方法的 1/100~1/10。

10.3 烘干设备

10.3.1 烘干室种类及烘干过程

10.3.1.1 烘干室种类

烘干室根据其形状，有死端式和通过式两大类。死端式用于间隙式生产方式；通过式用于流水线生产方式，并有单行程、多行程之分。通过式按外形分，又有直通式、桥式和"Ⅱ"形之分。一般的，直通式烘干室热量外溢比较大，但设备较矮；桥式烘干室较长，空间较高，但热量外溢较小；"Ⅱ"形烘干室除了长度比桥式短外，其他方面和桥式差不多。单行程烘干室结构相对简单，但设备长，占地面积大；多行程烘干室结构复杂，设备较短，减少占地面积，有利于车间平面布置；多条自动线水平并行通过式烘道称为并行式，并行式设备则有利于提高保温性并减少占地面积；两条自动线竖直平行通过式烘道称为双层烘干室，其可充分利用空间高度，减少占地面积。各种烘干室外形示意如图 10-3 所示。

烘干室按加热方式分别分成对流式、热辐射式及辐射对复合式等。

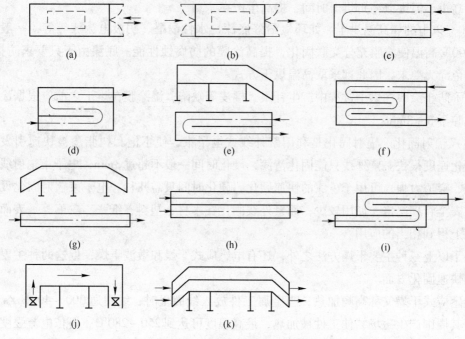

图 10-3　各种烘干室示意图

（a）死端式；（b）直通式；（c）双行程直通式；（d）多行程直通式；
（e）双行程半桥式；（f）多行程半桥式；（g）桥式；（h）并行桥式；
（i）多行程桥式；（j）"Ⅱ"型；（k）双层桥式

10.3.1.2　烘干过程

涂膜在烘干室内的整个烘干过程分为升温、保温和冷却三个阶段（见图 10-4）。

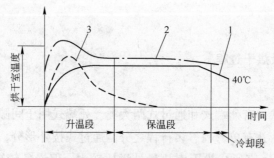

图 10-4　涂膜烘烤温度曲线

1—工件温度；2—烘道内空气温度；3—容积挥发速率

在升温阶段，涂层温度由室温逐渐升至烘干工艺温度，湿涂膜中溶剂 90% 以上在此阶段散发逸出，所需要的时间约在 5 ~ 10min 以内。时间长短依涂膜不出现外观缺陷来确定。一般地，高沸点溶剂升温时间可短，低沸点溶剂升温速度宜慢，以免溶剂沸腾。

由于在升温段溶剂挥发迅速，必须加强通风来排除溶剂蒸气并补充新鲜空气，另外加热工件又消耗大量的热量，因此烘干时大部分热量消耗在升温段。

在保温阶段，保温时间由涂膜化学交联反应所需要的固化工艺时间所决定，只需要较少的热量和新鲜空气来补偿推出的溶剂气体。

冷却段采用强制冷却方法使工件迅速冷却到40℃以下，以便马上进行下道工序的作业，保证流水线正常地运作下去。如果采取自然冷却，大约需要 20～30min 才能降至30～40℃，这只能满足间隙式生产方式。

10.3.2 对流式烘干设备

10.3.2.1 对流烘干室特点

对流烘干设备是利用热空气作为载热体，通过对流方式将热量传递给工件和涂层。它具有以下特点：

（1）加热均匀，适合于各种形状的工件，涂膜质量均一；

（2）温度范围大，适合于各种涂料的干燥和固化；

（3）设备使用和维护方便；

（4）热惰性大，升温慢，热效率低；

（5）设备庞大，占地面积大；

（6）涂膜较易产生气泡、针孔、起皱等缺陷。

由于这类设备对任何形状工件表面的涂膜都能均匀固化，应用相当广泛。

10.3.2.2 对流烘干室构成

对流烘干设备主要由室体、加热系统、空气幕装置和温度控制系统组成，如图 10-5 所示。

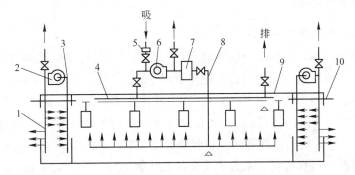

图 10-5 对流烘干室示意图

1—空气幕送风管；2—风幕风机；3—空气幕吸风管；4—吸风管道；5—空气过滤器；
6—循环风机；7—空气加热器；8—送风管道；9—室体；10—输送链

（1）室体。室体主要起隔热保温作用，因此室体体积及门洞尺寸应尽可能小，护板隔热层应有足够厚度并有效地进行密封。例如 150～200℃烘干室，在室体外壁温度不大于40℃的情况下，矿渣棉保温厚度约在 125～150mm，并且护板采取骨架塔或面板搭接的方式进行密封。

（2）加热系统。加热系统由风管、空气过滤器、空气加热系统及风机等构成。对流烘干采取下部送风、上部抽风，因此风管包括吸风管和送风管，且室外部分为圆管，室内风管都为矩形。送风管各开口处设闸板，便于调节使室内各处送风量均衡。由于升温段耗热量大，送风量也应大点，因此主送风管入口设在保温段和升温段之间，相应地在升温段上部设排气管并增大吸风管的开口密度，在循环风机和加热器之间及时排出含高浓度溶剂的蒸汽。

空气过滤器使空气含量达到 0.5mg/m³ 以下，以防涂膜表面出现颗粒。可采用干式纤维过滤器或黏性填充滤料过滤器。

加热器有燃油或燃气燃烧式加热器、电加热器及蒸汽加热器等几种。蒸汽加热器只用于120℃以下的低温烘干或水分干燥。电加热器结构紧凑，效率高，便于控制，但需增设配电设施。燃烧式加热器有直接式和间接式之分。直接式加热器是将燃烧产生的高温气体与空气混合，送入烘干室加热涂层，其热效率较高，但热量不易控制，且热空气清洁差，只适宜底漆烘干，不宜用来烘烤面漆；间接式加热器热效率低，但热空气清洁，热量容易调节，能保证面烘烤后的涂膜质量。

（3）风幕装置。对于直通式连续通过烘干室，为了减少热空气从两端门洞口逃逸，需要设置两个独立风幕装置，出口风速一般在 10~20m/s。对于涂了粉末的工件，在进口端不能设置风幕，以免气流吹掉工件表面的粉末颗粒。对于桥式或"Ⅱ"形烘干室，不需要风幕装置。

（4）温度控制系统。温度控制系统主要通过调节加热器热量输出来控制烘干室温度恒定。采用不同热源的加热器的热量调节方式是不同的，但系统都有多点测温和超温报警装置。

10.3.3　热辐射烘干设备

10.3.3.1　热辐射烘干原理及特点

烘干就是利用热源，通过红外线辐射方式，直接将能量传递给被加热物体。它与传导和对流加热有着本质区别，能量传递不需要中间介质。

红外线的波长范围为 0.75~1000μm。其中波长 0.75~2.5μm 的为近红外线，辐射体温度 2000~2200℃，辐射能量很高；波长在 2.54μm 的为中外线，辐射体温度约 800~900℃；波长大于 4μm 的为远红外线，辐射体温度 400~600℃，辐射能量较低。虽然远红外线的辐射能量低，但有机物、水分子及金属氧化物的分子振动波长范围都在 4μm 以上，即在远红外线波长区域，这些物质有强烈的吸收峰，在远红外线的辐照下，分子振动加剧，能量得到吸收，涂膜快速得到固化。

因此，热辐射烘干实际上都是远红外线辐射固化。它具有以下优点：

（1）热效率高；

（2）升温快，固化时间短，可缩短设备长度，减少占地面积；

（3）底材表层和涂膜同时被加热，使传热方向与溶剂扩散逃逸方向一致，避免涂膜表面产生气泡针孔等缺陷；

（4）设备结构简单，投资少，溶剂蒸发利用热空气上升原理自然排出，不需要大量的循环空气，室体内尘埃数量大幅减少，外观质量高。

热辐射烘干设备虽然优点很多，但却不适合于复杂形状的工件，以免阴影部位无法得到固化。尽管如此，可将辐射和对流结合使用，利用热辐射升温快，涂膜外观质量好的特点，作为升温加热条件，保温段利用对流空气加热均匀的特点使涂膜固化完全一致。

10.3.3.2 热辐射烘干影响因素

（1）涂层材料。不同涂层材料的黑度不一样，黑度高的材料吸收能力强，热效率高。涂料的黑度多数在 0.8 ~ 0.9 之间。

（2）波长。在远红外线区域，可使辐射波长和吸收波长基本匹配，烘干效率较高，固化也快。近红外线只产生电子震动，金属表面 1μm 的薄层便将其全部吸收，0.1μm 涂膜薄层则将远红外线全部吸收。因此，辐射固化可使金属表层和整个涂膜同时吸收辐射能并转化为热能，使涂膜有效地固化并且金属不会整体受热。新近开发的一种高红外辐射元件，使远红外线、中红外线和近红外线能量合理地得到分配，利用近红外线使工件表面快速升温，真正做到传热方向与溶剂释放方向相一致，升温和固化速度更快。

（3）介质。烘干室中的水分和溶剂蒸发会吸收辐射能量，并使辐射通量衰减，不利于涂膜烘干，应及时排除。

（4）辐射距离。为了使涂膜有效地获得辐射能量，辐射距离不宜太远。一般平板件为 100mm，较复杂工件取 250 ~ 300mm。

（5）辐射器表面温度。辐射能与表面绝对温度的 4 次方成正比，与波长成反比。因此，对于远红外线来说，采用表面温度 400 ~ 500℃ 的辐射器，使之有较高的辐射能，此时波长在 4 ~ 15μm 之间。对于分子振动波长超过该范围的涂料来说，可添加专用的红外线吸收增效剂（涂料不同，增效剂也不一样），使涂层吸收与辐射波长匹配，降低烘干温度，缩短固化时间。

（6）辐射器布置。由于辐射器表面温度很高，不能忽视热空气的自然对流导致室体上部温度较高。因此在高度方向，辐射器数量自上而下递增。

10.3.3.3 热辐射烘干设备组成

热辐射烘干设备由室体、红外线辐射器、空气幕、通风系统和控温系统组成。室体和空气幕对流烘干室一样。通风系统分自然排气和强制通风两种。对于水性漆、低溶剂含量涂料的水分干燥，可采取自然排气方式，即在室体底部每隔 1.5 ~ 2.5m 设置进气孔，并经滤网净化空气和用闸板调整进风量，使溶剂蒸汽均流地自排气烟囱排出。溶剂含量高的涂料必须采用强制通风，并在溶剂挥发段，排气口设置密度应大些。

辐射器分燃气型和电热型两大类。电热型从外形来看又有管式、板式和灯泡式等几种，其中以管式和板式应用较多。管式辐射是在石英管内通电阻丝，外涂远红外辐射涂料，背衬铝反射板；若采用金属管，必须在管中填充氧化粉导热绝缘材料。板式辐射器是在碳化硅板内设置电阻丝，表面涂覆远红外线辐射涂料，背面为隔热材料，热利用率低。此外还有电阻带型直热式电热远红外辐射器。它是将远红外辐射涂料直接烧结在电阻丝表面，辐射器自身的热耗低，升温快，很适合于间隙加热烘干室。

电热远红外辐射器的功率一般为 3 ~ 5W/cm²。新的高红外线辐射元件由钨丝（2200℃）、石英管（800℃）及反射屏（600℃）构成全红外线波段辐射，功率高达 15 ~ 25W/cm²，具有高辐射强度、高辐射密度、升温快（约 1min）的优点，烘干时间在 5min 以下。

10.3.4　高效节能的高红外辐射固化技术

10.3.4.1　辐射固化原理

一般认为远红外加热的辐射频率与有机物质分子振动匹配，能量能够得到充分的吸收利用。虽然远红外加热技术的应用已有相当的历史，但实际上并不理想，很多情况下辐射光谱曲线和吸收光谱曲线并未达到最佳匹配。

由普朗克热辐射定律：

$$E_{xb} = \varepsilon_\lambda \int_{\lambda_1}^{\lambda_2} \frac{C_1 \lambda^{-5} d\lambda}{\exp(C_2/\lambda T - 1)} (\lambda_1 \to \lambda_2)$$

式中　E_{xb}——辐射能量，W/cm^2；

　　　ε_λ——辐射系数；

　C_1，C_2——第一辐射常数和第二辐射常数；

　λ_1，λ_2——工件表面远红外线吸收光谱范围（$\lambda_1 = 2.5\mu m$，$\lambda_2 = 15\mu m$）。

元件的辐射光谱可表示为：

$$E_{xb} = \varepsilon_{\lambda_2} \int_0^\infty \frac{C_1 \lambda^{-5} d\lambda}{\exp(C_2/\lambda T - 1)} \lambda_2(0, \infty)$$

$$= \varepsilon_\lambda \sigma T^4$$

光谱波长匹配率(Q) = 工件吸收光谱特性/元件辐射光普特性

$$Q = \frac{\left[\varepsilon_1 \int \frac{C_1 \lambda^{-5} d\lambda}{\exp(C_2/\lambda T - 1)} \right]}{\left[\varepsilon_2 \int \frac{C_1 \lambda^{-5} d\lambda}{\exp(C_2/\lambda T - 1)} \right]} = \frac{\int f(\lambda) d\lambda}{\sigma T^4} \lambda(2.5, 15)$$

有关红外加热器的辐射温度及特性见表 10-2。

表 10-2　红外辐射加热器的特性

名　称	波长/μm	辐射温度/℃	元件启动时间	备　注
远红外	4 ~ 15	400 ~ 600	约 15min	暗式
中红外	2.5 ~ 4	800 ~ 900	60 ~ 90	亮式
近红外	0.75 ~ 2.5	2000 ~ 2200	1 ~ 2s	亮式

当工件吸收光谱在 2.5 ~ 15μm 波段，辐射元件表面温度 $T_1 = 450℃$（723K）时，$Q_1 = 96\%$；$T_2 = 1000℃$（1273K）时，$Q_2 = 69\%$；$T_3 = 2500℃$ 时，$Q_3 = 24\%$。从波长匹配角度看，辐射元件的可见光成分较少，匹配吸收越好。

但是，若对厚度不同的两块 SiC 红外线辐射板，其辐射面积 $S_1 = S_2$，辐射系数 $\varepsilon_{\lambda_1} = \varepsilon_{\lambda_2}$，输出功率 $P_1 = P_2$，厚度 I 板大于 II 板，测试结果表明 $T_1 > T_2$，则按波长匹配分析，有 $Q_2 >> Q_1$。但实际结果恰恰相反。

这样人们发现，匹配吸收不仅要波长匹配，更重要的是能量匹配，其匹配率记为 W：

$$W = \frac{元件辐射能量}{元件输出能量}$$

$$= \frac{\left[\varepsilon_\lambda \int C_1 \lambda^{-5} \mathrm{d}\lambda / \exp\left(\frac{C_2}{\lambda_t} - 1\right)\right]}{P}$$

$$= \frac{\varepsilon_\lambda \sigma T^4 S}{P} \lambda(0, \infty)$$

远红外匹配吸收应当是:

$$Q_W = \frac{\int f(\lambda) \mathrm{d}\lambda}{\sigma T^4} \times \frac{\varepsilon_\lambda \sigma T^4 S}{P} = \left[\varepsilon_\lambda S \int f(\lambda) \mathrm{d}\lambda\right] / P \lambda(2.5, 15)$$

当元件的表面温度 450℃时,远红外匹配吸收 $Q_W = 0.960 \times 0.62 = 0.59$;2500℃时,$Q_W = 0.24 \times 0.88 = 0.21$。由于远红外波段的辐射能量低,匹配效果就不太好。

工件吸收光谱在 $0.38 \sim 2.5 \mu m$ 波段时,辐射元件表面温度分别为 $T_1 = 450℃$,$T_2 = 1000℃$,$T_3 = 2500℃$,按波长匹配率,$Q_1 = 4\%$,$Q_2 = 31\%$,$Q_3 = 76\%$。

因此,在短波段范围内高温辐射元件,即便按波长匹配,匹配吸收也是随温度不断提高,采用高温辐射元件将达到最高的热效率。此时辐射是全波段的,属高密度强力红外辐射,此类辐射加热也称之为高红外辐射加热。

10.3.4.2 辐射加热元件与设备

高红外辐射元件的热源为钨丝,温度高达 $2200 \sim 2400℃$,辐射高能近红外线;热源外罩石英管,外表温度为 800℃,辐射中波红外线;背衬定向反射屏,温度可达 $500 \sim 600℃$,辐射低能量远红外线。各波段红外线成分占有比例不均等,使之被加热物的吸收有最佳的能量匹配,并伴随有快速热响应特征。

石英管规格分为 12 和 20 两种,长度 1.0m、1.2m 和 1.5m,功率 $3 \sim 5kW$,使用寿命 5000h 以上。高红外加热元件的表面功率为 $15 \sim 25 W/cm^2$,启动时间仅 $3 \sim 5s$(远红外辐射元件的表面功率是 $3 \sim 5 W/cm^2$,启动时间需 $5 \sim 15min$),热惯性小。因此高红外加热的最大特点是瞬间加热到烘干温度。

对于透明石英管加热元件,钨丝 2200℃产生的红外线几乎全部透过石英玻璃直接向外辐射,近红外线波段辐射能量高达 76%,中、远红外线辐射能量仅占 24%,较多份额的高能量近红外线将蒸发逸出,升温时间只需要几十秒,比由外向内加热的对流加热方式的升温时间(约几十分钟)短得多。

若是乳白色石英管,热源产生的红外线几乎全部被石英玻璃吸收而产生二次辐射,辐射表面温度仅 450℃。近红外线辐射能量仅 4%,远红外线能量占 96%,仅对 $10 \sim 200 \mu m$ 的涂膜远红外敏感而被有效吸收。

高红外加热由于仍属辐射加热,它的应用受被加热物形状的限制。对于平面或简单形状工件,可完全采取高红外加热;若工件形状复杂有阴影,可采取高红外加热升温-对流保温来确保涂膜都能完全固化。

加热烘道内应该保证温度均匀一致。可以根据加热固化条件来确定烘干规范,由此来确定辐照能量密度与加热时间。

辐射能量密度根据涂料品种和被加热工件形状确定。对于含有慢挥发溶剂的涂料,如水性漆，为了防止急速升温时水快速蒸发而产生爆孔，可选择低辐射能量密度；对于形状复杂工件或厚薄悬殊的情况，也应该降低辐照密度，防止局部发生过烘烤。在保温段，由于对流热的存在，上部辐照密度应比下部低，并且最好能适当地配置循环风。

为了保证烘道内温度均一，还需采取相宜的测温手段。在高红外加热烘道内，可采用 $8 \sim 12\mu m$ 红外光导纤维传感器来非接触测量工件表面温度，或用 $\varepsilon_\lambda = 0.9$ 的铂薄膜测温仪直接测量，由此精心调整各部位的辐照密度。

不同种类涂料的红外线辐照密度示例如下：水性涂料 $10 \sim 15kW/m^2$；粉末涂料约 $35kW/m^2$；溶剂性烘漆约 $15kW/m^2$。辐射元件与工件距离 $250 \sim 300mm$。

10.3.4.3　高红外加热应用实例

【例 10-3】　轻型车车身底漆烘干。

原设计产 4 万台的轻型车车身，采用 8603 阴极电泳漆，烘干工艺规范是 170℃ × 20min，升温时间 10min，烘干炉总通过时间 30min。现将产量提高一倍（8 万台/年），对输送链和烘干室不作延长改动。对底漆进行高红外辐射固化实验，在 180℃ 以上只需 6 ~ 7min 决定采用高红外辐射加热替代原热风对流加热方式来升温，升温时间 11min（部分辐射元件设置在爬坡段），保留 8min 的热风对流加热段，总加热时间 19min，实际产量达到 10 万台/年。同时也对 PVC 车底漆涂料烘干产生进行相应改造，两项改造费用 64 万元（按对流加热方式预算的改造费用仅两台烘干炉就需 885 万元，还需对车间输送链和土建作大幅度改动）。

【例 10-4】　液化气钢瓶涂装线。

产量 10 万支/班的钢瓶生产线，每分钟单产 1 只，按传统加热方式，烘干时间 20min，加热区要 20m，引桥为 7m，烘道总长 27m，占地面积 400m²，装机功率 120kW。现采用高红外加热，烘烤时间仅 55 ~ 58s，加热区 1.7m，引桥为 2m，烘炉总长 3.7m，占地面积仅 35m²，装机容量为 80.5kW。

【例 10-5】　钢圈粉末涂层烘烤。

年产 50 万辆汽车钢圈粉末涂装生产线，烘道按高红外辐射加热方式设计，烘道长 6m，装机功率 216kW。实际固化时间 2min，使用烘道长度仅 3m，使用功率为 120kW。

10.4　粉末涂料及涂装

10.4.1　粉末涂料技术

粉末涂料不含任何溶剂，涂膜最厚可达数百微米，并有良好的物理力学性能，涂料利用率高达 95% 以上，是节省资源的环境性涂料。粉末涂料分热塑性和热固性两大类。热塑性粉末涂料的主要品种有聚氯乙烯（PVC）、聚乙烯（PE）、聚丙烯（PP）、聚酰胺（尼龙）、氟树脂、氯化聚醚、聚苯硫醚等，涂料由树脂、颜填料、流平剂、稳定剂等组成；热固性粉末涂料品种主要是环氧、环氧-聚酯、聚酯、聚氨酯、丙烯酸等，涂料中含有固化剂。

热固性粉末涂料的熔融温度、熔体黏度都较热塑性低，涂膜的附着力和平整度都比热塑性粉末涂层好。热塑性粉末涂料的树脂很多具有结晶性，在烘烤以后需进行淬火处理，以保证涂层有足够的附着力。

热塑性粉末涂料是20世纪70年代以前粉末涂料的主要产品，它用火焰喷涂和流化床施工，对金属进行防腐蚀保护。粉末涂料的缺点是需要专用涂覆设备，换色困难，薄涂难，外观装饰性差，烘烤温度高。鉴于热固性树脂的分子量低，带有较多的极性基团，它比热塑性树脂有更好的粉碎加工性、低加热温度和熔融黏度、较强的附着力。20世纪70年代以后，开发了性能更好的热固性粉末涂料和静电喷涂施工方法，纯粹的防护性涂层转向装饰性涂层，热塑性粉末涂料大都被热固性粉末涂料所替代，粉末涂料的应用范围不断得到拓展，在机械零件和轻工产品的涂饰与保护领域占有相当的份额。20世纪90年代以后，粉末涂料的开发重点正从厚涂层向装饰性薄层转移。

粉末涂料用树脂应在熔融温度、黏度、荷电性能、稳定性、润湿附着力、粉碎性能诸方面都满足要求。树脂的玻璃化温度应在50℃以上，熔融温度应远离树脂分解温度；熔融黏度要低（环氧和聚酯都有较低熔融黏度），熔体的热致稀释作用强，便于在较低加热温度下流平及空气等气体的逸出。粉末涂料一般都有适宜的荷电性，使之通过静电吸附在被涂金属表面。在用摩擦静电喷枪喷涂时，有些树脂需要加改性剂。

固化剂应确保粉末涂料有良好的贮存稳定性且不结块，故选用粉体或其他固态，但在熔融过程中不得起化学反应。固化剂的反应温度要低，固化反应产生的气体副产物要少。

颜料应选用耐热无毒的无机或有机颜料，防止粉末制造和使用过程中粉尘飘散对人体健康造成危害。颜料的分散性影响涂层的光泽与力学性能，各树脂对颜料的分散性依聚酯、环氧、丙烯酸递减。

粉末涂料必须采用专用的助剂，主要有流平剂、边角覆盖力改性剂、消光剂、花纹助剂等。其中最重要的是流平剂，因粉末涂料熔体的黏度比溶剂性涂料大得多，涂膜易产生缩孔和不平整，流平剂都采用聚丙烯酸树脂或有机硅树脂流平剂。流平剂的分子量较低，由于它与粉末涂料树脂的混溶性受限，能迁移到涂膜表面降低表面张力，一般用量0.2%～2%，用量过多会降低光泽。

对于熔体黏度低的粉末涂料，还需要添加微细二氧化硅或聚乙烯醇缩丁醛来提高边角覆盖力。

制造半光或无光粉末涂料可以添加有消光作用的固化剂或非反应消光剂。消光剂固化剂由两个固化反应性有差异的固化剂组成，反应活性大的固化剂的先期固化反应破坏了最终涂膜表面的微观平整性。非反应性消光剂有硬脂酸金属盐和低分子量热塑性树脂。硬脂酸金属盐在粉末涂熔融时因与粉末涂料树脂不相容而析出，使表面消光。硬脂酸金属盐适用的是锌盐和镁盐，用量10%～20%，由于用量大，不太适宜粉末涂料的熔融挤出加工。相对而言，低分子量热塑性树脂消光剂比较重要，它在高温下与粉末涂料熔融树脂相容，降温时析出，品种有聚乙烯蜡、聚丙烯蜡、聚乙烯共聚物蜡等。其他的消光剂还有脂肪族酰胺蜡，需与锌盐促进剂配合使用。

添加片状颜料及特殊助剂，可制造闪光、锤纹、皱纹型美术涂料。

（1）环氧粉末涂料。一般采用软化点70～110℃的树脂，如环氧6049（E-12）。这样的树脂容易粉碎，不宜结块，熔融黏度低。固化剂采用双氰胺、酸酐、二羧酸二酰肼、咪唑类。选用双氰胺固化剂涂抹色浅；咪唑类促进剂仍需高温固化；酸酐固化剂固化快，涂膜交联密度高，整体防护性好，是重要的固化剂，但涂膜光泽低；二羧酸二酰肼固化剂具有较好的韧性、快固化性和抗黄变性，适宜配制白色涂料；咪唑类固化剂固化温度低，高温固化时光泽低。

白色环氧涂料配方示例如表 10-3 所示。

表 10-3　白色环氧涂料配方

组 成	质量分	组 成	质量分
E－12 环氧	70	钛 白	23
葵二酸二酰肼	4.9	群 青	0.2
混合流平剂	0.5 + 1.4		

由于环氧树脂的耐候性差，主要用作防腐蚀。作一般装饰性涂料时，可用羧基聚酯树脂代替酸酐作为交联剂，成本也得到降低。当聚酯用量在 50% 以上时，随聚酯含量增加，耐候性明显改善，选用聚酯的酸值宜在 55mg KOH/g 以下。环氧-聚酯的配比应与聚酯的酸值相协调，使羧基都能参与交联反应。配方实例如表 10-4 所示。

表 10-4　环氧-聚酯粉末涂料配方示例

组 成	质量分	组 成	质量分
E－12 环氧	45	钛 白	43
聚酯（55mg KOH/g）	55	咪唑类	0.3
安息香	0.5	群 青	0.2
流平剂	0.5		

该涂膜经 160℃烘 20min，涂膜的外观较好。

环氧-聚酯粉末涂料的主要性能如表 10-5 所示。

表 10-5　环氧-聚酯粉末涂料的主要性能

固化条件	180℃，10min	柔韧性/mm	2
60°光泽/%	≥85	附着力/级	1
柔韧性/mm	2	铅笔硬度	2H
冲击韧度/J·mm^{-2}	392	盐雾试验（240h）/级	1

（2）热固性聚酯粉末涂料。热固性聚酯粉末涂料具有良好的防护性和装饰性，易薄膜化。装饰性涂料采用羟值 30～100mg KOH/g 的聚酯或酸值 30～60mg KOH/g 的聚酯，树脂的玻璃化温度应在 50℃以上，分别用封闭型异佛尔酮二异氰酸酯或异氰脲酸三缩水甘油酯（表 10-6）作交联剂；防护性涂料采用羟基聚酯与封闭型芳香族二异氰酸酯交联，涂膜经 170℃烘 15min 就可以固化。

表 10-6　热固性聚酯粉末涂料配方及性能示例

例1		例2	
组　成	质量分	组　成	质量分
聚酯（羟值 40mg KOH/g）	78	羧基聚酯	90
己内酰胺封闭异佛尔酮二异氰酸酯	19	流平剂	1.0
钛白	67	异氰脲酸三缩水甘油酯	10
环氧树脂	3	钛白	50
安息香	0.3		
流平剂	0.5		
有机锡	0.2		
这类涂料在烘烤固化时，由于封闭剂挥发释放，容易产生气孔，需添加脱气剂			

聚酯粉末涂料的主要性能如下：			
固化条件	180℃，15min	柔韧性/mm	2
60°光泽度/%	≥85	冲击韧度/J·mm^{-2}	490

（3）热固性丙烯酸粉末涂料。主要选用丙烯酸缩水甘油共聚物，羟基或羧基树脂使用较少，因为它们所用的交联剂或者有小分子副产物形成，或者粉末涂料贮存稳定性差，或者耐候性差。缩水甘油酯基树脂则采用脂肪族多元酸做固化剂，固化条件为 180~200℃，15~20min。配方示例如表 10-7 所示。

表 10-7　酸固化丙烯酸缩水甘油粉末涂料配方示例

组　成	质量分	组　成	质量分
丙烯酸树脂	84	流平剂	1.0
十二碳二羧酸	12	钛　白	43
环氧树脂	4		

如果改进羧基聚酯与丙烯酸树脂的相容性，也可以用羧基聚酯替代多元酸来交联缩水甘基丙烯酸油树脂。若部分替代还需添加封闭异氰酸酯交联剂，涂料耐候性介于聚酯与丙烯酸之间，但坚韧性同聚酯，可作为高装饰性卷材粉末涂料。但现在此类涂料的应用比例较少。热固性丙烯酸粉末涂料配方示例如表 10-8 所示。

表 10-8　改进型酸固化丙烯酸缩水甘油粉末涂料配方示例

例1		例2	
组　成	质量分	组　成	质量分
聚酯	65	聚酯	78
丙烯酸树脂	30	丙烯酸树脂	15
环氧树脂	3	封闭异氰酸酯	4
十二碳二羧酸	4	环氧树脂	3
安息香	0.5	有机锡	0.2
流平剂	0.5	安息香	0.5
钛白	43	流平剂	0.5
		钛白	43

（4）聚氨酯粉末涂料。由己内酰胺封闭的异佛尔酮二异氰酸酯预聚体、三聚体和羟基聚酯、颜填料配制而成，配方示例如表 10-9 所示。

表 10-9　聚氨酯粉末涂料配方示例

组　成	质量分	组　成	质量分
聚酯（羟值 30mg KOH/g，玻璃化温度 T_g65℃）	82	安息香	0.3
封闭异佛尔酮二异氰酸酯	15	流平剂	0.5
环氧树脂	3	钛白	67
十二碳二羧酸	4	有机锡	0.2

聚氨酯粉末涂料具有良好的耐候性和装饰性，作为高档的粉末涂料，应用领域很广且用量在不断增加。主要性能如下：

表 10-10　聚氨酯粉末涂料主要性能

60°光泽/%	93	杯突实验/mm	7
柔韧性/mm	3	耐磨性（1000 转）/mg	80
冲击韧度/J·mm^{-2}	490	盐雾试验（500h）扩蚀宽度/mm	1
铅笔硬度	2H	保光性（人工老化）/%	93

（5）美术型粉末涂料。美术型涂料是在聚酯类热固性粉末涂料中加入浮花剂、铝粉、铜金粉或颜料，形成花纹、锤纹、龟纹和雪花等多种美观漂亮的立体花纹，装饰效果优美，并能弥补基底表面不平整的缺陷。涂料性能主要由树脂决定。

10.4.2　粉末涂装

10.4.2.1　粉末涂装特点

粉末涂装由于采用低污染涂料并设置粉末回收系统，相对于溶剂涂料的施工，它具有以下优点：

（1）涂料利用率达 90% 以上，且为低污染涂装方法；

（2）适合于自动化生产，生产效率高；

（3）涂膜厚，一道涂膜厚度可达 100～300μm。

粉末涂装也存在着某些缺陷：

（1）烘烤温度高（≥200℃），涂膜易变色；

（2）涂覆设备专用，换色不方便；

（3）烘烤后的涂膜不易修补；

（4）涂膜外观装饰差，流平性和光泽度均不如溶剂性漆喷涂；

（5）涂层附着力较差，很多情况下需采取热处理或调湿处理。

10.4.2.2　粉末涂装方法

粉末涂装方法有火焰喷射、流化床法、静电流化床法、静电喷射法及粉末电泳法等。

火焰喷射法由于树脂易受高温分解，涂膜质量差，仅用于大型设施防腐涂层的现场施工。

流化床法是将工件预热到高出粉末熔融温度20℃以上的温度（一般高出 20～50℃），

然后浸在沸腾床中使粉末局部熔融而黏附在工件表面，经加热融合形成完整涂层。热容量大的工件预热温度高。为了使膜厚均匀，一般要浸两次（第一次 1~2s，第二次 3~7s），期间工件要在流化床中转动和抖动，以免局部积粉过厚。二次浸涂可避免热分解产生气体和其他气体的滞留而产生气泡。流化床法只适合于厚壁型热容量大的小工件，热容量小的薄板件不适合。工件预热温度越高，涂层越厚，一般都在 100~300μm 之间。要形成100μm 以下的薄涂层，不宜采用流化床法。另外，流化床法涂装时，由于树脂受热温度高，时间长，在烘烤以后往往采用水强制冷却，减少热分解作用。流化床方法多用于防腐蚀涂层涂膜。

静电流化床法是将冷工件在流化床中通过静电吸附粉末，因此工件不需要预热，并能形成完整的薄膜层，但也只适合于小件的涂装，对于复杂形状小工件的涂覆效率高。大件的静电流化床设备复杂，造价高，一般不采用。

静电喷涂工件不需要预热，可以形成 50~100μm 的完整涂层，且涂层外观质量较好，涂覆效率高，是粉末涂装应用最广的一种方法。现在的粉末静电喷涂设备设置一套自动粉末清扫装置，因此换色也较为方便。大于150μm 的厚涂层工件采用此法时需要预加热。

粉末电泳法是将树脂粉末分散于电泳漆中，按电泳涂装的方法附着在工件的表面，烘烤时树脂粉末和电泳漆基料融为一体形成涂层。它具有电泳涂装的优点，如沉积时间短、生产效率高、膜厚均匀并易于通过电压来调整厚度，另外避免了粉末涂装普遍存在的粉尘问题。该方法存在的缺陷是由于水分的作用，烘烤时涂层会产生气孔，且烘烤温度较高；涂层要比普通电泳漆厚，一般在 40~100μm。

10.4.2.3　粉末静电喷涂设备

粉末静电喷涂设备由供粉器、静电发生器、静电喷涂机、喷涂室、粉末回收系统、烘干室等组成。

高压静电发生器的输出电压要达到 60~100kV，电流低于 300μA。静电发生器内晶体管的能耗低、体积小，应有防击穿保护装置。

静电喷粉枪分固定式和手提式，生产线上都采用固定式，现场施工则采用手提式。静电喷粉枪按带电形式分内部带电和外部带电两种，如图 10-6 所示。内部带电是通过设在枪身内极针与环状电极间的电晕放电带上电荷，内电场强度大（6~8kV/cm），适合于喷粉量大、复杂形状工件的涂覆。外部带电是利用喷枪与工件间的电晕放电带上电荷，荷电电场强度比内带电弱，但沉积电场强度大（1~3.5kV/cm），涂覆效率高，应用广。

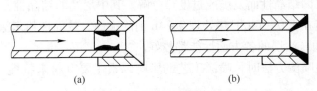

(a)　　　　　　　　　　　(b)

图 10-6　喷粉枪带电形式

(a) 内部带电；(b) 外部带电

为了根据工件大小和形状有效地涂覆，减少粉末的反弹作用，静电喷涂枪的粉末扩散大致有冲撞分散法、空气分散法、旋转分散法和搅拌分散法等，其中，冲撞分散法操作方便，应用较多。

供粉器应连续、均匀地将粉末输送给喷粉枪，一般有压力式、抽吸式和机械式三种供粉器。压力式供粉器容积 15 ~ 25L，粉末不能连续投料，多用于手提静电喷粉枪供粉，不适合于自动生产线（图 10-7）。机械式供粉器能精确低定量供粉，多用于连续生产线。抽吸式利用文丘里原理，使粉斗内粉末被空气流抽吸形成粉末空气流，粉斗内积粉少，便于清扫和换色，适应性强。

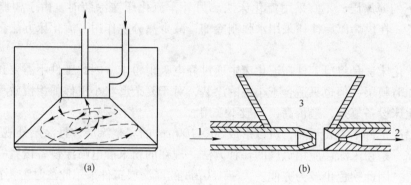

图 10-7　供粉器
（a）压力式；（b）抽吸式
1—压缩空气；2—粉末气流；3—料斗

粉末回收装置用来回收未附着的粉末，并防止粉尘对环境的污染。粉末静电喷涂的粉末附着率一般仅 30% ~ 35%，必须靠回收装置才能使粉末涂料利用率在 95% 以上，提高经济效益。回收设备有旋风式、布袋式及它们的组合形式。旋风式的噪声大，能耗大，回收率不高。布袋式体积小，噪声小，回收率高，但需采取振动或逆气流措施防布袋堵塞。最先进的是滤芯式换色喷房，更换滤芯能达到快速换色。

10.4.3　粉末涂装工艺要点

塑化温度和时间应根据粉末涂料树脂各自的熔融温度、涂层厚度和工件的大小等来确定。热塑性粉末由于树脂分子量高，熔融温度高，塑化温度比固化温度要高（≥200℃）。如聚乙烯、聚丙烯、聚氯乙烯、聚四氟乙烯及尼等热塑性粉末涂料树脂，都是高结晶性和易分解树脂（聚氯乙烯的分解温度与熔融温度接近），在高温塑化以后，必须马上喷水强制冷却，以免涂层因结晶性而发脆或过度热分解。其中尼龙的结晶性是由分子间氢键作用力所致，故涂层应在 120 ~ 140℃ 热处理 2 ~ 4h 消除脆性。热固性粉末涂料的固化温度一般在 180 ~ 200℃ 之间，涂层的各方面性能都较好。

采用粉末静电喷涂方法时，喷涂工艺的影响因素主要有粉末特性、喷涂电压和距离、供粉气压等。

粉末特性主要是粉末粒度和粉末电导率。粉末粒度细，粉末的涂覆性提高且能薄涂，但粉体的流动性变差，在设备中易堵塞，粉尘的飘散性也增加。粉末涂料的电导率影响粉末的荷电率和附着率，体电阻率一般在 10^{10} ~ $10^{14}\Omega \cdot cm$ 为宜。

喷涂电压一般在 60 ~ 90kV，喷涂距离约在 250mm 为宜，此时粉末附着率较高。供粉气压影响粉末气流的荷电率和飘散性，随着供粉气压增大，粉末附着率会下降。

粉末涂层由于一道涂膜厚度较厚（100μm 以上），涂膜内部的收缩应力大，易造成脱落。故在涂装前要强化表面处理来保证粉末涂层的附着力。钢铁件可采用喷砂粗化或磷化处理，铝件采用化学氧化处理，镀锌件可采用磷化或铬酸氧化处理。

例如，聚四氟乙烯（PTFE）粉末涂层的装饰工艺过程如下：

（1）喷砂粗化；

（2）85℃喷射脱脂处理；

（3）85℃热水冲洗；

（4）110℃干燥 5～8min；

（5）静电喷粉；

（6）380℃塑化 30min；

（7）常温水喷淋强制冷却。

由于聚四氟乙烯对材料的润湿附着力很差，材料表面采取喷砂粗化，使涂层产生"锚着"的强制附着；由于 PTFE 涂层结晶性大，在高温烘烤融合以后，通过强制冷却来降低结晶度，确保涂层附着力。85℃热水冲洗是为了加快干燥。

对于形状简单的大面积工件，应采用涂覆效率高的电晕放电静电喷涂方法；若工件形状复杂，电晕放电静电喷涂时有电场屏蔽作用，宜采用摩擦荷电静电喷枪，并根据具体形状选择合适的喷嘴。

对于闪光（珠光）、锤纹、浮雕花纹（橘纹）、龟纹、冰花纹等各种美术花纹粉末涂料品种，粉末涂料的工艺及工艺参数也有区别。美术型粉末涂料喷涂采取上述漆前处理和静电喷粉方法，喷粉时厚度要均匀，要严格控制烘烤条件。

粉末涂装除了用来涂覆防护性涂层外，也可以用来涂饰带美术花纹的装饰性涂层，并且国外已在进行薄层粉末罩光涂层的应用试验。

10.5 电泳涂装

10.5.1 电泳涂料及其涂装原理

电泳涂料的离子化树脂能溶解分散于水中，并离解形成带电胶粒。在直流电场中，离子化的树脂胶团会同时发生电泳、电解、电沉积和电渗作用，使之在金属表面附着一层有一定绝缘性的漆膜。上述 4 个过程对电泳涂装都起着重要作用，彼此不能分割。

（1）电泳。带电胶粒在直流电场中，向电荷极性相反的电极移动，移动速度极大地受到分散介质黏滞阻力的影响，犹如泳动，故称之为电泳。

由于胶团为双电层结构，它的泳动速度可表示为：

$$V = \frac{\zeta \varepsilon E}{K \pi \eta}$$

式中　V——泳动速度；

　　　E——电场电位梯度，V/m；

　　　ζ——双电层界面动电位；

　　　ε——介质的介电常数；

　　　η——体系黏度；

　　　K——与胶粒形状有关的常数，球形 $K=6$，棒形 $K=4$。

电泳漆液的介电常数和黏度，在一定的槽液固体分下一般无多大变化，因此电场强度和胶粒的双电层结构特性将对电泳产生较显著的影响。槽液固体分低，电泳漆液黏度低，有利于漆液胶粒泳动。

（2）电解。电解质水溶液在直流电场中，水会发生电解。

在阳极区域，发生如下阳极反应：

$$2OH^- \longrightarrow 2H + O_2 \uparrow + 4e^-$$

在阴极区域，发生如下反应：

$$2H_2O + 2e^- \longrightarrow 2OH^- + H_2 \uparrow$$

电解使阳极界面溶液的 pH 值下降，阴极界面溶液的 pH 值上升。在电泳涂漆时，阳极界面的溶液的 pH 值约为 4 左右，阴极界面溶液的 pH 值约为 12 左右，并在两个界面都产生气体。

电解质水溶液的电导值越大，电解越强烈，pH 值变化幅度越大，生成的气泡越多。气泡是造成电泳涂膜针孔和粗糙的根本原因，故电解作用不宜太强烈。

（3）电沉积。阳极电泳漆离子化并稳定分散于水中的 pH 值在 8 ~ 9 之间；阴极电泳漆离子化并稳定分散于水中的 pH 值在 5 ~ 6.7 之间。但是，电解质水溶液电解时，阳极界面溶液的 pH 值将下降到 3 ~ 4，而阴极界面溶液的 pH 值增高到约 12，当离子化胶粒泳动到电极表面时，胶粒因中和失稳析出并附着在电极表面上。阴极电泳漆的电沉积反应如下：

$$2H_2O + 2e^- \longrightarrow 2OH^- + H_2 \uparrow$$
$$Polym - N^+ HR'R'' + OH^- \longrightarrow Polym - NR'R'' \downarrow + H_2O$$

阳极电泳漆的电沉积反应较为复杂：

$$2OH^- \longrightarrow 2H^+ + O_2 \uparrow + 4e^-$$
$$Polym - COO + H^+ \longrightarrow Polym - COOH \downarrow$$
$$Fe \longrightarrow Fe^{2+} + 2e^-$$
$$Polym - COO + Fe^{2+} \longrightarrow Polym - Fe - polym \downarrow$$
$$Polym - CO_2 \longrightarrow Polym - polym \downarrow + 2CO_2 \uparrow + 2e^-$$

铁皂的生成使涂膜颜色变深，并降低了涂膜的耐腐蚀性。但在铝合金等金属表面，其金属皂盐无色，适合涂透明或浅色装饰性涂层。

阳极电泳漆的防护能力劣于阴极电泳漆，主要还是由于阳极电泳漆的稳定性差，工作电压低，泳透力差。由于阳极电泳的工作电压低，故槽液固体分较低，有利于漆液胶团泳动而沉积成膜。

在阴极电泳时，其阳极材料可选用石墨、不锈钢，防止金属离子污染漆液。

（4）电渗。电渗是分散介质向与带电粒子泳动方向相反方向运动的现象。

刚沉积的漆膜是含水量高的半渗透膜，在电场力作用下，漆膜的水和离子相对电极移动，涂膜中水分持续渗析到槽液中，从而使湿膜的含水量减少到 5% ~ 15%，漆膜呈现一定的憎水性。此时的漆膜结构致密、附着强、不粘手、抗水冲洗。经水洗除掉水溶性物质后，烘烤交联就会形成良好的防护性涂膜。

在上述 4 个过程中，显然电解是电沉积的保证，但电解现象过于激烈会严重影响漆膜质量，需高度重视。

10.5.2 电泳涂装特点

电泳涂装作为一种先进的现代涂装方法，具有以下优点：

（1）有利于实现自动流水线生成，涂漆节奏快（约3min），自动化程度高，使生产效率大幅提高。

（2）漆膜厚度均匀。对阴极电泳漆来说，由于工作电压高、范围大，很容易通过调整电压，在 $10 \sim 35 \mu m$ 范围内控制膜厚在某一值。

（3）较好的边缘、内腔及焊缝的漆膜覆盖性，使产品涂层的整体防锈性能提高。相对于阳极电泳漆，阴极电泳漆的泳透力高，内腔防锈性更好，并且外表涂层完全适用于高档产品的要求，耐盐雾试验可达800h以上。

（4）优越的环保、安全作业性。电泳漆液仅含不到3%的助溶剂，以水作为分散介质，没有发生火灾的危险性，也不会产生大量溶剂散发，造成大气污染。电泳设备配置超滤循环系统，使槽液得到充分利用，仅偶尔排放少量超滤液，也不存在漆液对环境的污染。

（5）涂料利用率高达95%以上。由于槽液黏度很低，工件带出量少并经超滤装置回收，损耗极低。

（6）漆膜外观好，无流痕，烘干时有较好的展平性。由于湿膜仅含少量水分，烘烤时不会产生流挂现象，在焊缝、死角部位也不存在溶剂蒸气冷凝液对涂膜的再溶解作用，涂膜平整、光滑。对于厚膜型阴极电泳漆，展平率最高可达83%，可免去中涂。

电泳涂装存在的缺陷主要有以下几个方面：

（1）烘烤温度高（180℃），涂膜颜色单一，底漆的耐候性差。

（2）设备投入大，管理要求严格。

（3）多种金属制品不宜同时电泳涂漆，因为它们电泳时的破坏电压不同，工作电压不一致。

（4）挂具必须经常清理以确保对工件的导电性，清理工作量大。

（5）塑料、木材等非导电性制品不能电泳涂漆，也不能在底漆表面泳涂面漆，除非底漆有导电性。

（6）箱形等漂浮性工件不适宜电泳涂漆。

10.5.3 电泳涂装工艺及参数控制要点

10.5.3.1 电泳涂装工艺过程

电泳漆膜与合适的磷化膜配合后，防护性能大大提高。因此电泳涂装工艺过程基本如下：脱脂→水洗→表调→磷化→水洗→去离子水洗→滴干（或干燥）→电泳涂漆→超滤液冲洗→去离子水冲洗→烘干。

电泳之前漆前处理后，要求工件表面无任何油污；磷化膜要求晶粒细致，薄而均匀；进入电槽前的工件表面所沾水的电导率不大于 $30 \mu S/cm$；在带电入槽电泳时，工件表面不得挂有水珠，可采用压缩空气吹掉水珠，要求更高时可采取热空气干燥；电泳漆膜的烘干应经 $30 \sim 40$℃闪干，$60 \sim 100$℃ $\times 10min$ 低温预烘干，然后于180℃工艺温度彻底固化，以免产生爆孔和二次流痕。

10.5.3.2　电泳涂装工艺参数控制

电泳涂漆需要控制的参数包括槽液固体分、槽液 pH 值、槽液电导率、槽液温度、电泳电压等。

（1）槽液固体分。电泳原漆的固体分一般在 40% ~60%，阳极电泳漆槽液固体分为 10% ~15%，阴极槽液固体分为 20%。槽液固体分对槽液稳定性、泳透力及涂膜厚度和外观质量等都有一定的影响。

槽液固体分低，槽液稳定性差，颜料沉降严重，泳透力亦下降，最终使得漆膜薄而粗糙，并产生针孔，防护性能差。

槽液固体分过高，漆膜厚度增加，电渗性能下降，漆膜粗糙、橘皮。另外由于工件带出液浓度高，需要大量超滤液冲洗，使超滤系统的负荷增大，影响其正常工作。

因此，电泳槽液固体分必须给予控制，阳极电泳控制在 10% ~15% 之间，而阴极电泳漆严格控制在 20% ±0.5%。

（2）槽液 pH 值。槽液 pH 值代表着漆液的中和度及稳定性。

漆液的中和度不够，树脂的水分散性差，漆液易凝集沉降。若中和度太高，槽液电解质浓度大幅度增加，电导值升高，使电解作用过于激烈，电解产生的大量气泡会造成漆膜粗糙。另外，过量的中和剂使得槽液对漆膜的再溶解性增加。

一般地，阴极电泳漆的 pH 值为 5.8 ~6.7，阳极电泳漆的 pH 值为 7.5 ~8.5。对阳极电泳漆来说，pH 值的进一步升高还会造成树脂水解而使稳定性变劣；阴极电泳漆 pH 的进一步降低使设备腐蚀变得更为严重。在 pH 大于 5.8 时，可采用不锈钢材料来避免设备腐蚀问题。

由于 pH 值的变化对槽液稳定性和电导率变化的影响很大，因此槽液 pH 值严格控制在 ±0.1 变动范围内。

（3）电导率。电导率跟槽液 pH 值、固体分、杂离子含量有关。

漆前处理时冲洗水中的杂质、电泳时磷化膜溶解、配槽用水纯度低等，都使槽液杂离子浓度增加。因此槽液电导率总是处于不断增加的趋势。

电导率增加使电解作用加剧，工作电压和泳透力下降，漆膜粗糙多孔。

阴极电泳漆的电导率一般在 1000 ~2000μS/cm，阳极电泳漆液的电导率则较高。电导率的控制范围一般在 ±300μS/cm。为了减少杂离子进入电解槽，冲洗水和配槽用水的电导率应小于 25μS/cm；由 pH 值引起的电导偏高通过排放阳极（或阴极）液来降低；由槽液杂离子引起的电导偏高则通过排放超滤液来调整。

（4）槽液温度。槽液温度升高，树脂胶粒的电泳作用增加，有利于电沉积并提高涂膜厚度。但温度过高使电解作用加剧，涂膜变得粗糙、流挂；另外也使槽液变质加快，稳定性变劣。

温度太低时，槽液黏度增大，工件表面气泡不易逸出，也会造成涂膜粗糙。

一般阳极电泳漆的温度在 20 ~25℃，阴极电泳漆的温度在 28 ~30℃，而厚膜型阴极电泳漆则在 30 ~35℃ 之间。

由于电泳涂装时，一部分电能转化为热能，槽液温度总是不断升高，应设置换热系统，将槽液温度控制在 ±1℃ 的范围内，防止涂膜质量的不稳定。

（5）电压。电泳涂装时，湿膜的沉积量和溶解量相等时的电压称为临界电压。工件在临界电压以上才能沉积上漆膜。但电压升高到某一值时，湿膜被击穿，产生粗糙、针孔、臃肿等缺陷，此为破坏电压。因此工件电泳涂装的工作电压在临界电压和破坏电压之间。

除了电泳参数会影响工作电压外，电泳漆本身的特性对工作电压也会产生显著影响。例如普通阳极电泳漆的工作电压仅几十伏，而阴极电泳漆的工作电压高达250V左右。电压的升高，使得电流增加，用于沉积的电量增加，涂膜变厚；电压升高也使得电场力增加，泳透力也大幅度提高。工作电压与漆膜厚度和泳透力的关系见表10-11。

表10-11　工作电压与漆膜厚度和泳透力的关系

电压/V	膜厚/μm	泳透力/cm
125	8.5	21.6
175	13.0	25.4
225	16.5	27.9
275	30	30.5
325	33	32

注：阴极电泳漆，28℃，电泳2min。

厚膜型阴极电泳漆工作电压对涂膜厚度的影响更为明显。在150V、200V、250V电压下，涂膜厚度分别可达25μm、30μm及35μm。

虽然提高固体分或温度等电泳参数能增加涂膜厚度，但也带来一些其他不利影响。因此在实际生产过程中，若要增加涂膜厚度，可在工作电压范围内适当地提高工作电压。

同一种电泳漆在不同金属材料表面上的破坏电压有较大差别，例如阴极电泳漆在冷轧钢板上的破坏电压最高可达350V，而镀锌板却只有270V左右。因此不同金属混合涂装，应在不同的工作电压下进行。

电泳时为了避免起始电流过大，一般采取由低工作电压向高工作电压过渡的方式进行电泳涂装。对于连续通过式生成方式，采取带电入槽、两段或三段加电压方式通电，第一段为工作电压范围的低限，后段为工作电压的高限，使电泳过程中电流强度均匀以至均匀地全部覆盖上涂膜。带电入槽时工件表面不允许挂有水珠，否则漆膜表面会产生水斑印迹；另外在线速度小于2m/min时，会在漆面产生条纹。间歇式生成方式采取浸入后通电，故不会产生上述病症，一般于前15～30s施加低工作电压，然后升至高工作电压提高泳透力。

（6）电泳时间。随着电泳的进行，工作表面湿膜逐渐增厚，绝缘性增强。一般在2min左右，湿膜已趋于饱和，不再继续增厚，此时在内腔和缝隙内表面，随电泳时间延长，泳透力提高，便于漆膜在内表面沉积，因此电泳时间都在3min左右。

（7）极距和极比。工件与电极之间电泳漆液的电阻随着极距增加而增大。由于工件具有一定形状，在极距过近时会产生局部大电流，造成涂膜厚薄不匀；在极距过远时，电流强度过低，沉积效率差。电泳漆膜的极间距离一般在150～800mm之间，对于零部件可取300mm，车身等大部件可取500mm，简单形状的工件极距还可以缩短。

极比对阳极电泳漆来说，常取1:1，因为阳极电泳的工作电压低，泳透力差，增大对电极的面积对提高泳透力和改善膜厚均匀性均有好处。阴极电泳时，工件与电极的面积比则取4:1，工件表面电流密度分布均匀并有良好的泳透力。电极面积过大或过小都会使工件表面电流分布不均匀，或泳透力差，或造成异常沉积。

（8）电泳漆稳定性。电泳原漆的常温贮存稳定性应不少于 1 年，或 40 ~ 60℃存放在 1个月以上。槽液在 40 ~ 50℃存放稳定性应在 1 个月以上，其连续使用的稳定性应在 15 ~20 周。

槽液的稳定性跟槽液的更新速度也有关系。一般说，对大批量生产，槽液的更新期在1 ~ 2 个月以内的，只要按槽液固体分及时补加便能保持槽液的良好稳定性；更新期在 2 ~3 个月的，也很容易保持稳定生成；更新期在 4 ~ 6 个月的，需对电泳参数全面进行分析测试和调整才能满足生产的正常进行，管理要求高，难度较大；更新期在 6 个月以上时，槽液稳定性很差，工艺参数很难调整，对于成本高的阴极电泳漆，一般不建议采用。

10.5.4　电泳涂装设备

电泳涂装设备由电泳槽、备用槽、循环过滤系统、超滤系统、极液循环系统、换热系统、直流电源、涂料补加装置、冲洗系统及控制柜等组成，如图 10-8 所示。

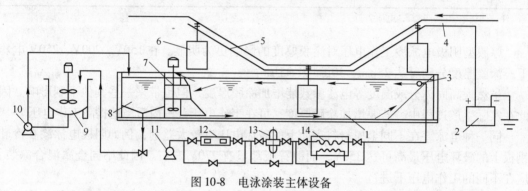

图 10-8　电泳涂装主体设备

1—主槽；2—直流电源；3—喷嘴；4—输送链；5—供电机构；6—工件；7—搅拌器；8—溢流槽；
9—涂料加料槽；10—泵；11—循环泵；12—磁性过滤器；13—过滤器；14—热交换器

（1）电泳槽。连续通过式都采用船形槽，间歇步进式则采用矩形槽。不管是何种槽体，都不得有死角，故槽底圆角过渡。

槽体尺寸根据工件大小确定，并设溢流辅槽，用于控制主槽液面高度并排除液面泡沫。溢流槽容积为主槽的 1/10，液面落差控制在 150mm 以内，以免产生过多泡沫，另外还可架设滤网，用于消除来自主槽的泡沫和杂质。

对于阴极电泳槽，由于漆液为酸性介质，应该用 2 ~ 3mm 的玻璃钢衬里防腐并绝缘，且耐电压要达到 15000V 以上。

备用槽用于主槽清理、维护时存放槽液用，采取一般的防腐措施即可。

（2）循环系统。循环系统的作用是保证槽液组成均匀和良好的分散稳定性，另外也可用于过滤杂质、热交换及排除工件界面因电解产生的气泡。通常采取过滤循环、过滤热交换循环和超滤循环的配合，实现以上诸功能。

为了防止漆液沉降，槽底和循环流速应在 0.4m/s 以上，液面流速在 0.2m/s 以上。槽液循环次数 4 ~ 6 次/h。

循环管路中设置的过滤袋精度为 50μm，在超滤之前也必须用滤袋过滤。管路中阀的设置及旁通都要考虑避免死角，以防漆液沉降产生颗粒。

（3）电极装置。电极装置由极板、隔膜及辅助电极组成。

阳极电泳可采用普通材料做极板，阴极电泳必须采用不锈钢、石墨或钛合金做极板。极板与工件的面积比，阴极电泳为1:1，阳极电泳为1:4。

电泳涂漆过程中，电极界面槽液有如下变化：

阳极电泳的阴极

$$2NH_4^+ + 2e^- \longrightarrow H_2\uparrow + 2NH_3$$

阴极电泳的阳极

$$4Ac^- + 2H_2O \longrightarrow O_2\uparrow + 4e^- + 4HAc$$

为了防止电解产生的酸或碱性电解质向槽液扩散，用半透膜作隔膜罩，以便控制槽液的pH值。

在隔膜罩内，电解质不断富集，通过排放极液便能控制槽液电解质的浓度。为了保持极液浓度恒定，极液（$1m^2$极板）应按$6\sim10L/(min\cdot m^2)$进行循环。

（4）电源电流。电泳涂漆时，从操作安全性考虑，都采取工件接地。工件的通电方式，连续通过式采取带电入槽且二段或三段升压，直流电源的电流为平均电流的$1.5\sim2$倍；步进式生成方式采取入槽后通电，逐步升压，例如先于$10\sim15s$升至低工作电压，然后再升至正常工作电压，直流电源的电流为平均电流的$2\sim3$倍。平均电流可计算如下：

$$I_{平均} = 16.7 \times A \times \delta \times \rho/C$$

式中　$I_{平均}$——平均电流，A；

　　　A——按面积计生产率，m^2/min；

　　　δ——干膜厚度，μm；

　　　ρ——干膜密度，g/cm^3；

　　　C——库仑效率，mg/C。

（5）电泳漆补加。电泳漆补加是在混合罐中，搅拌下用槽液兑稀原漆，混合均匀后送入电泳槽。也可以在循环管路中设置混合器，进行连续补加。

（6）冲洗系统。电泳涂膜出槽后，立即用新鲜超滤液进行槽上冲洗，经$1\sim2$次循环超滤液冲洗后再用新鲜超滤液冲洗，最后用去离子水冲洗。

超滤器的超滤量（$1m^2$工件，L/m^2）计算如下：

$$Q = (1.03\sim1.04) \times (1.2\sim1.5)$$

超滤液贮槽应能装至少供3h冲洗的超滤液量。一旦超滤器的流量降至70%以下时，应进行清洗，故超滤器应另备用一套。

11　涂装工艺的应用

11.1　涂装方法的选择

11.1.1　选择涂装方法主要考虑的因素

选择涂装方法主要应考虑如下因素：

（1）工件的材质、规格、大小及形状。

（2）被涂物件使用的环境条件。

（3）各种涂料的物性和施工性能。

（4）涂层质量要求和标准。

（5）涂装生产组织和规模。

（6）涂装环境和经济效益。

11.1.2　涂层质量标准

制定涂装工艺，最根本的依据是涂层质量。各类产品都有涂层质量标准或涂装技术条件，目前国家行业标准有汽车涂层质量标准、船舶涂层质量标准、电冰箱粉末涂层质量标准等，但不是所有产品的涂层都有国家标准，许多企业都是按照自身情况而执行的企业标准。

行业内，根据被涂物对外观装饰性的要求、使用条件和涂层的性能，可将一般功能性涂层大致分为五种类型：高级装饰性涂层、装饰性涂层、保护装饰性涂层、一般保护性涂层（以上四类为普通防护装饰性涂层）和特种保护性涂层。

（1）高级装饰性涂层。涂层外观极漂亮，光亮如镜、镜像清晰、色彩鲜艳，或表面平整光滑无光。另外涂膜坚硬，无任何肉眼能见的外观缺陷（划伤、皱纹、橘纹、气泡和颗粒等），户外使用时应有良好的耐候性和耐潮湿性。这样的涂层也称之为一级涂层。

按一级涂层涂装的产品有：高、中级轿车车身，钢琴，高级木制家具，高档自行车，摩托车，缝纫机，家用电器，仪器仪表，计算机等。

（2）装饰性涂层。涂层有少量不太明显的微小缺陷（如微粒），平整度较一级涂层稍差，但涂层物理力学性能不低于一级涂层，色彩鲜艳，外观漂亮，户外使用也应具有优良的耐候性和耐潮湿性。这类涂层为二级涂层。

按二级涂层涂装的产品有：载重汽车和拖拉机驾驶室与覆盖件，客车和火车车厢，机床，自行车等。

（3）保护装饰性涂层。该涂层以保护性为主，装饰性次之。涂层表面不应有皱纹、流痕及影响涂层保护性能的针孔、夹杂物等。涂层要有良好的耐腐蚀性、耐潮湿性，户外使用还要有较好的耐候性。这一涂层为三级涂层，用于工厂设备、集装箱、农业机械、管道、钢板屋顶、汽车和货车的一些零部件等涂装。

（4）一般保护性涂层。该涂层为四级涂层，它对装饰性无要求，供一般防腐蚀用。使用条件不太苛刻（如室内）的产品和零部件采用四级涂层。

（5）特种保护性涂层。这类涂层用于抗某种特种介质或环境条件侵蚀，它们包括耐酸、耐碱、耐盐水、耐化学试剂、耐汽油、耐油、耐热、绝缘、防污、防霉、水下或地下防腐蚀涂层。这类涂层的隔离屏蔽作用要求高，涂层不得有气孔或缺陷，需要多次涂覆以保证涂层有足够完整性。

11.2 涂装技术在汽车生产中的应用

汽车由于产量大，涂装质量要求高，一般都采用大批量流水线作业，生产过程和工艺管理的自动化程度高，以减少人工劳动强度，保证涂层各种性能的稳定性。但要保证涂层质量和加工产量，都有赖于制定出一套合理的涂装工艺流程。根据涂装工艺的完整性和先进性，以及涂层的性能和面积，汽车部件涂装最具代表性的是汽车的车身和车厢的涂装。

11.2.1 汽车车身涂层标准

汽车涂装工艺相对比较全面，工艺组合典型，是最具有代表性的工业涂装技术。根据 JB/Z111—86 行业标准，汽车涂层分成十个组，其中 TQ1 为卡车、吉普车车身及客车车厢涂层，TQ2 为轿车车身涂层，部分内容见表 11-1。

表 11-1 汽车车身涂层的部分特性指标

涂层分组、等级		TQ1（甲）	TQ1（乙）	TQ2（甲）	TQ2（乙）
应 用		卡车、吉普车车身、客车车厢	卡车、吉普车车身，客车车厢	高级轿车车身	中级轿车车身
耐候性（天然曝晒）		2 年失光≤30%	2 年失光≤60%	2 年失光≤30%	2 年失光≤30%
耐盐雾/h		700	240	700	700
涂层厚度/μm	底漆	≥15	≥15	≥20	≥20
	中涂			40~50	≥30
	面漆	≥40	≥40	60~80	≥40
外 观		光滑平整无颗粒，允许轻微橘纹，光泽大于 90（平光<30）	光滑平整无颗粒，允许轻微橘纹，光泽大于 90（平光<30）	平整光滑、无颗粒，光亮如镜，光泽大于 90	光滑平整无颗粒，允许极轻微橘纹，光泽大于 90
力学性能	冲击韧度/$J \cdot mm^{-2}$	≥294	≥392	≥196	≥294
	弹性/mm	≤5	≤3	≤10	≤5
	摆杆硬度	≥0.5	≥0.4	≥0.6	≥0.6
	附着力	1 级	1 级	1 级	1 级

11.2.2 轿车车身涂装工艺示例

某厂年产 25 万辆轿车车身涂漆工艺过程如下（材质为镀锌板）：

（1）上件。将检验无锈白件挂于专用悬链上。

1）主要设备与工具：推杆悬链、气动升降台、专用挂具。

2）工艺管理项目：表面平整度和锈蚀程度。

（2）漆前处理。设备采用九室联合磷化机。

1）喷脱脂液。

①使用材料：弱碱清洗剂。

②工艺条件：pH9.6～10，50～52℃，68s。

③工艺管理项目：碱度、温度、清洗质量，槽液每周换二次。

2）浸脱脂液：

①使用材料：弱碱清洗剂。

②工艺条件：pH9.6～10，50～52℃，316s。

③工艺管理项目：碱度、温度、清洗质量，槽液一年换一次（配油水分离器）。

3）喷洗。自来水喷42s，每天更换。

4）表调（或浸洗）。

①表调剂：pH7.2～7.5，153s；或纯水。

②工艺管理项目：水质和颗粒杂质，每周更换二次。

5）喷-浸磷化。

①使用材料：锌盐磷化剂（配槽液和补加液），$NaNO_2$。

②工艺条件：TA27～29，FA1.4～1.8，52～54℃，421s，膜厚～2g/m^2，促进剂3.8～4.7点，含渣量不大于300ppm（0.03%）。

③工艺管理项目：TA、FA促进剂等（2h测一次），温度，沉渣，磷化膜质量，槽液连续使用不更换（配循环过滤装置，自动监测补偿装置）。

6）喷-浸水洗。

①自来水，153s。

②工艺管理项目：水质，每周换二次。

7）喷-浸铬酸钝化。

①钝化封闭剂，153s。

②工艺管理项目：浓度，每周换一次。

③配套设备：铬废液专用处理装置。

8）去离子水浸-喷冲洗。

①循环去离子水和纯净水，153s。

②工艺管理项目：水电导值。

③配套设备：制纯水装置，二周换一次。

9）干燥。

①工艺条件：35℃—110℃—70℃，10min。

②主要设备：热风循环对流低温烘道。

10）冷却。强制冷却室。

（3）电泳涂底漆。

1）阴极电泳。

①使用材料：PPG 和 BASF 阴极电泳漆。

②工艺条件：固体分 20% ±1%，pH5.6 ~ 5.9，26 ±2℃，电导率 1000 ~ 1300μs·cm^{-1}，颜基比 0.55/1，库仑效率小于 30mg/C，干膜厚 16 ~ 20μm，电压 340 ~ 400V，120 ~ 180s。

③工艺管理项目：固体分、pH、电压、温度、电导值、颜基比、膜厚及均匀度、外观。

④主要设备：2 条电泳线，悬链中部 5° ~ 10°起伏，配备超滤装置，每小时循环 2 ~ 6 次。

2）电泳后冲洗：

①超滤液浸洗。

②新鲜超滤液喷洗。

③循环去离子水喷洗。

④新鲜去离子水喷洗。

工艺管理项目：纯水电导值配套设备：超滤器 2 套，纯水装置 2 套（超滤膜 60m^2/套，透过量 2.7t/（套·h）。

3）热风热干水滴。

4）烘干。

①工艺条件：165 ~ 180℃，15 ~ 23min。

②工艺管理项目：温度及分布。

③主要设备：高温烘道 2 条。

5）冷却、检查。

①工艺管理项目：外观及膜厚（测厚仪）。

②配套设备：压缩空气冷却室。

（4）车身密封。涂压敏胶的密封胶条。

1）粘贴工艺孔（耐热压敏胶带密封小工艺孔）。

2）车内焊缝粗密封（注射密封胶）：密封胶，高压喷枪。

3）粗密封较深焊接缝（密封胶条贴实封闭）：密封胶条胶，毛刷。

4）螺丝、螺孔用塑料套管和胶纸保护；较大工艺孔用密封塞封。

5）车底、车内顶部、车门等处装防震隔热隔音板：各类规格隔音板。

6）车底、车身下部 200mm 以内及前后冀子板喷涂 1.5 ~ 2mm 厚车底涂料：PVC 抗石击涂料，高压喷枪。

7）揩净飞扬到车身上的车底涂料。

8）局部打磨、转入地面链：400 号水砂纸。

9）车身前、后、门等外部细密封（压涂密封胶）：密封胶，高压喷枪。

10）车身外表揩净，修补底漆。

11）密封胶预干燥（100 ~ 130℃，6 ~ 7min），使之凝胶。

（5）中涂。

1）局部打磨。

①材料：800 号水砂纸。

②工艺管理项目：外观。

2）擦掉灰尘。

①工艺管理项目：尘埃。

②配套装置：静电自动吸尘驼毛掸。

3）车身外表自动喷涂。

①材料：中间层涂料。

②工艺条件：湿碰湿二道，干膜厚度达 40～50μm。

③工艺管理项目：涂料黏度。

④配套设备：喷漆室，旋杯静电喷枪左、右各 4 支（顶部 5 支）。

4）车身前后、车内手工喷涂。中间层涂料，空气雾化静电喷枪。

5）晾干 3～4min，闪干室。

6）烘干：180℃，18～20min。

①工艺管理项目：温度和分布。

②设备：烘道。

7）冷却、检查。

①工艺管理项目：膜厚，外观。

②设备：冷却室。

（6）喷面漆。

1）局部打磨。

①材料：800～1500 号水砂纸。

②工艺管理项目：外观。

2）检查修磨。工艺管理项目为外观。

3）擦灰。

①配套装置：静电自动吸尘驼毛掸。

②工艺管理项目：外观。

4）车身内表、前后部位手工喷涂。

①材料：氨基烘漆或闪光漆。

②工艺管理项目：黏度。

③工艺条件：湿碰湿二道。

④配套装置：手提式静电喷枪。

5）车身顶部、左右两侧自动喷涂。

①工艺材料和条件：氨基烘漆或闪光漆，湿碰湿二道涂漆。

②配套装置：旋杯式静电喷枪（11 支）。

6）闪干 5～8min，晾干室。

7）烘干：135～140℃，18～20min。

①工艺管理项目：温度。

②配套装置：中温烘道。

8）冷却、检查。少数颗粒，轻微流挂：1500 号水砂纸打磨→粗抛光→细抛光；明显缺陷则返修（返修线按 20%～25% 设计）。

①材料：1500 号水砂纸、布轮。

②工艺管理项目：外观，厚度，硬度。

（7）喷防护蜡。

1）车身内部侧面盒形结构内腔薄喷防锈蜡：喷枪，薄型防锈蜡。

2）车身内底部盒形结构内腔注防锈蜡：注涂，厚型防锈蜡。

3）车身前后端部盒形结构内腔四叶子板底部厚涂防锈蜡。

4）擦净车身外表飞溅蜡液：溶剂汽油。

5）封堵内腔喷蜡孔：专用橡皮塞。

（8）送总装，整车喷蜡。

11.2.3 汽车零部件涂装工艺

11.2.3.1 车用塑料件涂装工艺

A 车用塑料件常规涂装工艺

在汽车上的塑料件有外装板面、保险杠、通用隔板、轮圈盖、外镜座、扰流板、尾灯、车门把手、内饰件等，且汽车塑料件的涂层质量要求很高。这些塑件一般都采取反应注射成型、模压成型及注塑成型来加工，由于加工方式的不同，各类制品的材质和表面特性有很大差别，涂漆工艺也大不一样。

注塑成型一般采用 ABS、PP、PP/EPDM、PC 等热塑性塑料，有玻璃纤维增强的不饱和聚酯（SMC）模压塑料等；反应注射成型用 PUR。

就材料质地来说，PP、PP/EPDM、PC 属硬质和半硬质材料，PUR 为软质材料，涂层的柔韧性应该和材料保持一致，以免涂膜开裂、脱离。

就应用广泛的 ABS 塑料来说，有高冲击性和通用型之分，虽然一般都认为 ABS 塑件涂漆性良好，实际上高冲击性 ABS 表面的涂膜附着力是比较差的。

另外，注塑工艺条件的变化，造成塑件表面某种成分的偏析，通用型 ABS 也会产生附着力或吸漆性问题。例如黑色 ABS 涂漆性不如白色 ABS 也是表面性质变化所致。

所有这些问题都有赖于选择合适的漆前工艺和涂料品种。

塑料由于耐热性差，故不能使用高性能的烤漆，最多只能在 80℃ 以下的低烘干温度强制干燥，可供选择的涂料品种有限。

汽车塑件用涂料品种和所占份额如下：

双组分聚氨酯 37.5%、热塑性丙烯酸 25%、不饱和聚酯 20%、环氧底漆 10%，其他 7.75%。

塑料涂装工艺示例见表 11-2。

表 11-2 塑料涂装工艺示例

材质工序	ABS	热塑性聚烯烃（TPO）	SMC
1	脱脂：60℃中性清洗剂喷洗	脱脂：碱性清洗剂，60℃喷 30s	打磨：除脱模剂，300~400 号水砂纸
2	水洗：（喷）	水喷洗，30s	水洗
3	水洗：（喷）	水喷洗，30s	干燥
4	干燥：60℃热风	干燥：60℃热风，5min	除尘：依情况采用离子化空气

材质工序	ABS	热塑性聚烯烃（TPO）	SMC
5	冷却	表调：专用表面活性剂溶液喷撒，保留 30s	喷涂：底漆和面漆
6	除尘：离子化压缩空气	马上擦干，离子化空气除尘	干燥：自干或强制干燥
7	喷漆，空气喷涂	喷附着力促进剂（溶剂或水性）	检查
8	干燥：60～80℃，15～30min	闪干 5～10min	
9	冷却	喷底漆，中涂，面漆等	
10	检查	强制干燥：60℃×30min	
11		冷却	
注	喷漆时，应防止涂料强溶剂对材质表层产生过度溶胀，可先薄喷一道打底	底、中、面漆都喷时，每一层都应强制干燥后再喷下一层	打磨是去除脱模剂的有效办法，并可增大涂膜附着力
	如果选择有机溶剂除油、除脱模剂，则清除效果好，生产周期短，但要有安全可靠的设施		

B　塑料件新型涂漆方法

a　光固化涂料及固化工艺

光固化涂料有两大类：

（1）不饱和聚酯，采用苯乙烯活性稀释剂；

（2）丙烯酸聚酯、丙烯酸醚、丙烯酸环氧和丙烯酸聚氨酯，采用多丙烯酸酯活性稀释剂。

在这两类树脂液中加入滑石粉、硫酸钡或透明颜料，并加入光敏剂，可配成光固化的填孔剂和透明色漆。它主要用于 PVC 塑料地板和印刷线路板，塑件也有一定的应用，如摩托车塑件的最后一道罩光清漆。

采用此涂料和固化工艺，有以下优点：

（1）由于利用 200～450nm 近紫外光快固化（1～2min），塑件固化升温很小，不会造成塑件热变形，且能量利用率高达 95%，能耗仅是热固化的十分之一。

（2）光固化涂料是无溶剂涂料，作业过程散发的活性稀释剂量很少，大气污染低。

（3）固化设备简单，占地少；采取高速流水线生产，效率高；成品堆放场地小。

当然，此涂漆工艺不适合复杂形状的工件的涂漆，因为照射不到的死角部位不能固化；遮盖力大的面漆也不适合，涂层深处会固化不完全。

对于遮盖力强的色漆，若要光固化，就必须采用先进的紫外光光源，并采取不同光源组合，这样就能固化厚达几百微米的色漆涂层。例如：采用镓 V 型泡（420～430nm）－D 型泡（350～450nm）配合，功率 236.2W/cm，各照射 2min，可将厚达 300μm 的颜基比 0.3 的色漆（采用吸收波长 380nm 的光敏剂）完全固化。

b　VIC 涂料的胺蒸气快固化工艺

VIC 涂料是由普通的双组分聚氨酯涂料与叔胺组分（作为催化剂）构成。施工时采用三孔专用喷枪，使叔胺在喷枪口气化并与涂料雾粒充分混合，在喷到工件表面后的片刻时间内，涂膜即固化。低温需稍作闪干后处理，便能除去剩余溶剂，总固化时间很短，仅为几分钟，固化效率可与光固化相比，但它可用遮盖率强的高颜料分色漆，且在三维空间的任意部位都能均匀固化完全，涂层性能与光固化涂膜同样优良，特别适合于高速流水线生产，或消除环境灰尘对涂膜外观的损害。

c　IMC涂料和模内注射涂装技术

在SMC模压成型以后，将模具稍微抬起，高压注入IMC（模内注射涂料），高压紧闭模具，使IMC充分扩展开，然后于140～150℃硬化后脱模，塑件外表非常平整光滑。

此类IMC主要是不饱和聚酯型涂料，采用过氧化物引发剂，配成使用期5～15天的单包装涂料，使注射机相对比较简单，设备费较低，维护费也较少，比常规的喷涂-热固化设备费和运行费低得多。它以较低代价可得到高质量的装饰性产品，且模压件可立即包装或送去组装。

由于IMC是无溶剂涂料，作业过程无活性稀释剂散发，因而无环境污染，同时涂料利用率很高，免除繁重的涂装作业，该技术极其先进。

此技术早期（20世纪70年代）用于SMC的填孔，后用来涂底漆，现在已用作SMC涂覆高装饰性面漆。除用于SMC涂漆外，也可在BMC、LPM、RIM、GMT和注塑件等方面进行应用。但对于热塑性材料，单包装的IMC的140～150℃固化温度对注射模具来说太高，因此它只能采用双组分聚氨酯的IMC，它在80℃就能硬化涂层，硬化温度与模具温度相适应。但双组分IMC的模内注入设备较复杂，价格昂贵，并带来一系列其他问题，因此注塑件的IMC涂装技术还没得到应用。

d　模内粉末涂料及涂装

粉末涂料的固化温度很高，若直接涂于塑件表面再固化，塑件将严重变形甚至降解。

该涂装技术是先将粉末涂料涂于金属模具上，然后按常规方法塑料成型，再在较高温度和压力下，使粉末涂料部分固化，脱模后，将塑件稍加热便使涂层固化完全。

11.2.3.2　金属覆盖件涂装工艺

引擎盖、天窗、护条、车门内板、翼子板等，材质主要是板材冲压成型的钢铁件。因为覆盖件装配后外观上要和车身融为一体，因此，这些零部件的涂装质量要求是和车身一致的，其涂装工艺相近，涂料选用也是基本一致。但是覆盖件体积更小，采用的装置和具体工艺路径与车身涂装很不一样。一般采用悬挂链输送，电泳后手工喷涂中、面漆，或自动喷涂结合手工喷涂。

11.2.3.3　金属结构件涂装工艺

汽车的金属结构件，主要是隐蔽在车身内的一些零部件，如车架、车桥、传动轴、转向器、轮毂、油箱、灯壳、发动机箱等。这些工件需要很好的防护性，而装饰性要求不高或基本无要求，特别适合的工艺是电泳涂装。目前采用较多的是防护性好，并有一定耐候性和装饰性的"底面合一"阴极电泳涂装工艺。

附　　录

附录1　热处理工技能训练理论知识试题精选

一、选择题

1. 型号 XCT – 101 表示动圈式温度指示调节仪为（　　）。
   - （A）高频振荡式（固定参数），三位调节，配接热电偶
   - （B）高频振荡式（或变参数），二位调节，配接热电偶
   - （C）高频振荡式（固定参数），二位调节，配接热电偶
   - （D）无调节装置，配热电偶

2. 光学高温计中红色滤光片的作用是（　　）。
   - （A）减弱高温亮度
   - （B）增强亮度
   - （C）限定一定的工作波长
   - （D）扩展仪表的量程

3. 在车外圆时，切削速度计算公式中的直径 D 指（　　）直径。
   - （A）待加工表面
   - （B）已加工表面
   - （C）加工表面
   - （D）变化的加工表面

4. 高速钢的普通球化退化工艺，随炉升温至 850 ~ 880℃，保温 6 ~ 8h，随后以（　　）速度缓冷至 500℃ 出炉空冷。
   - （A）30 ~ 40℃/h
   - （B）10 ~ 20℃/h
   - （C）50 ~ 60℃/h
   - （D）60 ~ 80℃/h

5. 含碳量为 4.3% 的共晶白口铸铁，由液态缓冷至室温时的组织为（　　）。
   - （A）一次渗碳体加共晶渗碳体组成的莱氏体
   - （B）一次渗碳体加低温莱氏体
   - （C）珠光体和二次渗碳体
   - （D）珠光体加二次渗碳体加共晶渗碳体组成的莱氏体

6. 固溶体之所以比组成它的溶剂金属具有更高的强度和硬度是因为（　　）。
   - （A）溶质原子溶入后，形成了新的晶体结构
   - （B）溶质原子溶入后，增加了原子的排列密度，增大了原子之间的结合力
   - （C）溶质原子对位错运动起着障碍物的作用，使位错运动阻力增大
   - （D）溶质原子融入后使位错容易在晶体中移动

7. 淬火压力机常用于下列工件中（　　）的加压淬火。
   - （A）机床导轨
   - （B）弹簧
   - （C）细长轴
   - （D）刃具

8. 深井式电阻炉验收时，对绝缘电阻测定，电阻炉经烘炉后处于干燥状态，在室温下用 500MΩ 表测量相与相之间，相与地之间的绝缘电阻，不得低于（　　）MΩ。

　　(A) 0.2　　　　　　　(B) 0.1　　　　　　　(C) 2　　　　　　　(D) 0.5

9. 动圈式仪表与电子电位差计相比 (　　　)。

　　(A) 前者结构简单，易于维修且不怕受振动

　　(B) 前者结构复杂，不易维修，怕受振动

　　(C) 前者结构复杂不易维修，且不怕受振动

　　(D) 前者结构简单，易于维修，怕受振动

10. 热电偶的参考端的温度必须固定，才能准确地测量温度，一般是固定在 (　　　)。

　　(A) 30℃　　　　　　(B) 25℃　　　　　　(C) 20℃　　　　　　(D) 0℃

11. 钢中加入钒或钴时 (　　　)。

　　(A) 钒使钢的 M_s 点下移，而钴则不能　　(B) 两者都使钢的 M_s 点下移

　　(C) 两者都使钢的 M_s 点上升　　　　　　(D) 钴使钢的 M_s 点下移，而钒则不能

12. 合金元素 Zr 和 Ta 对奥氏体晶粒度的影响是 (　　　)。

　　(A) 两者都阻碍晶粒长大　　　　　　　(B) Zr 阻碍晶粒长大，Ta 则相反

　　(C) 两者都促进晶粒长大　　　　　　　(D) Ta 阻碍晶粒长大，Zr 则相反

13. 铁碳合金中珠光体和莱氏体 (　　　)。

　　(A) 前者为固溶体，后者为机械混合物

　　(B) 前者为机械混合物，后者为固溶体

　　(C) 两者都为机械混合物

　　(D) 两者都为固溶体

14. 发展形状记忆合金是利用马氏体转变的 (　　　)。

　　(A) 降温形成　　　(B) 无扩散性　　　(C) 共格切变　　　(D) 可逆性

15. 淬火钢回火时，在 (　　　) 时，由于碳化物从马氏体中析出，这时马氏体中存在由于碳化物析出而形成的低碳马氏体区及高碳马氏体区。

　　(A) <100℃　　　　(B) <150℃　　　(C) 150~200℃　　(D) 200~250℃

16. 灰铸铁去应力退火时，加热温度低于 (　　　) 时，不会发生组织变化，而内应力可消除80%以上。

　　(A) 200℃　　　　　(B) 300℃　　　　　(C) 400℃　　　　　(D) 550℃

17. 碳素渗碳钢渗碳后，采用一次淬火，其淬火加热温度为 (　　　)。

　　(A) A_{c1} +20~30℃　　　　　　　　(B) A_{c1} - A_{c3}

　　(C) A_{c3} +30~50℃　　　　　　　　(D) A_1 +50~70℃

18. 按其成分调质钢为 (　　　)。

　　(A) 过共析钢　　　　　　　　　　　(B) 共析钢

　　(C) 共析钢或亚共析钢　　　　　　　(D) 亚共析钢

19. 铝青铜与锡青铜相比，其热处理性能是 (　　　)。

　　(A) 两者都不能进行固溶强化　　　　(B) 前者可进行固溶强化，后者不能

　　(C) 两者都可进行固溶强化　　　　　(D) 后者可进行固溶强化，前者不能

20. 引起物质进行上坡扩散的真正动力是 (　　　)。

　　(A) 化学位梯度　　　　　　　　　　(B) 浓度梯度

　　(C) 原子尺寸的差异　　　　　　　　(D) 晶体结构

21. 密排六方晶格的滑移系数量为（　　）。
   （A）3　　　　　　　（B）4　　　　　　　（C）6　　　　　　　（D）12

22. 在铁-渗碳体相图中，碳在 γ-Fe 中最大溶解度点的温度和含碳量为（　　）。
   （A）温度为 1148℃，含碳量 4.3%　　　　（B）温度为 1148℃，含碳量 2.11%
   （C）温度为 1227℃，含碳量 6.69%　　　　（D）温度为 727℃，含碳量 0.77%

23. 下列方法中（　　）可减少工件的畸变。
   （A）机加工时，进给量要大些
   （B）易变形的开口槽可在热处理前开口
   （C）表面淬火件，两端面不得有软带
   （D）淬火后及时回火

24. 下列方法中（　　）可防止高频淬火件裂纹的产生。
   （A）高频淬火件采用过高温度加热
   （B）高频淬火件，冷却时尽量采用最快冷却
   （C）若是淬火加热引起脱碳，回火时应保留
   （D）高频淬火件返修品要经过中间退火

25. 若在使用中发现整台电子电位差计发生故障时，一般应首先检查（　　）。
   （A）可逆电机　　　　　　　　　　（B）指示记录机构
   （C）测量桥路　　　　　　　　　　（D）调节机构

26. 铣削加工中待加工表面到已加工表面的垂直距离称为（　　）。
   （A）加工余量　　　（B）铣削深度　　　（C）铣削宽度　　　（D）走刀量

27. 外圆磨削和平面磨削砂轮圆周速度一般在（　　）。
   （A）30~50m/s　　　（B）50~75m/s　　　（C）25~30m/s　　　（D）18~25m/s

28. 切削速度选择的一般原则是（　　）。
   （A）车削长轴时，为不使工件弯曲，应取较高的切削速度
   （B）要求得到较好的表面粗糙度，使用高速钢刀具时，取较高的切削速度
   （C）车削塑性很好的材料时，应取较高的切削速度
   （D）用 YT 类硬质合金车刀车削钢件时，应取较高的切削速度

29. 金属再结晶后（　　）。
   （A）强度、硬度上升，塑性韧性下降
   （B）强度、硬度下降，塑性韧性上升
   （C）强度、硬度上升，塑性韧性上升
   （D）强度、硬度下降，塑性韧性下降

30. 对直径为 10mm、长为 400mm 的工件，车端面为磨端面预留的加工余量为（　　）。
   （A）0.7mm　　　（B）0.6mm　　　（C）0.5mm　　　（D）0.4mm

31. 金属和合金的性能（　　）。
   （A）首先取决于内部原子的聚集状态，其次取决于其组成原子的种类
   （B）首先取决于其组成原子的种类，其次取决于内部原子的聚集状态
   （C）首先取决于冶炼方法，其次取决于加工方法
   （D）主要取决于原子的聚集状态，其次是加工方法

32. 在铁-渗碳体相图中，纯铁的熔点的温度和含碳量为（　　　）。
　　（A）温度为 912℃，含碳量为零　　　　（B）温度为 1148℃，含碳量为零
　　（C）温度为 1538℃，含碳量为零　　　　（D）温度为 1227℃，含碳量为零

33. 含碳量为 5% 的铸铁，由液态缓冷至室温时组织为（　　　）。
　　（A）珠光体加二次渗碳体加低温莱氏体
　　（B）一次渗碳体加低温莱氏体
　　（C）珠光体加二次渗碳体加共晶渗碳体
　　（D）二次渗碳体加低温莱氏体

34. 由 50% Cu 原子和 50% Zn 原子组成的化合物 CuZn 是（　　　）。
　　（A）密排六方晶格　　　　　　　　　　（B）面心立方晶格
　　（C）机械混合物　　　　　　　　　　　（D）体心立方晶格

35. 碳素渗碳体渗碳后，采用一次淬火，其淬火加热温度为（　　　）。
　　（A）$A_{c1} + 20 \sim 30℃$　　　　　　　　（B）$A_{c1} - A_{c3}$
　　（C）$A_{c3} + 30 \sim 50℃$　　　　　　　　（D）$A_1 + 50 \sim 70℃$

36. 常用的抗磨渗氮工艺中，一段渗氮速度 v_1，二段渗氮速度 v_2 及三段渗氮速度 v_3，三者之间比较（　　　）。
　　（A）$v_1 > v_2 > v_3$　　　（B）$v_2 > v_1 > v_3$　　　（C）$v_3 > v_2 > v_1$　　　（D）$v_2 > v_3 > v_1$

37. 存在于合金中的化合物，其共同特点是（　　　）并具有与组成它的每个单元完全不同的晶体结构。
　　（A）熔点高，质地坚硬而脆性大，化学成分稳定
　　（B）熔点高，质地坚硬而脆性小，化学成分稳定
　　（C）熔点低，质地坚硬而脆性大，化学成分稳定
　　（D）熔点高，质地坚硬而脆性小，化学成分不稳定

38. 防止渗氮层硬度低的方法之一是（　　　）。
　　（A）对久用渗氮罐，使用 10 炉左右作一次退氮处理
　　（B）渗氮温度高于正常渗氮温度
　　（C）第一阶段保温时氨分解率偏高
　　（D）使用新渗氮罐时应减少氨流量

39. 造成渗氮层硬度低（除渗氮温度偏高造成之外）的补救方法是（　　　）。
　　（A）重新按正常工艺进行渗氮
　　（B）进行一次补充渗氮
　　（C）进行一次淬火、回火处理
　　（D）无法补救

40. 淬火内应力包含（　　　）。
　　（A）热应力　　　　　　　　　　　　　（B）冷应力
　　（C）组织应力　　　　　　　　　　　　（D）热应力和组织应力

41. 影响再结晶后晶粒大小的因素之一是（　　　）。
　　（A）原始晶粒越大，则再结晶温度越低
　　（B）加入 W，使再结晶，温度降低

　　　(C) 不考虑其他因素时，变形量增大晶粒越细

　　　(D) 原始晶粒越大，则再结晶温度越高

42. 过共析钢室温平衡组织中渗碳体的分布情形是（　　　）。

　　　(A) 全部分布在珠光体内

　　　(B) 一部分分布在珠光体内，另一部分呈网状分布在晶界上

　　　(C) 一部分为基体，另一部分分布在珠光体内

　　　(D) 全部作为基体

43. 高频感应设备与中频感应设备的效率比较（　　　）。

　　　(A) 两者的效率相同　　　　　　　　　(B) 前者的效率高于后者

　　　(C) 前者的效率低于后者　　　　　　　(D) 两者的效率无法比较

44. 铍青铜可进行固溶化处理，工艺是加热到（　　）保温 15～25min，淬火后硬度小于 100HBs。

　　　(A) 600℃　　　　　(B) 650℃　　　　　(C) 780℃　　　　　(D) 720℃

45. 下列方法中（　　　）可以防止裂纹产生。

　　　(A) 选择高频淬火件，含碳量应在 0.5% 左右

　　　(B) 延长工件保温时间

　　　(C) 采用高于正常加热温度加热淬火

　　　(D) 对形状不均匀的工件，在薄壁处用石棉保护

46. 防止渗氮层过浅的方法之一是（　　　）。

　　　(A) 第二段温度偏低　　　　　　　　　(B) 第二段氨分解率过高或过低

　　　(C) 缩短保温时间　　　　　　　　　　(D) 合理装护，保证气流畅通

47. 含碳量为 5.3% 的白口铸铁由液态缓冷至室温时的组织为（　　　）。

　　　(A) 珠光体加二次渗碳体加共晶渗碳体组成的莱氏体

　　　(B) 珠光体和二次渗碳体

　　　(C) 一次渗碳体加低温莱氏体

　　　(D) 一次渗碳体加共晶渗碳体组成的莱氏体

48. 晶界处由于原子排列不规则，晶格畸变，界面能高，使（　　　）。

　　　(A) 强度、硬度增高，使塑性变形抗力增大

　　　(B) 强度、硬度降低，使塑性变形抗力降低

　　　(C) 强度、硬度增高，使塑性变形抗力降低

　　　(D) 强度、硬度降低，使塑性变形抗力增大

49. 点缺陷产生后，由于晶格畸变，内能增高的结果，使（　　　）。

　　　(A) 金属的强度、硬度增高，电阻率降低

　　　(B) 强度和硬度增高，电阻率增大

　　　(C) 强度和硬度降低，电阻率降低

　　　(D) 强度和硬度降低，电阻率增大

50. 钢的渗氮属于（　　　）。

　　　(A) 上坡扩散　　　　　　　　　　　　(B) 自由扩散

　　　(C) 反应扩散　　　　　　　　　　　　(D) 下坡扩散

51. 1Cr17Ni2 采用淬火加低温回火工艺，其回火温度为（　　）。
　　（A）270～350℃　　（B）200～270℃　　（C）200～300℃　　（D）150～200℃

52. 机械混合物的性质是（　　）。
　　（A）混合物中含量最多的一种性质　　（B）组成它的物质的性质之和
　　（C）组成它的物质的性质之算术平均值　　（D）无法定性

53. 体心立方晶格的滑移系数量为（　　）。
　　（A）3　　　　　（B）6　　　　　（C）8　　　　　（D）9

54. 铁的再结晶温度为（　　）。
　　（A）约450℃　　（B）530～660℃　　（C）约230℃　　（D）370～400℃

55. 钢中加入钴或钛元素（　　）。
　　（A）两者增加过冷奥氏体的稳定性使转变曲线右移
　　（B）钴降低过冷奥氏体的稳定性，使转变曲线左移，而钛则相反
　　（C）两者都降低过冷奥氏体的稳定性，使转变曲线左移
　　（D）钛降低过冷奥氏体的稳定性，使转变曲线左移，而钴则相反。

56. 合金工具钢的表示方法中，合金元素的含量是（　　）。
　　（A）平均含量的千分数表示
　　（B）以平均含量的万分数表示
　　（C）当平均含量不小于1.5%时以平均含量的百分之几表示
　　（D）以平均含量的平均值表示

57. 1Cr13 马氏体不锈钢淬火后，要获得回火索氏体组织，起回火温度为（　　）。
　　（A）200～300℃　　（B）400～500℃　　（C）660～700℃　　（D）700～790℃

58. 贝氏体的转变过程是（　　）过程。
　　（A）奥氏体像铁素体晶格重排及碳的重新分布和碳化物的析出
　　（B）碳的重新分布和碳化物的析出
　　（C）碳的析出
　　（D）奥氏体直接析出碳化物

59. 由成束地，大致平行的铁素体从奥氏体晶界向两侧内长大，及碳化物分布于板条之间形成羽毛状组织是（　　）。
　　（A）板条马氏体　　（B）块状马氏体　　（C）上贝氏体　　（D）下贝氏体

60. 产生第二类回火脆性的原因是（　　）。
　　（A）钢中晶粒边界的杂质浓度增高
　　（B）碳化物微粒长大
　　（C）碳化物沿晶界析出
　　（D）碳化物呈薄片形状沿板条边缘析出

61. 球墨铸铁正火的目的是（　　）。
　　（A）降低硬度，便于切削加工
　　（B）细化晶粒，改善组织
　　（C）增加机体组织中的珠光体数量，从而提高铸铁件的硬度和强度
　　（D）增加组织机体中的珠光体数量，从而降低铸铁件的硬度和强度

62. 钢中加入铝或钼时（　　　）。
    （A）两者都使钢的 M_s 点下移
    （B）两者都使钢的 M_s 点上移
    （C）铝使钢的 M_s 点下移，钼则相反
    （D）钼使钢的 M_s 点下移，铝则相反

63. 碳含量对于奥氏体晶粒度的影响是（　　　）。
    （A）碳含量小于 1.2% 时，晶粒随碳的增加而长大，碳含量大于 1.2% 时，晶粒长大速度随碳的增加而减小
    （B）碳含量小于 1.2% 时，晶粒随碳的增加而长大速度降低，碳含量大于 1.2% 时，晶粒随碳含量的增加而快速长大
    （C）随碳含量的增加，晶粒长大
    （D）随碳含量的增加，晶粒长大速度降低

64. 冷却时，奥氏体向珠光体转变从热力学的观点看是因为（　　　）。
    （A）珠光体比奥氏体稳定
    （B）奥氏体的自由能比珠光体高
    （C）奥氏体的自由能与珠光体相等
    （D）奥氏体的自由能比珠光体低

65. 常见淬火裂纹（　　　）。
    （A）纵向裂纹和横向裂纹
    （B）纵向裂纹、横向裂纹和网状裂纹
    （C）横向裂纹和网状裂纹
    （D）纵向裂纹和网状裂纹

66. 合金工具钢的表示方法中，当钢含量大于 1.00% 时（　　　）。
    （A）其含量就不标出来
    （B）以平均含碳量的千分数表示
    （C）以平均含碳量的力分数表示
    （D）以半均含碳量的百分数表示

67. 高速钢的回火特点是（　　　）。
    （A）回火过程能获得二次硬化
    （B）回火保温时间长
    （C）在 560℃ 时回火产生第二类回火脆性
    （D）工件回火后需油冷

68. 铁素体型不锈钢中，0Cr12 表示（　　　）。
    （A）含碳量不大于 0.08%，含铬量 11%～13%
    （B）碳含量不大于 0.03%，含铬量 12%～14%
    （C）含碳量不大于 0.03%，含铬量 11%～13%
    （D）含碳量不大于 0.08%，含铬量 12%～14%

69. 奥氏体钢 1Cr18NiTi 固溶处理温度的加热温度为（　　　）。
    （A）1000～1100℃
    （B）1080～1100℃
    （C）1050～1150℃
    （D）1000～1150℃

70. 影响扩散的因素之一是（　　　）。
    （A）晶体排列密度大，扩散速度快
    （B）固溶体中溶质与溶剂原子尺寸差越大，扩散速度越慢
    （C）晶粒越细晶界面越多，扩散速度越快
    （D）杂质使扩散速度变快

71. 对同一材料的工件，渗碳后直接淬火前分别预冷到稍高于 A_{r3} 温度和稍高于 A_{r1} 温度，则（　　　）。
    （A）前者心部强度高，表层硬度低
    （B）前者心部强度高，表层硬度高
    （C）前者心部强度低，表层硬度低
    （D）前者心部强度低，表层硬度高

72. 淬火冷却时，（　　）是引起变形的主要因素。
　　（A）热应力与组织应力集中或叠加　　　　（B）热应力
　　（C）组织应力　　　　　　　　　　　　　（D）热应力与组织应力集中和叠加

73. 合金元素 Mn 和 Ti 对奥氏体晶粒度的影响是（　　）。
　　（A）Ti 促进奥氏体晶粒长大，Mn 则相反　（B）Mn 和 Ti 都促进奥氏体晶粒长大
　　（C）Mn 和 Ti 都阻碍奥氏体晶粒长大　　　（D）Mn 促进奥氏体晶粒长大，Ti 则相反

74. 形成珠光体时，铁素体和渗碳体的形成是（　　）。
　　（A）铁素体在碳的高浓度区形成，渗碳体在低浓度区形成
　　（B）两者都在碳的高浓度区形成
　　（C）铁素体在碳的低浓度区形成，渗碳体在碳的高浓度区形成
　　（D）两者都在碳的低浓度区形成

75. 对亚共析钢来说，加热至 $A_{c1} \sim A_{c3}$ 之间退火时，其结果（　　）。
　　（A）消除游离铁素体，降低硬度
　　（B）消除游离铁素体，但不能降低硬度
　　（C）不能消除游离铁素体，但能降低硬度
　　（D）不能消除游离铁素体，不能降低硬度

76. 碳含量和奥氏体晶粒对贝氏体转变的影响是（　　）。
　　（A）随含碳量增加，转变速度变快，奥氏体晶粒愈大转变愈慢
　　（B）随含碳量增加，转变速度变快，晶粒愈大转变愈快
　　（C）随含碳量增加，转变速度变慢，晶粒愈大转变愈慢
　　（D）随含碳量增加，转变速度减慢，晶粒愈大转变愈快

77. 对于高合金钢，为加速贝氏体的形成和缩短等温时间，往往采用略低于（　　），停留一定时间以生成部分马氏体组织，促使下贝氏体的形核，缩短等温时间。
　　（A）M_s 点　　　　（B）M_f 点　　　　（C）350℃　　　　（D）250℃

78. 轴承钢的普通球化退火工艺为 A_{c1} +20～40℃，加热 2～6h，然后以（　　）的速度炉冷到 600～650℃出炉空冷。
　　（A）80～100℃/h　　（B）60～80℃/h　　（C）40～60℃/h　　（D）20～30℃/h

79. 当晶格上的原子间的空隙中挤入了外来原子时，则把这种缺陷称为（　　）。
　　（A）置换原子　　　（B）线缺陷　　　　（C）空位　　　　　　（D）间隙原子

80. 对体心立方结构（　　）。
　　（A）滑移面是 {111} 方向是 [111]　　　（B）滑移面是 {111} 方向是 [110]
　　（C）滑移面是 {110} 方向是 [111]　　　（D）滑移面是 {110} 方向是 [110]

81. 铁－渗碳体相图中，铁碳合金的固相线是（　　）。
　　（A）ACD 线　　　　（B）ECF 线　　　　（C）GS 线　　　　　（D）AEC 线

82. 钢中加入锰元素或钨元素（　　）。
　　（A）两者都降低过冷奥氏体的稳定性，使 C 曲线右移
　　（B）两者都降低过冷奥氏体的稳定性，使 C 曲线左移
　　（C）两者都增加过冷奥氏体的稳定性，使 C 曲线右移
　　（D）两者都增加过冷奥氏体的稳定性，使 C 曲线左移

83. 从热力学观点看，冷却时奥氏体向珠光体的转变是因为（　　）。
　　（A）奥氏体的自由能与珠光体相等　　　（B）奥氏体的自由能比珠光体低
　　（C）奥氏体的自由能比珠光体高　　　　（D）珠光体比奥氏体稳定

84. 下贝氏体的塑性韧性高于上贝氏体是因为（　　）。
　　（A）下贝氏体尺寸大，且碳化物在晶内析出
　　（B）下贝氏体尺寸小，且碳化物在晶界处析出
　　（C）下贝氏体尺寸小，且碳化物在晶内析出
　　（D）下贝氏体尺寸大，且碳化物在晶界处析出

85. 通过控制加热时奥氏体中的碳及合金含量来强化马氏体是利用马氏体转变的（　　）。
　　（A）无扩散性　　　（B）共格切变　　　（C）降温形成　　　（D）可逆性

86. 碳钢淬火后在300℃时，其组织称为回火马氏体。由于（　　），使回火马氏体易于腐蚀，因此在显微镜观察中为黑色针状马氏体。
　　（A）马氏体晶格向铁素体晶格重排　　　（B）碳化物微粒长大
　　（C）碳化物的析出　　　　　　　　　　（D）先共析铁素体析出

87. 45钢淬火后，当回火温度大于300℃时，其性能变化是（　　）。
　　（A）随温度升高，硬度和强度下降，塑性韧性上升
　　（B）随温度升高，强度硬度上升，塑性韧性上升
　　（C）随温度升高，强度硬度下降，塑性韧性下降
　　（D）随温度升高，强度硬度上升，塑性韧性下降

88. 晶界处由于原子排列不规则，因此是（　　）。
　　（A）晶界处由于原子空位少，而使原子的扩散速度变慢
　　（B）晶界处的电阻低于晶内
　　（C）相变时不易在母相的晶界上首先形核
　　（D）当加热接近熔点时，晶界处首先熔化，形成"过烧"

89. 扩散的规律之一是（　　）。
　　（A）扩散流量，随浓度的增高而降低
　　（B）扩散的流动方向与浓度梯度的方向相同
　　（C）扩散流量，随扩散距离加深而增大
　　（D）从高浓度向低浓度扩散

90. 合金中加入微量元素如Co、Mo对扩散的影响是（　　）。
　　（A）两者都使扩散速度增加
　　（B）Co使扩散速度增加，Mo使扩散速度降低
　　（C）两者都使扩散速度降低
　　（D）Co使扩散速度降低，Mo使扩散速度增加

91. 滑移是金属塑性变形的主要形式（　　）。
　　（A）成45°　　　（B）平行　　　（C）垂直　　　（D）成60°

92. 铜的再结晶温度是（　　）。
　　（A）7~25°　　　（B）约150°　　　（C）约230°　　　（D）约450°

93. 含碳量为2.6%的亚共结晶白口铸铁，由液态缓冷至室温时组织为（　　）。

（A）$P + Fe_3C_{II} + L'_d$　　　　　　　（B）$Fe_3C_I + L'_d$

（C）$P + Fe_3C_{II}$　　　　　　　　　　（D）$Fe_3C_{II} + L'_d$

94. 奥氏体的形成机理，只有（　　）才有了转变成奥氏体的条件。

（A）铁素体中出现浓度起伏和结构起伏

（B）铁素体与奥氏体之间产生自由能之差

（C）珠光体中出现浓度起伏和结构起伏

（D）渗碳体中出现浓度起伏和结构起伏

95. 上下贝氏体的形成是（　　）。

（A）由奥氏体直接析出碳化物后形成

（B）由奥氏体转变成马氏体晶格后析出碳化物形成

（C）上贝氏体由奥氏体转变成马氏体晶格后析出碳化物形成，上贝氏体由奥氏体直接析出碳化物后形成

（D）上贝氏体由奥氏体直接析出碳化物后形成，下贝氏体由奥氏体转变成马氏体晶格后析出碳化物形成

96. 马氏体的转变是冷却时（　　）。

（A）反应扩散　　　　　　　　　　（B）奥氏体的扩散型转变

（C）奥氏体的无扩散型转变　　　　（D）奥氏体的上坡扩散

97. 以圆柱形工件为例，组织应力分布为（　　）。

（A）圆柱形截面的轴向方向上，表面是拉应力，中心是压应力

（B）圆柱形截面的轴向方向上，表面是压应力，中心是拉应力

（C）圆柱形截面的轴向方向上，表面和中心都是拉应力

（D）圆柱形截面的轴向方向上，表面和中心都是压应力

98. 马氏体型不锈钢中，1Cr13Mo 表示（　　）。

（A）含碳量为 0.15%，含铬量 11.5%～14%

（B）含碳量为 0.15%，含铬量 13%～15%，含钼量 0.3%～0.6%

（C）含碳量为 0.08%～0.18%，含铬量 13%～15%，含钼量 0.3%～0.6%

（D）含碳量为 0.08%～0.18%，含铬量 11.5%～14%，含钼量 0.3%～0.6%

99. 渗碳体和固溶体相比（　　）。

（A）两者都是化合物

（B）渗碳体是化合物而固溶体不是化合物

（C）两者都不是化合物

（D）固溶体是化合物而渗碳体不是化合物

100. 产生第一类回火脆性的原因是（　　）。

（A）铁素体的析出

（B）新生碳化物沿着马氏体板条边缘，孪生面片状边缘析出

（C）碳化物的析出而形成低碳马氏体区和高碳马氏体区

（D）马氏体的晶格向铁素体的晶格重排

101. 时效与回火相比（　　）。

（A）时效和回火都无相变发生

（B）时效和回火都有相变发生

（C）时效过程无相变发生，而回火则有

（D）时效有相变发生，而回火则没有

102. 以圆柱形工件为例，组织应力的分布规律是（　　　）。

（A）径向方向上压应力的分布式由中心向圆周增大，切线方向上表面拉应力最大

（B）径向方向上压应力的分布式由中心向圆周减小，切线方向上表面拉应力最大

（C）径向方向上压应力的分布式由中心向圆周减小，切线方向上表面压应力最大

（D）径向方向上压应力的分布式由中心向圆周增大，切线方向上表面压应力最大

103. 灰铸铁正火的目的是（　　　）。

（A）降低硬度，便于切削

（B）细化晶粒，改善组织

（C）增加基体组织中的珠光体数量，降低铸件的硬度

（D）增加基体组织中的珠光体数量，以提高铸件的强度，硬度及耐磨性

104. 同一钢种的小型零件和大型零件，在同一冷却条件下淬火（　　　）。

（A）前者的淬透层比后者深，而表面硬度比后者低

（B）两者表面硬度相等后者淬透层深

（C）后者的淬透层深，其表面硬度也高

（D）前者的淬透层深，其表面硬度也高

105. 淬硬性与淬透性的区别是（　　　）。

（A）淬硬性高的钢，其淬透性好

（B）淬硬性低的钢，其淬透性也差

（C）合金元素对淬硬性影响很大

（D）淬硬性主要决定于钢的含碳量，淬透性主要决定于钢的化学成分

106. 铸铁由于（　　　）的作用，其共析点不再是铁－渗碳体相图上的 727℃，而是 750℃以上。

（A）锰　　　　　　（B）硅　　　　　　（C）石墨　　　　　　（D）碳

107. 真空渗碳与固体渗碳体相比（　　　）。

（A）前者渗碳温度低，且时间长

（B）前者渗碳温度高，且时间短

（C）两者渗碳温度相同，但后者时间长

（D）两者渗碳温度相同，但前者时间长

108. 本质粗晶粒钢与本质细晶粒钢在渗碳后淬火方法区别是（　　　）。

（A）两者都适合于直接淬火

（B）前者适合直接淬火，后者不适合直接淬火

（C）两者都不适合于直接淬火

　　（D）两者不适合直接淬火，后者适合直接淬火

109. 真空渗碳的加热温度为（　　　）。

　　（A）870～900℃　　　　　　　　（B）900～925℃

　　（C）980～1010℃　　　　　　　　（D）1030～1050℃

110. 常用抗磨渗氮工艺中，两段渗氮法和三段渗氮法相比（　　　）。

　　（A）前者渗氮时间短，表面硬度高　　（B）前者渗氮时间长，表面硬度高

　　（C）前者渗氮时间短，表面硬度低　　（D）前者渗氮时间长，表面硬度低

111. 工件进行碳氮共渗并进行淬火后，其金相组织最外层和第二层相比（　　　）。

　　（A）前者为碳氮化合物层，其硬度高　（B）前者为碳氮化合物层，其硬度低

　　（C）前者为过渡层，其硬度高　　　　（D）前者为过渡层，其硬度低

112. 高频感应加热淬火时，其工件表面粗糙度最高不得超过（　　　）。

　　（A）R_a6.4　　　　（B）R_a3.2　　　　（C）R_a1.6　　　　（D）R_a0.8

113. 大件的调质处理的特点之一是（　　　）。

　　（A）常取淬火加热温度的上限进行淬火加热

　　（B）采用高温装炉

　　（C）常取淬火加热温度的下限进行淬火加热

　　（D）工件装炉后快速加热到淬火温度

114. 正火件的变形量应（　　　）。

　　（A）不大于机加工余量的1/2　　　　（B）不大于机加工余量的2/3

　　（C）不大于机加工余量的1/3　　　　（D）不大于机加工余量的1

115. 下列方法中（　　　）可以防止裂纹产生。

　　（A）选择高频淬火件，含碳量应在0.5%左右

　　（B）延长工件保温时间

　　（C）采用高于正常加热温度加热淬火

　　（D）对形状不均匀工件，在薄壁处用石棉保护

116. 热作模具，淬火后回火时，升温要慢，现在（　　　）保温，按0.5～0.6min/mm计算保温时间，再升温至回火温度保温。

　　（A）100℃　　　　（B）200℃　　　　（C）300℃　　　　（D）350～400℃

117. 对造成渗氮层硬度低的原因中（　　　）无法补偿。

　　（A）第一阶段保温时氮分解率偏高　　（B）渗氮温度偏高

　　（C）使用新的渗氮罐　　　　　　　　（D）渗氮罐久用未退氮

118. 淬火内应力分布的影响主要是（　　　）。

　　（A）钢的化学成分、淬透性

　　（B）钢的工件尺寸及加热方式

　　（C）钢的化学成分、淬透性、工件尺寸及加热方式

　　（D）钢的化学成分、淬透性及加热方式

119. 淬火变形是客观存在的，主要影响（　　　）。

　　（A）工件精度、加工余量

　　（B）工件精度、加工余量、劳动工时

（C）加工余量、劳动工时、材料消耗

（D）工件精度、加工余量、劳动工时、材料消耗

120. 一般地说，高速钢车刀，如果车出来的切屑是（　　），可以认为切削速度是合适的。

（A）蓝色　　　　　　　　　　　　（B）白色或淡黄色

（C）灰色　　　　　　　　　　　　（D）出现火花

121. 对不带外皮的铸钢件，需铣削时留有粗铣余量（　　）。

（A）0.5～1mm　　　（B）1～2mm　　　（C）3～5mm　　　（D）5～7mm

122. 用于完成基本工艺要求，实现基本操作，直接改变劳动对象的形态、尺寸、性质、组合等消耗的时间称为（　　）。

（A）作业时间　　　（B）定额时间　　　（C）基本时间　　　（D）标准时间

123. 工人以体力操纵机械设备完成基本生产时间称为（　　）。

（A）基本时间　　　（B）机动时间　　　（C）机手并动时间　　（D）作业时间

124. 马氏体获得可以采用连续冷却直至零下处理以获得更多的马氏体量，从而保证粒度，是利用马氏体转变的（　　）。

（A）共格切变　　　（B）无扩散性　　　（C）降温形成　　　（D）可逆性

125. 淬火钢回火时，当回火温度到（　　）时，马氏体完成了向铁素体与渗碳体的全部转变过程。

（A）400℃　　　（B）350℃　　　（C）300℃　　　（D）250℃

126. 对含碳量小于 0.8% 及含碳量为共析成分以上的钢在低于 100℃ 回火时，其硬度的变化是（　　）。

（A）两者硬度表现为不变　　　　　（B）两者硬度都下降

（C）前者硬度不变，后者略有提高　（D）两者都略有提高

127. 为提高运动部件表面耐溶性、耐蚀性和增强表面对疲劳损伤的抗力，渗硼处理应用越来越多，重要零件一般都要求表面渗硼层具有单相组织。这种组织成分为（　　）。

（A）$Fe_3(CB)$　　　（B）FeB　　　（C）Fe_2B　　　（D）$FeB + Fe_2B$

128. 下列工件中（　　）不宜喷丸处理。

（A）工具　　　　　　　　　　　　（B）渗碳淬火后的工作

（C）渗氮共渗后淬火的工作　　　　（D）高硬度工件

129. 下列热电偶中（　　）属于非标准化热电偶。

（A）铂铑 10 -铂热电偶　　　　　　（B）铂铑 30 -铂铑 6 热电偶

（C）镍钴-镍铝热电偶　　　　　　　（D）镍铬-康铜热电偶

130. 电子电位差计属于自动平衡显示仪表，它是利用（　　）原理进行测量的

（A）补偿　　　（B）塞贝克效应　　　（C）克希霍夫　　　（D）电磁感应

131. 动圈式温度仪表中，型号 XCZ - 101 表示（　　）。

（A）动圈式温度指示调节仪，高频振荡式（固定参数），二位调节，配接热电偶

（B）动圈式温度指示调节仪，高频振荡式（固定参数），时间比例调节，配接热

电偶

(C) 动圈式温度指示调节仪，高频振荡式（固定参数），比例积分，微分调节，配热电偶

(D) 动圈式温度指示仪，无调节装置，配热电偶

132. 光学高温计示值偏高，可能是（　　）。

(A) 电测系统中的磁场减弱

(B) 电测系统中可动线圈短路

(C) 电测系统中轴尖轴承装配过紧

(D) 电测系统中动圈式表头指针失去平衡

133. X6132 是铣床型号，其工件台面宽度是（　　）mm。

(A) 320　　　　　(B) 132　　　　　(C) 200　　　　　(D) 400

134. 砂轮的硬度是指（　　）。

(A) 磨粒本身的硬度　　　　　　　(B) 砂轮表面的硬度

(C) 结合剂黏结磨粒的牢固程度　　(D) 磨粒本身的耐磨性

135. 马氏体中的碳含量与奥氏体中的碳含量关系式（　　）。

(A) 马氏体的含碳量大于高温时奥氏体碳含量

(B) 马氏体的含碳量小于高温时奥氏体碳含量

(C) 马氏体的含碳量等于高温时奥氏体碳含量

(D) 马氏体的含碳量等于低温时奥氏体碳含量

136. 能进行时效的合金必须是（　　）。

(A) 在低温不发生相变的合金

(B) 固溶度随温度降低而减少的有限固溶体

(C) 固溶度随温度的降低而不变的固溶体

(D) 固溶度随温度的降低而增加的固溶体

137. 车削时产生加工硬化的主要原因是（　　）。

(A) 前角太大　　　　　　　　　　(B) 刀尖圆弧半径大

(C) 前角太小　　　　　　　　　　(D) 刃口圆弧半径增大

138. 为完成某项工作所消耗的时间为（　　）。

(A) 作业时间　　　　　　　　　　(B) 基本时间

(C) 非定额时间　　　　　　　　　(D) 定额时间

139. 磨削过程中要产生大量磨削热，在磨削区温度有时达（　　）。

(A) 500℃左右　　　　　　　　　(B) 700℃左右

(C) 200℃左右　　　　　　　　　(D) 1000℃左右

140. 一般地说，硬质合金车刀，如果车出来的切屑是（　　），可认为切削速度是合适的。

(A) 白色　　　　　(B) 淡黄色　　　　　(C) 蓝色　　　　　(D) 出现火花

141. 对直径小于 30mm 工件，渗碳层深度为 0.8mm，其外切圆切除渗碳层的加工余量为（直径余量）（　　）。

(A) 2mm　　　　　(B) 2.2mm　　　　　(C) 1.5mm　　　　　(D) 2.5mm

142. 铣削过程中的主运动是（　　）。
　　（A）工作台纵向进给　　　　　　（B）工件转动
　　（C）铣刀旋转　　　　　　　　　（D）工作台横向进给

143. 为消除过共析钢种的网状渗碳体，便于球化退火，过共析钢球化退火前应进行一
　　次（　　）。
　　（A）正火　　　　　（B）等温退火　　　（C）完全退火　　　（D）去应力退火

144. 淬透性与等温转变曲线的关系是（　　）。
　　（A）C曲线的"鼻子"位置靠右方的钢比靠左方的钢淬透性低
　　（B）C曲线"鼻子"位置靠右方的钢比靠左方的钢淬透性高
　　（C）淬透性相同的钢，它们的等温转变曲线的形状相同
　　（D）两者的关系无规律可循

145. 淬硬性与淬透性的区别是（　　）。
　　（A）淬透性主要决定于钢的化学成分，而淬硬性主要决定于钢的含碳量
　　（B）淬透性主要决定于钢的化学成分，而淬硬性主要决定于合金元素的含量
　　（C）淬硬性高的钢，其淬透性好
　　（D）淬硬性低的钢，其淬透性差

146. 由于硅的作用，铸铁的共析点为（　　）。
　　（A）727℃　　　　（B）750℃　　　　（C）750℃以上　　　（D）750℃以下

147. 工件进行碳氮共渗，并进行淬火后，其第二层与第一层相比（　　）。
　　（A）前者是碳氮共渗的主要渗层，其硬度高
　　（B）前者是碳氮共渗的主要渗层，其硬度低
　　（C）前者是过渡层，其硬度高
　　（D）前者是过渡层，其硬度低

148. 对高频淬火件，下列方法中（　　）可防止裂纹产生。
　　（A）高频淬火件返修品要经过中间退火
　　（B）采用过高温度加热
　　（C）冷却时尽量采用较快速度冷却
　　（D）若是淬火加热引起脱碳，回火应及时保留

149. 量具热处理的特点之一是（　　）。
　　（A）采用较高的淬火温度
　　（B）需冷处理及时效
　　（C）采用较短的加热时间
　　（D）测量面淬火加热常采用中频表面加热

150. 防止渗氮层脆性大或起泡剥落的方法之一是（　　）。
　　（A）增加液氨的含水量
　　（B）对渗氮前工件表面脱碳层应保留
　　（C）尽量提高工件表面光洁度
　　（D）氨分解率尽量控制在下限 10% ~15%

151. 对渗氮后造成工件变形超差的补救方法是对尺寸稳定性要求不高的工件可进行热

效，热效温度不超过（　　），然后进行去应力退火。

(A) 500℃　　　　　　(B) 520℃　　　　　　(C) 550℃　　　　　　(D) 600℃

152. 下列工件中（　　）不宜喷丸处理。

(A) 渗碳淬火后的工件　　　　　　　(B) 形状复杂的工件

(C) 碳氮共渗后的工件　　　　　　　(D) 高硬度工件

153. 真空验收时，对液压系统的检查，在空炉正常工作条件下，各管路无漏现象，动作正常，将压力提高至工作压力的（　　）倍保持 5~10min，管路应无变形或漏油。

(A) 4　　　　　　　　(B) 3　　　　　　　　(C) 1.5　　　　　　　(D) 1

154. 本质晶粒钢与本质粗晶粒钢在渗碳后淬火方法相比（　　）。

(A) 前者适合直接淬火，后者不适合直接淬火

(B) 两者都适合直接淬火

(C) 前者不适合直接淬火，后者适合直接淬火

(D) 两者都不适合直接淬火

155. 对同一材料的工件，渗碳后直接淬火前分别欲冷到稍高于 A_{r3} 温度和稍高于 A_{r1} 温度，则（　　）。

(A) 前者心部强度高，表层硬度低　　(B) 前者心部强度高，表层硬度高

(C) 前者心部强度低，表层硬度低　　(D) 前者心部强度低，表层硬度高

156. 工件渗氮结束后，正常的表面颜色为（　　）。

(A) 黄色　　　　　　(B) 银灰色　　　　　　(C) 蓝色　　　　　　(D) 深蓝色

157. 真空渗碳与普通气体渗碳相比（　　）。

(A) 两者渗碳温度相同且渗碳时间相同

(B) 两者渗碳温度相同，但前者的渗碳时间较短

(C) 前者渗碳温度高，渗碳时间短

(D) 前者渗碳温度低，渗碳时间长

158. 火焰淬火时，一般乙炔压力为（　　）kPa。

(A) 30~120　　　　　(B) 120~140　　　　　(C) 90~130　　　　　(D) 140~160

159. 中频电源启动变频机时，当水压（　　）时，方能启动变频机。

(A) ≥0.1MPa　　　　(B) ≥0.4MPa　　　　(C) ≥0.6MPa　　　　(D) ≥0.196MPa

160. 对灰铸铁进行表面淬火时，其加热温度一般为（　　）。

(A) 840~860℃　　　(B) 880~920℃　　　(C) 900~950℃　　　(D) 970~1050℃

161. 锡青铜和铍青铜相比，其热处理性能是（　　）。

(A) 前者可进行固溶强化而后者不能

(B) 两者都可以进行固溶强化

(C) 两者都不能进行固溶强化

(D) 后者可进行固溶强化而前者不能

162. 下列方法中（　　）可减少工件畸变。

(A) 在满足产品性能要求的条件下，尽量采用高限硬度要求

(B) 高硬度穿透淬火件尽量采用全淬硬

　　（C）在直径变化及垂直处有圆角
　　（D）尽量使用尺寸突变

163. 动圈式仪表中的温度补偿电阻和线路中铜线动圈的温度特性（　　）。
　　（A）前者是指数曲线，后者是近似直线曲线
　　（B）两者都是近似直线曲线
　　（C）两者都是指数曲线
　　（D）前者是近似直线曲线，后者是指数曲线

164. 用作热电偶的材料感受温度后，应有较高的热电势产生，且此热电势与温度之间应成（　　）关系。
　　（A）指数曲线　　　　（B）线性　　　　（C）导数　　　　（D）比例

165. 动圈式温度仪表指针不回零可能是（　　）造成的。
　　（A）张丝被腐蚀　　　　　　　　　（B）调零机构有故障
　　（C）测量部分串联电阻短路　　　　（D）表头动圈短路

166. 电子电位差计与动圈式温度仪表相比（　　）。
　　（A）前者测量精度高，且结构简单易于维修
　　（B）后者测量精度高，且结构简单易于维修
　　（C）后者测量精度高，但结构复杂不易维修
　　（D）前者测量精度高，但结构复杂不易维修

167. 热电偶的现场安装（　　）。
　　（A）应安装在被测介质很少流动的区域内
　　（B）应尽可能垂直安装
　　（C）其测量线和电力线放在同一走线线管边内
　　（D）其插入深度至少为保护管直径的 4 倍以上

168. 光学高温度计的可测量温度范围为（　　）。
　　（A）800～3200℃　　（B）500～2600℃　（C）800～2600℃　　（D）500～3200℃

二、判断题

（　　）1. 对因溢流阀故障，造成真空炉油泵不能排油，应更换阀。

（　　）2. 激光淬火前，工件应进行预处理，要求组织为回火索氏体。

（　　）3. 积分调节 1 就是输出电流的增量与偏差信号的变化速度成正比关系的一种调节。

（　　）4. 当比例，积、微分作用发生过调时，都会发生周期性振荡。

（　　）5. 含 CrMn 材料常用于制作热作模具材料。

（　　）6. 对有色金属测定其疲劳强度，在疲劳试验机上，经受 $10^7 \sim 10^8$ 次，不产生破裂的最大应力为其疲劳强度。

（　　）7. 铜和马氏体都是体心立方。

（　　）8. 钢件热处理后发现存在魏氏组织，说明加热温度过高。

（　　）9. 奥氏体不锈钢在固溶处理过程中，工艺方法与普通淬火相似，冷到室温后发生组织转变，室温组织为淬火马氏体。

（　　）10. 1Cr17 不锈钢用于制作耐蚀性好、有一定高温强度的零件。

（　　）11. 固溶体之所以比组成它的溶剂金属具有更高的强度和硬度是因为溶质原子对位错运动起着障碍物的作用，使位错运动阻力增大。

（　　）12. W6Mo5Cr4V2 比 W18Cr4V 具有更高的硬度、耐磨性和热硬性。

（　　）13. 要求渗碳的汽车齿轮，对其心部硬度有特殊要求。

（　　）14. 钢中存在碳化物偏析时，在碳化物富集区，淬火后易过热而形成过热网，而在碳化物稀疏处则淬火硬度不高。

（　　）15. 高合金钢退火加热保温后，炉冷速度以 20 ~ 50℃/h 为宜。

（　　）16. 铸造铝合金稳定化回火，其目的在于稳定组织而不去考虑强化效果，回火温度等于人工时效温度。

（　　）17. 淬火冷却时，热应力与组织应力集中和叠加是引起变形的主要因素。

（　　）18. 随钢中含碳量的增加，淬火变形加大。

（　　）19. 常见淬火裂纹有纵向、横向和网状裂纹。

（　　）20. 可控气炉与普通热处理炉一样，采用普通耐火砖筑炉。

（　　）21. 对因密闭结构泄露造成真空炉达不到极限真空或抽空时间过长，应重新按要求组装。

（　　）22. 物质抵抗磨损的性能称为耐蚀性。

（　　）23. 等温马氏体的形成量在 M_s 点以上，随温度升高，形成量减少，残余奥氏体量增加。

（　　）24. PID 温度调节又称比例，积分、微分温度调节，是一种先进的温度调节控制方法。

（　　）25. 机动时间的特性是随工件重复出现。

（　　）26. 在炉子温度发生突变，开始出现偏差信号时，比例和微分调节立即发挥作用。

（　　）27. 球磨铸铁等温淬火工艺中，其等温时间是 60 ~ 90min。

（　　）28. 灰铸铁软化退火目的是使铸铁中的渗碳体全部或部分分解为石墨，利于加工，提高韧性。

（　　）29. 选择奥氏体化温度的主要依据是等温转变曲线。

（　　）30. 使用真空炉时应定期更换加热体——石墨体和石墨毯。

（　　）31. 对真空炉中换向阀装反会造成液压系统的压力调不上去。

（　　）32. Cr13 型不锈钢淬火后一般只有两种回火工艺，对 1Cr13 ~ 2Cr13 多采用 660 ~ 790℃，回火获得回火索氏体。

（　　）33. 淬火变形是客观存在的，主要影响工件精度、加工余量、劳动工时。

（　　）34. 淬火裂纹是在淬火过程中由热应力与组织应力所产生的合成应力为拉应力，而且超过材料的抗拉强度时产生的。

（　　）35. 热处理用油炉的最高使用温度为 1300℃。

（　　）36. 检修盐炉时，用 1000V 兆欧表检查变压器，控制箱的绝缘电阻不得低于 0.5MΩ。

（　　）37. 真空炉的主要技术性能是极限真空度。

（　　）38. 以圆柱形工件为例，组织应力的分布，在切线方向上，表面的拉应力最小，径向方向呈现着压应力状态。

（　　）39. 高速钢由于合金含量高，导热性差，因此淬火加热时应用多次预热及多次分级冷却，以减少热应力。

（　　）40. 防止渗氮层硬度低的方法之一是第一阶段氨分解率偏高。

（　　）41. 奥氏体不锈钢固溶处理后还必须进行一次稳定化处理，以便将碳化铬中的碳原子转移到碳化钛或碳化铌中，从而提高奥氏体不锈钢抵抗晶间腐蚀的能力。

（　　）42. 疲劳强度就是金属材料在无数次重复交变载荷作用下而不致破坏的最大应力，用 δ_{-1} 表示。

（　　）43. 0Cr13 用于制作较高韧性及受冲击载荷零件，如汽轮机叶片。

（　　）44. 通常机械混合物比单一固溶体具有更高的塑性，而单一固溶体比机械混合物具有更高的强度和硬度。

（　　）45. 循环加热球化退火是在其 A_{c1} ± 20 ~ 25℃ 间循环加热和冷却 2 ~ 3 次，然后炉冷至 500℃ 左右后出炉空冷。

（　　）46. 球磨铸铁的调质工艺中，回火温度一般为 500 ~ 600℃。

（　　）47. 铍青铜可进行固溶处理，工艺是加热到 720℃ 保温 15 ~ 25min，淬火后硬度小于 100HBS。

（　　）48. 底燃式煤炉炉子的燃烧室设在炉膛底部，燃烧产物沿着燃烧室两端的火道进入炉膛。

（　　）49. 一般真空炉的冷却水进水温度不应大于 30℃，出水温度不应大于 65℃。

（　　）50. 锡青铜不能固溶强化，只有实施 600 ~ 650℃ 的再结晶退火。

（　　）51. 热应力是由于工件加热时，各部分温度不同，使之热胀冷缩不同而产生的应力。

（　　）52. 侧燃式煤炉，炉子的燃烧室设在炉膛的一侧，燃烧产物沿着燃烧室两端的火道进入炉膛。

（　　）53. 井式气体渗碳炉在 600℃ 以下烘焙时升起炉盖，不接通通风机电源。

（　　）54. 激光淬火后的硬度较常规淬火硬度提高 15% ~ 20%，铸铁件激光淬火提高耐磨性 3 ~ 4 倍。

（　　）55. 中温箱式炉烘焙工作必须在不低于 10 ~ 15℃ 的空气中自然干燥 2 ~ 3 昼夜进行。

（　　）56. 钢在连续冷却时，随着冷却速度的增加，转变温度不断降低，硬度不断降低。

（　　）57. 对冷作模具钢 9Mn2V 制作冷冲模，热处理工艺中，淬火加热温度为 780 ~ 820℃。

（　　）58. 淬火应力分布的影响因素主要是钢的化学成分、淬透性、工件尺寸及加热方式。

（　　）59. 对真空系统有故障或泄漏会造成温度控制失灵。

（　　）60. 对因泵轴密封件磨损，使油泵吸油区造成油泵不能排油应更换密封件。

三、简答题

1. 简述热应力变形的一半规律。

2. 感应加热淬火硬度不足的产生原因和防止方法有哪些?

3. 渗碳件产生形变的原因主要有哪些, 如何改善?

4. 简述热应力分布规律。

5. 安全生产的意义是什么?

四、计算题

1. 有一电路如下图: 已知 $R_1 = 10\Omega$, $R_2 = 3\Omega$, $R_3 = 4\Omega$, $R_4 = 4\Omega$, $R_5 = 2\Omega$, $R_6 = 8\Omega$, $R_7 = 4\Omega$, 求 R_{AB}, 若已知 $U_{AB} = 220V$, 求 I_{AB}。

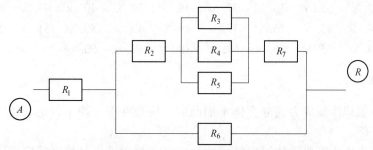

2. 计算 T8A 在平衡状态下室温组织中, 铁素体和渗碳体各占多少?

3. 计算 20 钢在室温组织中, 珠光体、先共析铁素体各占多少 (其组织为平衡状态下获得)?

4. 计算 T8A 在共析转变刚结束时平衡组织珠光体中铁素体与渗碳体各占多少?

5. 退火亚共析钢室温组织中的珠光体量为 40%, 试估算该钢的含碳量, 并写出其大致钢号。

6. 试计算退火状态下的 T12 钢的珠光体和二次渗碳体各占多少比例?

参 考 答 案

一、选择题

1. C　2. C　3. A　4. B　5. D　6. C　7. C　8. D　9. D　10. D　11. A　12. A　13. C

14. D　15. B　16. D　17. B　18. D　19. A　20. A　21. A　22. B　23. D　24. D　25. C

26. B　27. A　28. D　29. B　30. C　31. A　32. C　33. C　34. D　35. B　36. C　37. A

38. A　39. B　40. D　41. D　42. B　43. C　44. C　45. C　46. D　47. C　48. A　49. B

50. C　51. A　52. C　53. C　54. A　55. B　56. C　57. B　58. A　59. C　60. A　61. C

62. D　63. A　64. D　65. B　66. A　67. A　68. C　69. C　70. C　71. A　72. A　73. D

74. C　75. B　76. C　77. B　78. D　79. C　80. C　81. C　82. B　83. C　84. C　85. A

86. C　87. A　88. D　89. D　90. B　91. A　92. C　93. A　94. C　95. D　96. C　97. A

98. D　99. B　100. B　101. C　102. B　103. D　104. D　105. D　106. B　107. B

108. D　109. D　110. D　111. B　112. B　113. A　114. B　115. D　116. D　117. B

118. C　119. D　120. B　121. C　122. C　123. C　124. C　125. A　126. C　127. C
128. A　129. D　130. A　131. D　132. B　133. B　134. C　135. A　136. B　137. D
138. D　139. D　140. C　141. A　142. C　143. A　144. B　145. A　146. C　147. A
148. A　149. B　150. C　151. A　152. B　153. C　154. A　155. A　156. B　157. C
158. A　159. D　160. C　161. D　162. C　163. A　164. B　165. B　166. D　167. B
168. A

二、判断题

1. ×　2. ×　3. ×　4. √　5. ×　6. √　7. ×　8. √　9. ×　10. ×　11. √　12. √
13. √　14. √　15. √　16. ×　17. ×　18. √　19. √　20. ×　21. √　22. ×
23. √　24. ×　25. √　26. √　27. ×　28. √　29. √　30. √　31. √　32. √
33. ×　34. √　35. √　36. √　37. √　38. √　39. √　40. ×　41. √　42. √
43. √　44. √　45. √　46. √　47. √　48. √　49. √　50. √　51. ×　52. √
53. ×　54. √　55. √　56. ×　57. √　58. √　59. ×　60. √

三、简答题

1. **答**：一般规律热应力使立方体平面凸起，棱角变圆。使工件的长度变短，直径变粗，向球形转变。

2. **答**：产生原因有奥氏体温度低，冷却速度或移动速度过快，感应圈或喷水圈孔堵塞，喷水孔的角度不一致等。防止的方法有正确选择奥氏体化温度，正确选择冷却介质和冷却时的移动速度，修正感应圈或喷水圈等。

3. **答**：渗碳件产生变形的原因有：
（1）渗碳淬火回火过程中装炉方式或装卡不当引起自重变形。
（2）零件设计不良，壁厚急剧变化。
（3）渗碳淬火回火加热，冷却不均等。改善方法应注意使装卡和装炉方式合理，改进零件的形状设计，对易变形采用压床淬火或者进行热校正。

4. **答**：以圆柱形工件为例，在轴向方向中心有着大的拉应力，表层则为压应力。在切线方向上，中心的拉应力比轴向方向小些，而表层的压应力与轴向压应力相同。在径向方向上，拉应力的分布是由中心向圆周减少。比轴向方向中心拉应力小。

5. **答**：（1）安全生产是社会主义企业的基本方针。
（2）安全生产是保证生产健康发展的重要条件。
（3）安全生产是提高经济效益的有效途径。

四、计算题

1. **解**：
R_3、R_4、R_5 并联后得电阻 R_a

$$\frac{1}{R_a} = \frac{1}{R_3} + \frac{1}{R_4} + \frac{1}{R_5}$$

$$\frac{1}{R_a} = \frac{R_3 \times R_4 + R_4 \times R_5 + R_3 \times R_5}{R_3 \times R_4 \times R_5}$$

$R_a = 1\Omega$

则 R_2 和 R_a 串联得 R_{a1}

$$R_{a1} = R_a + R_2 + R_7$$
$$R_{a1} = 1 + 3 + 4 = 8\Omega$$

R_{a1} 与 R_6 并联得 R_{a2}

$$R_{a2} = \frac{R_{a1} \times R_7}{R_{a1} + R_7} = \frac{8 \times 8}{8 + 8} = 4\Omega$$

则 $R_{AB} = R_1 + R_{a2} = 10 + 4 = 14\Omega$

已知 $U_{AB} = 220\text{V}$

则 $I_{AB} = U_{AB}/14 = 15.7\text{A}$

2. **解：**

共析转变刚结束时，铁素体的含量为 0.022%，珠光体含碳量为 0.77%，根据杠杆定律可得：

$$w(\text{Fe}_3\text{C}) = \frac{0.77 - 0.02}{6.69 - 0.02} = 11.2\%$$

$$w(\text{F}) = 1 - w(\text{Fe}_3\text{C}) = 88.8\%$$

答：铁素体占 88.8%，渗碳体占 11.2%。

3. **解：**

珠光体的含碳量为 0.77%，铁素体在室温的含碳量极少，可不计，根据杠杆定律可得：

$$w(\text{F}) = \frac{0.77 - 0.20}{0.77 - 0} = 74\%$$

$$w(\text{P}) = 1 - w(\text{F}) = 26\%$$

答：珠光体占 26%，铁素体占 74%。

4. **解：**

共析转变刚结束时，铁素体的含碳量为 0.022%，珠光体含碳量为 0.77%，根据杠杆定律可得：

$$w(\text{Fe}_3\text{C}) = \frac{0.77 - 0.02}{6.69 - 0.02} = 11.2\%$$

$$w(\text{F}) = 1 - w(\text{Fe}_3\text{C}) = 88.8\%$$

答：铁素体占 88.8%，渗碳体占 11.2%。

5. **解：**

该钢的珠光体量为 40%，珠光体中碳含量为 0.77%，故该钢的含碳量为

$$w(\text{C}) = w(\text{P}) \times 0.77\% = 40\% \times 0.77\% = 0.308\%$$

该钢的大致钢号为 30。

6. **解：**

此属二元状态，可根据 $\text{Fe} - \text{Fe}_3\text{C}$ 状态图上关系计算如下：

$$\frac{w(\text{P})}{100} = \frac{6.69 - 1.2}{6.69 - 0.77}$$

得 $w(\text{P}) = 93\%$

$$w(\text{Fe}_3\text{C}_{\text{II}}) = 100\% - 93\% = 7\%$$

附录2　热处理工操作技能试题精选

一、材料准备（以下所需材料由鉴定站准备）

序号	材料名称	规　格	数　量	备　注
1	活塞	见备料图	1人×用量×人数	
2	纸张		1人×用量×人数	备考生编工艺用

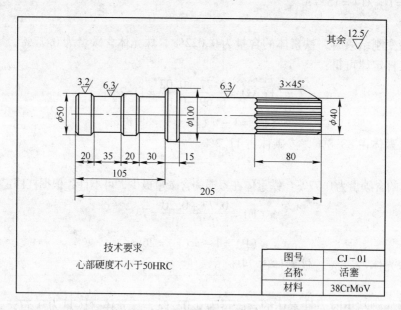

技术要求
心部硬度不小于50HRC

图号	CJ-01
名称	活塞
材料	38CrMoV

二、设备准备（以下所需设备由鉴定站准备）

序号	设备名称	规　格	数　量	备　注
1	箱式电阻炉	根据实际情况确定	每工位2台	
2	洛式硬度计	根据实际情况确定	每工位1台	
3	校直机	根据实际情况确定	每工位1台	

三、工、量、刃具准备（以下所需个人准备）

序号	材料名称	规　格	数　量	备　注
1	劳动保护用品	自定	1	
2	钢笔、文具	自定	1	
3	淬火用工装夹具	自定	1	

四、考场准备（略）

高级热处理工操作技能试题

一、项目

1. 试题名称：活塞的热处理
2. 试题文字或图表的计算说明

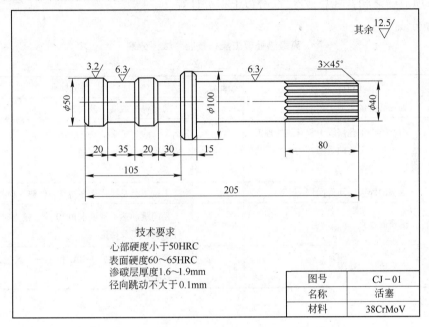

技术要求

心部硬度小于50HRC
表面硬度60～65HRC
渗碳层厚度1.6～1.9mm
径向跳动不大于0.1mm

图号	CJ－01
名称	活塞
材料	38CrMoV

3. 操作的程序、步骤、方法、工艺等方面的规定说明

（1）考前15min发给参考热处理工图样和试件，在考评员的监督下进行操作前的准备工作。

（2）每个工位一次只限一名热处理工进行考核。

（3）操作前30min内，由参考热处理工在考评员的监督下独立完成该产品热处理工艺编制，画出工艺曲线图，并写出其产品的全部制造工艺路线。

（4）试件要统一打印钢号标记。

（5）违反安全文明生产规定一次，从总分中扣除2分。严重违反操作规程，发生重大事故者取消考核资格。

（6）考试结束，热处理工应做到场地清洁卫生。

二、考核总时限

1. 准备时间：15min；

2. 编制工艺及工艺路线：30min；

3. 活塞的热处理：200min；

4. 总时限：245min；

5. 计时方法：准备结束后由考评员统一计时；

6. 时间允差：每阶段每超过定额 10min 从总分中扣除 2 分，不足 10min 按 10min 计时，延超 15min，则此项不计成绩。

三、考试评分

1. 评分方法：①参考热处理工单项成绩的评分应由至少 3 名考评员独立打分，最后单项得分取所有考评员给分的算术平均值，实行百分制计分方法；②参考热处理工的总成绩为各个单项成绩之和；③总成绩 60 分以上得分计算。

2. 评分表

高级热处理工操作技能考试评分表

考号_____ 姓名_____ 单位_____ 成绩_____

序号	内容及要求	配分	评分标准
1	编写活塞的制造工艺路线	1	每错一处或漏一处扣 3 分
2	编制整个工艺路线中所有热处理工艺，并画出工艺曲线图，标明各工艺参数	2	每错一处扣 5 分
3	活塞的淬火，回火操作	2	未按工艺及操作程序执行，每错一项扣 5 分
4	活塞的校直	1	径向跳动达不到要求扣 10 分，校直时，造成工件断裂以不及格论
5	产品质量的检测	3	硬度检测每超差 1HRC 扣 3 分，若发现工件淬裂以不及格论

考评员_____

附录3 涂装工技能训练理论知识试题精选

一、填空题（每题2分，共20分）

1. 在紫外光固化涂料中常加入_____，其作用是便于喷涂者在喷涂及使用紫外光照射时识别被涂区域。

2. 加热高压喷涂可以大大降低涂料的_____，可以减少稀释剂的用量。

3. 高压无气喷涂是对涂料施加高压，涂料从高压喷枪中喷出后，高压涂料在常压下剧烈膨胀而雾化，不需要_____雾化。

4. 喷涂涂料时，要求操作工穿抗_____工作服，在静电喷涂时，特别要强调这一点。

5. 热辐射的热能是以_____传递的。

6. 金属防腐的方法中最经济实用的有效方法为_____。

7. 对流干燥应用对流传热的原理，利用_____为载体。

8. 用离子空气吹扫塑料件表面的目的是_____。

9. 大型喷枪喷涂时与物面的距离应保持在_____ mm。

10. 颜料的分散过程包括润湿、分散及_____三个阶段。

二、选择题（每题2分，共40分）

1. 电泳涂装所使用的供电装置，一般是产生（　　），供电泳涂装使用。
   （A）交流电　　　　（B）直流电　　　　（C）脉冲电流　　　　（D）高压静电

2. 下列涂料品种中，对金属附着力极好，并具有极优良抗化学品性能的涂料是（　　）。
   （A）醇酸漆　　　（B）硝基漆　　　（C）氨基漆　　　（D）环氧树脂漆

3. （　　）干燥迅速，漆膜坚硬，但耐紫外线能力差，易失光。
   （A）硝基漆　　　（B）氨基漆　　　（C）聚氨酯漆　　　（D）丙烯酸漆

4. 目前使用范围最广的脱脂方法是（　　）。
   （A）碱液脱脂法　　　　　　　　（B）有机溶剂脱脂法
   （C）超声波脱脂法　　　　　　　（D）表面活性剂脱脂法

5. 磷化处理过程中，（　　）是工件产生黄锈的原因之一。
   （A）促进剂含量高　　　　　　　（B）总酸度过高
   （C）游离酸度过高　　　　　　　（D）游离酸度过低

6. 泥子的附着力是由泥子中（　　）决定的。
   （A）稀释剂　　（B）体质颜料　　（C）颜料　　　（D）漆料

7. 在喷涂施工操作中，如果涂料黏度过低，易出现（　　）。
   （A）橘皮　　　（B）流挂　　　（C）针孔　　　（D）颗粒

8. 两间色与其他色相混调或三原色之间不等量混调而成的颜色，称为（　　）。
   （A）补色　　　（B）复色　　　（C）接近色　　　（D）混色

9. 如果来的样板是干样板，则调配色漆颜色时应（　　）比较颜色。

    (A) 油漆膜直接与干样板   (B) 在阳光下

    (C) 湿漆膜干燥后再与干样板   (D) 不断搅拌下取样

10. 阴极电泳涂装过程中，出现重溶性针孔，其主要原因之一是（   ）。

    (A) 电压过高   (B) 漆液温度低

    (C) 固体分过低   (D) pH 值过低

11. 工件表面上有水、油等污染物未被除净，涂漆后，易出现（   ）。

    (A) 缩孔   (B) 橘皮   (C) 流挂   (D) 发白

12. 涂料稀释剂中，对涂料的成膜物质有良好的溶解性，起稀释涂料的作用的组分是（   ）。

    (A) 稀料   (B) 真溶剂   (C) 助溶剂   (D) 冲淡剂

13. 用化学法除锈时，如果强酸的浓度控制过高，易造成钢铁工件出现（   ）。

    (A) 除锈不净   (B) 重新锈蚀   (C) 钝化   (D) 氢脆

14. 当电泳电压固定不变时，若想提高电泳膜厚，可以调整溶液的（   ）。

    (A) 电导率   (B) pH 值   (C) 固体分   (D) 泳透力

15. 硝基漆或其他挥发性涂料，在施工或干燥后，出现发白现象。这主要是由于（   ）。

    (A) 涂料黏度大   (B) 环境温度低

    (C) 环境湿度大   (D) 环境湿度小

16. 不适宜采用喷丸处理法的工件是（   ）的工件。

    (A) 锈蚀严重   (B) 工件表面有旧漆

    (C) 体积较大   (D) 太薄件或形状很复杂

17. 目前国内正在广泛使用的底漆涂装方法是（   ）。

    (A) 高压无气喷涂   (B) 粉末静电喷涂

    (C) 阴极电泳涂装   (D) 浸涂

18. 在进行单件产品试喷时，估算涂料的用量应采用（   ）估算。

    (A) 计算法   (B) 统计法   (C) 实测法   (D) 对比法

19. 对于在湿热带条件下使用的工件，工件的漆膜厚度一般应为（   ）才能满足要求。

    (A) 20~40μm   (B) 40~60μm   (C) 60~80μm   (D) 100μm 以上

20. 如果使工件的磷化膜更加致密，提高防腐能力，可在磷化处理前采用（   ）处理。

    (A) 脱脂   (B) 除锈   (C) 表调   (D) 氧化

三、判断题（每题 1 分，共 10 分）

（   ）1. 静电喷涂中，高压静电的作用是使漆雾粒子带电而被吸住接地的被涂物。提高涂料的利用率，对涂料的雾化效果不起作用。

（   ）2. 电泳涂装中，超滤装置的作用是除去电泳中的杂质离子，净化槽液，并用超滤水供电泳涂装后水洗，构成"闭合回路"水洗方式，提高涂料利用率。

（   ）3. 环氧树脂漆最大的缺点是表面粉化快。

（   ）4. 硝基漆的固体含量较高，一道漆可达到较厚厚度，施工时一般只涂 1~

2 道。

　　（　　）5. 工件的漆前处理工作无关紧要，因为它对漆膜各方面性能无影响。

　　（　　）6. 泥子最大的缺点在于它的附着力较差，因此，在施工过程中应少用泥子。

　　（　　）7. 涂料用催干剂，可加快涂料的干燥速度，因此需加快干燥速度时，可大量加入催干剂。

　　（　　）8. 产生各种漆膜弊病，主要是涂料本身质量问题造成的，与施工方法无关。

　　（　　）9. 调配颜色的先后次序应当是由浅到深。

　　（　　）10. 考虑底、面漆配套时，只要选择同一树脂类型的底、面漆就能满足配套性要求。

四、简答及计算（每题 5 分，共 20 分）

　　1. 电泳涂装设备是由几部分组成的，分别是什么？

　　2. 磷化处理中，总酸度、游离酸度控制不好对磷化处理有哪些影响？

　　3. 某厂电泳槽容量为 100t，工艺要求槽液的固体分为 18%～22%，现电泳槽的固体分为 15%，问至少需加入固体分为 50% 的原漆多少 t？

　　4. 喷涂法有哪些技术特点？

五、论述题（每题 10 分，共 10 分）

　　论述何谓涂料的配套性，以及涂料的配套性包括哪些内容，对涂层的形成及质量有何关系？

参 考 答 案

一、填空（每题 2 分，共 20 分）

1. 光敏剂　2. 黏度　3. 空气　4. 静电　5. 辐射　6. 涂层　7. 空气　8. 清除灰尘
9. 20～30　10. 稳定

二、选择题（每题 2 分，共 40 分）

1. B　2. D　3. A　4. A　5. C　6. D　7. B　8. B　9. C　10. D　11. A　12. B　13. D
14. C　15. C　16. D　17. C　18. A　19. D　20. C

三、判断题（每题 1 分，共 10 分）

1. ×　2. √　3. √　4. ×　5. ×　6. √　7. ×　8. ×　9. √　10. ×

四、简答及计算题（每题 5 分，共 20 分）

　　1. **答**：电泳涂装设备由 7 部分组成。它们分别是：
　　（1）电泳槽　　　　　　　　　　（1 分）
　　（2）搅拌装置　　　　　　　　　（0.5 分）
　　（3）过滤装置　　　　　　　　　（1 分）

（4）温度调节装置　　　　　　　（0.5 分）

（5）供电装置　　　　　　　　　（0.5 分）

（6）超滤装置　　　　　　　　　（1 分）

（7）后水洗装置　　　　　　　　（0.5 分）

2. 答：

（1）总酸度过低，表明磷化液中锌离子浓度过低，而使磷化膜形成不完整，甚至不能形成磷化膜。（2 分）

（2）总酸度过高，会造成磷化沉渣增多，磷化膜粗糙，并造成材料浪费。（1 分）

（3）游离酸度过低，不能使磷化膜形成，或磷化膜不完整。　　　　　（1 分）

（4）游离酸度过高，会造成金属底材腐蚀过度，产生大面积黄锈。　　（1 分）

3. 解：设至少需加入固体分为 50% 的原漆 x t。　　　　　　　　　　（1 分）

$$100 \times (18\% - 15\%) = x \times 50\%$$　　（2 分）

$$x = 100 \times (0.18 - 0.15)/0.5$$

$$x = 6$$　　（2 分）

4. 答：

（1）喷涂法可喷涂各种材质、形状、大小的产品及零部件，不受涂装场所及环境条件限制。　　　　　　　　　　　　　　　　　　　　　　　　　　　　　　（1 分）

（2）使用的设备及工具较简单，操作方便，涂装效率高，涂层质量优良，可使用的涂料类型、品种多，应用非常广泛。　　　　　　　　　　　　　　　　　　　（2 分）

（3）但喷涂法涂料利用率低，浪费大，雾化涂料、有机溶剂飞散严重，造成环境污染，危害操作者健康。　　　　　　　　　　　　　　　　　　　　　　　　（2 分）

五、综述题（每题 10 分，共 10 分）

1. 定义：涂料的配套性是指涂装基材和涂料以及各层涂料之间的适应性。（1 分）

2. 包含内容及对涂层形成和质量的影响：

（1）涂料和基材之间的配套。　　　　　　　　　　　　　　　　　　（1 分）

不同的材质表面选用适宜的涂料品种与之匹配：

1）木材制品、纸张、皮革、塑料表面不能选用需要高温烘烤成膜的涂料，必须采用自干或仅需低温烘干的涂料。　　　　　　　　　　　　　　　　　　　（0.5 分）

2）各种金属表面所用底漆应视不同的金属来选择涂料的品种。钢铁表面可选用铁红或红丹防锈底漆，而有色金属特别是铝及铝镁合金表面绝对不能用红丹防锈底漆，否则会发生电化学腐蚀，有色金属应选择锌黄或锶黄防锈底漆。　　　　　　　　（0.5 分）

3）水泥的表面因具有一定的碱性，可选用具有良好耐碱性的乳胶涂料或过氯乙烯底漆。　　　　　　　　　　　　　　　　　　　　　　　　　　　　　（0.5 分）

4）塑料薄膜及皮革表面，则宜选用柔韧性良好的乙烯类和聚氨酯类涂料。

　　　　　　　　　　　　　　　　　　　　　　　　　　　　　　　（0.5 分）

（2）涂膜各层之间应有良好的配套性　　　　　　　　　　　　　　　（1 分）

1）底漆和面漆应烘干型与烘干型，自干型与自干型，同漆基配套。　（1 分）

2）当选用强溶剂的面漆时，底漆必须能耐强溶剂而不被咬起。　　　（1 分）

　　3）底漆和面漆应有大致相近的硬度和伸张强度。面漆硬度高，底漆硬度低，则起皱。醇酸底漆的油度比面漆的油度应短些，否则面漆耐候性差，且底面漆干燥收缩不同，易产生龟裂。　　　　　　　　　　　　　　　　　　　　　　　　　　　（1分）

　　（3）在采用多层异类涂层时，应考虑涂层之间的附着性。　　　　（1分）

　　附着力差的面漆（过氯乙烯漆、硝基漆）应选择附着力强的底漆（环氧、醇酸底漆）。在底漆和面漆性能都很好而两者层间结合力不太好的情况下，可采用中间过渡层，以改善底层和面层的附着性。　　　　　　　　　　　　　　　　　　　（1分）

附录 4　涂装工操作技能试题精选

一、试题名称：采用银底色、纯底色、珍珠色的底漆加罩面清漆的二工序工艺进行汽车整板修补涂装

二、考核要求

1. 本题分值：100 分
2. 考核时间：120min
3. 具体考核要求：

（1）喷涂前相关材料、工具、用具的准备工作齐全；

（2）除油脱脂的药品选择、进行步骤正确及最终效果良好；

（3）对不平整底材的填平方法及步骤正确；

（4）对不该修补区域的遮盖措施得当且操作谨慎；

（5）磷化底漆的配比调和及喷涂操作正确；

（6）快干厚膜底漆的配比调和喷枪的压力参数和喷嘴口径选取正确合理；

（7）涂布底色漆前处理的步骤和方法正确合理；

（8）底色漆的配比调和及喷枪参数的调整设置正确合理；

（9）验证底色漆颜色是否与原来颜色相同的操作进行正确；

（10）喷涂底色漆的步骤和方法正确；

（11）对底色漆的严重缺陷的打磨和修补正确，效果良好；

（12）罩面清漆配比调和正确；

（13）喷涂清漆的时机、压力、喷枪口径等参数控制正确；

（14）烘干制度的控制正确合理；

（15）修补上蜡的步骤和方法正确合理。

三、配分与评分标准

序号	考核内容	考核要点	配分	评分标准	扣分	得分
1	喷涂前准备	材料、工具、用具齐全	5	选错或缺一件扣 1 分		
2	除油脱脂	（1）中性洗涤剂洗涤板面 （2）用清水彻底清洗干净 （3）以清洁布沾湿除油剂除油，并用另一清洁布擦干	6	有一项不符合要求，或缺少一项扣 4 分		
3	泥子填平缺陷	（1）对凹陷、裂缝等部位，用泥子填补平整、细磨 （2）对微填针眼、砂纸痕及刮痕，用幼粒泥子填补 （3）填补后金属表面用 P400 号砂纸干磨	6	每错或未进行一步扣 2 分		

续表

序号	考核内容	考核要点	配分	评分标准	扣分	得分
4	胶带遮盖不该喷涂处	根据喷涂需要进行小心、严谨的用胶带贴护，防止漆雾喷到不该喷到的地方	4	未进行扣4分，不细心则扣掉2分		
5	喷磷化底漆	喷涂一层磷化底漆，并立即喷二道底漆	7	磷化底漆未按比例配比扣4分，操作不当扣3分		
6	喷涂快干厚膜底漆	按配比混合后喷涂3层，间隔5.5~10min，并喷上研磨指示层	10	厚膜底漆未按比例配比扣6分，压力范围、口径范围选取错误分别扣2分		
7	涂布底色漆前的处理	（1）用气压清除车身的脏水 （2）更换胶带 （3）用除油剂除油 （4）用粘尘布除尘	8	每错或未进行一步扣2分		
8	底色漆配比及喷枪调整	（1）喷涂压力为0.3~0.35MPa （2）喷嘴口径1.4~1.6mm	8	底色漆未按比例配比扣4分，压力范围、口径范围选取错误分别扣2分		
9	验证底色漆颜色的正确性	（1）在样板上喷涂2~3层底色漆各层之间闪干5min （2）调整压缩空气压力、稀释比、稀释剂的配方等，直到颜色与原装漆的颜色完全一致 （3）在样板上喷涂至全遮盖 （4）放置干燥后再喷涂2~3层罩面清漆，每层间要留有一定的闪干时间，待干燥后进行对比	8	每错或未进行一步扣2分		
10	喷涂底色漆	按照9中步骤进行喷涂	3	如果不是按照9中进行，每错一步扣1分，扣完为止		
11	对底色漆的严重缺陷进行打磨	（1）表面确实存在疵点、色相不正、严重橘纹等，一定需要打磨，先用超细砂纸轻轻地将那些缺陷打磨 （2）然后将表面清洗干净 （3）再根据需要喷涂1~2道底色漆	6	每错或未进行一步扣2分		
12	罩面清漆配比	按比例混合均匀	5	不是按比例配合扣掉5分，若按比例进行，未混合均匀扣1分		
13	喷涂清漆	（1）在底色漆室温干燥30min后喷涂 （2）喷漆压力0.35~0.4MPa （3）喷涂口径1.4~1.6mm	6	每错或未进行一步扣2分		

序号	考核内容	考核要点	配分	评分标准	扣分	得分
14	烘干	60℃烘烤 35min 后可进行抛光	10	温度和时间控制各占 5分		
15	修补上蜡	（1）用 P150 号水砂纸磨平尘点或小垂流 （2）用 P562－32 幼蜡去除砂纸痕 （3）用 P971－29 超级蜡水抛光漆面及去除花痕 （4）用 P971－9 油蜡做漆膜保护层	8	每错一步或未进行扣 2 分，如砂纸及油蜡、超级蜡的选取型号错		
	合　计		100			

参 考 文 献

[1] 陈治良. 现代涂装手册[M]. 北京：化学工业出版社，2010.

[2] 胡传炘编著. 表面处理手册[M]. 北京：北京工业大学出版社，2004.

[3] 《热处理手册》组委会. 热处理手册[M]. 3 版. 北京：机械工业出版社，2008.

[4] 吴元徽. 热处理工（高级）[M]. 北京：机械工业出版社，2007.

[5] 汪庆华，李书常等. 热处理工艺问答[M]. 北京：化学工业出版社，2011.

[6] 汪顺兴. 金属热处理原理与工艺[M]. 哈尔滨：哈尔滨工业大学出版社，2009.

[7] 曾祥模. 热处理炉[M]. 西安：西北工业大学出版社，1996.

[8] 王锡春. 最新汽车涂装技术[M]. 北京：机械工业出版社，1997.

[9] 南仁植. 粉末涂料与涂装技术[M]. 北京：化学工业出版社，2008.

[10] 崔忠圻. 金属学与热处理[M]. 北京：机械工业出版社，2003.

[11] 冯立明. 电镀工艺与设备[M]. 北京：化学工业出版社，2005.

冶金工业出版社部分图书推荐

书　　名	作　　者	定价(元)
中国冶金百科全书·金属材料	编委会　编	229.00
现代材料表面技术科学	戴达煌　等编	99.00
传热学（本科教材）	任世铮　编著	20.00
金属学原理（本科教材）	余永宁　编	56.00
金属学原理习题解答（本科教材）	余永宁　编著	19.00
金属学与热处理（本科教材）	陈惠芬　主编	39.00
材料现代测试技术（本科教材）	廖晓玲　主编	45.00
位错理论及其应用（本科教材）	王亚男　等编	19.00
相图分析及应用（本科教材）	陈树江　等编	20.00
热工实验原理和技术（本科教材）	邢桂菊　等编	25.00
传输原理（本科教材）	朱光俊　主编	42.00
无机非金属材料研究方法（本科教材）	张　颖　主编	35.00
材料研究与测试方法（本科教材）	张国栋　主编	20.00
金相实验技术（第2版）（本科教材）	王　岚　等编	32.00
金属材料学（第2版）（本科教材）	吴承建　等编	52.00
特种冶炼与金属功能材料（本科教材）	崔雅茹　等编	20.00
耐火材料（第2版）（本科教材）	薛群虎　主编	35.00
机械工程材料（本科教材）	王廷和　主编	22.00
冶金物理化学（本科教材）	张家芸　主编	39.00
冶金工程实验技术（本科教材）	陈伟庆　主编	39.00
冶金过程数值模拟基础（本科教材）	陈建斌　编著	28.00
冶金原理（本科教材）	韩明荣　主编	40.00
冶金热工基础（本科教材）	朱光俊　主编	36.00
金属塑性成形原理（本科教材）	徐　春　主编	28.00
金属压力加工原理（本科教材）	魏立群　主编	26.00
金属材料及热处理（高职高专教材）	王悦祥　主编	35.00
工程材料基础（高职高专教材）	甄丽萍　主编	26.00
冶金原理（高职高专规划教材）	卢宇飞　主编	36.00
稀土永磁材料制备技术（高职高专教材）	石　富　编著	29.00
机械工程材料（高职高专教材）	于　均　主编	32.00
金属热处理生产技术（高职高专教材）	张文丽　主编	35.00
金属基纳米复合材料脉冲电沉积制备技术	徐瑞东　等著	36.00
材料科学基础教程（本科教材）	王亚男　等编著	33.00
金属压力加工实验教程（本科教材）	魏立群　等主编	28.00